食用菌生产技术

主编　牛贞福　刘文宝

山东城市出版传媒集团·济南出版社

图书在版编目(CIP)数据

食用菌生产技术 / 牛贞福，刘文宝主编．—济南：济南出版社，2018.8

ISBN 978-7-5488-3306-2

Ⅰ．①食… Ⅱ．①牛… ②刘… Ⅲ．①食用菌—蔬菜园艺—中等专业学校—教材 Ⅳ．①S646

中国版本图书馆 CIP 数据核字（2018）第 148036 号

出 版 人　崔　刚
责任编辑　吴敬华
封面设计　胡大伟
出版发行　济南出版社
地　　址　济南市二环南路 1 号(250002)
编辑热线　0531-86131722
发行热线　0531-86131728　86922073　86131701
印　　刷　济南乾丰印刷有限公司
版　　次　2019 年 1 月第 1 版
印　　次　2019 年 1 月第 1 次印刷
成品尺寸　185mm×260mm　16 开
印　　张　18
字　　数　320 千
印　　数　1—3000 册
定　　价　48.00 元

编委会

主　编　牛贞福　刘文宝

副主编　国淑梅　郑华美

编　委　刘　敏　段　曦　王　羽

前 言

食用菌是人类重要的食物资源，其中有些菌菇还具有药用价值。食用菌既丰富了人类的物质生活，也促进了人类文明的发展。在当今世界食用菌贸易中，中国已成为最大的生产国和出口国，2016 年出口创汇 31.7 亿美元，全国食用菌总产量 3596.7 万吨，总产值 2741.8 亿元，从业人员超过 2500 万人，食用菌产业已经成为继粮业、油业、果业、菜业之后的第五大产业。我国俨然已经是食用菌产业的“大国”，并且随着“一荤一素一菇”科学膳食结构的推广，国内掀起了食用菌消费的热潮，食用菌菜肴走进千家万户，成为舌尖上不可缺少的美味。

随着现代农业技术、生物技术、设施环境控制技术等的发展，食用菌生产更加重视规范性和创新性，技术日臻完善，逐步朝着专业化、机械化、集约化、规模化、工厂化的方向发展，广大食用菌从业者迫切需要了解、认识和掌握食用菌生产的新品种、新技术、新工艺、新方法，以解决实际生产中遇到的技术难题，提高食用菌生产的技术水平和经济效益。为此我们深入生产一线，调查食用菌生产中存在的难点、疑点，总结经验，结合自己的教学科研成果和多年来在指导食用菌生产中积累的心得体会，并参阅大量的食用菌有关教材、著作和文献，力使本书内容尽量丰富、新颖。另外，为了使本书内容形象生动，具有更强的可读性和适用性，我们尽可能引用具有代表性的、典型的照片、图片和示意图。本书还加入了近年来食用菌行业涌现出的新技术，如液体菌种生产、工厂化生产等。为了节省篇幅，食用菌栽培基础知识、菌种制作、病虫高效防控等章节采用了综合论述的方法。

需要特别说明的是，本书所用药物及其使用剂量仅供读者参考，不可完全照搬。在生产实际中，所用药物学名、通用名和实际商品名称存在差异，药物浓度也有所不同，建议读者在使用每一种药物之前，参阅厂家提供的产品说明以确认药物用量、用药方法、用药时间及禁忌等。

全书由山东农业工程学院长期从事食用菌教学、科研、推广的具有丰富食用菌栽培实践经验的人员合作编写而成，部分食用菌生产企业、合作社给予了大力支持，在此一并致谢！

由于编者水平有限，加之编写时间比较仓促，书中难免存在不足之处，敬请广大读者、同行提出宝贵意见，以便再版时修正。

目 录

第一章 食用菌的形态结构和生长条件

第一节 食用菌的种类

了解食用菌种类是认识、学习食用菌的基础，同时也是进行野生食用菌采集、驯化、鉴定、育种等工作的前提。食用菌的分类系统主要是以其形态结构、生理生化、遗传特性等为依据建立的，其中以子实体形态结构及孢子显微结构为主要依据。

一、食用菌的分类地位

食用菌的分类单位与其他生物一致，通常划分为门、亚门、纲、目、科、属、种，其中“种”为分类的基本单位。把具有近似特征的种归为一类称为属，把具有近似特征的属归为一类称为科，以后依次类推直到门。食用菌属于生物中的真菌界、真菌门中的担子菌亚门和子囊菌亚门（图 1-1），其中约 95% 的食用菌属于担子菌亚门。其名称采用林奈创立的双名法，即由两个拉丁词和命名人构成，第一个词为属名，第二个词为种加词，最后加上命名人姓名的缩写，这样即保证了每一种食用菌有且只有一个学名，如香菇［*Lentinula edodes*（Berk.） Pegler.］。

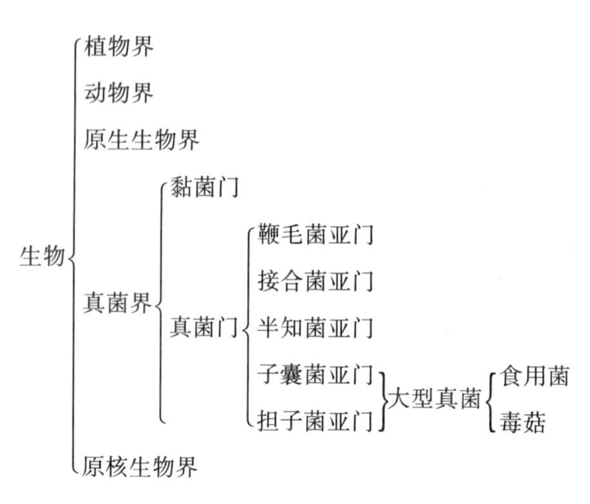

图 1－1　食用菌在生物界中的分类地位

食用菌指真菌界中可供人食用的肉质、胶质或膜质的大型真菌，它仅为一种命名方式，而非分类学中的分类单位。

二、担子菌中的食用菌

担子菌是指有性生殖能产生特殊的产孢体——担子，并在担子内产生担孢子的一类真菌，由多细胞的菌丝体组成，且菌丝均具横隔膜。目前，我们常见的绝大多数食用菌及广泛栽培的食用菌均属于担子菌，它们大致可分为四大类群，即耳类、非褶菌类、伞菌类和腹菌类（图 1－2）。

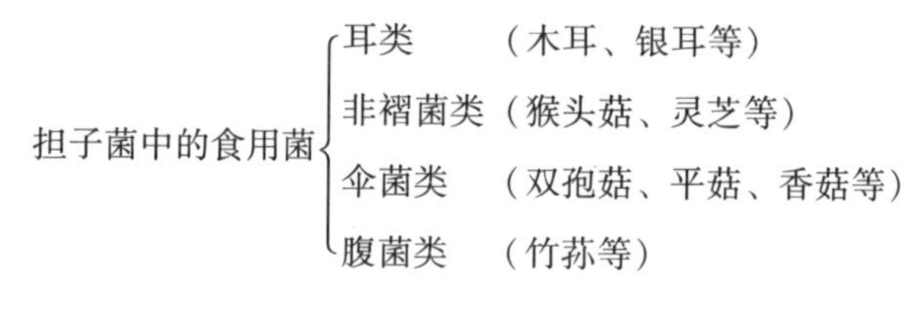

图 1－2　担子菌中的食用菌

1. 耳类担子菌

该类主要是指隶属于木耳目（Auriculariales）、银耳目（Tremellales）及花耳目（Dacrymycetales）的食用菌。

（1）木耳目　较为常见的有黑木耳、毛木耳等。

（2）银耳目　较为常见的种类有银耳、金耳、茶耳等，其中银耳、金耳是中国著名的食用兼药用菌类。

（3）花耳目　较常见的有桂花耳等。

2. 非褶菌类担子菌

该类主要指非褶菌目（Aphyllophorales）的食用菌。主要分布于珊瑚菌科（Clavariaceae）、绣球菌科（Sparassidaceae）、伏革菌科（Corticiaceae）、猴头菌科（Hericiaceae）、多孔菌科（Polyporaceae）、灵芝菌科（Ganodermataceae）等。

（1）珊瑚菌科　该科多地生，常生于苔藓或腐殖质中，很少生于腐木上。食用菌类主要有虫形珊瑚菌、杯珊瑚菌等。

（2）绣球菌科　该科部分菌类可产生对某些真菌有抵抗作用的绣球菌素（sparassol），如绣球菌、花耳绣球菌等，具有较高的药用价值，有防癌、抗癌的功效。

（3）伏革菌科　常见食用菌为胶韧革菌，即人们常说的榆耳。

（4）猴头菌科　该科中最为人熟悉的食用菌为猴头，又称猴头菇，是中国传统的四大名菜（猴头、熊掌、海参、鱼翅）之一，同时具有很高的药用价值。

（5）多孔菌科　猪苓、茯苓、雷丸、木蹄层孔菌、朱红硫黄菌等均属于此科，其中猪苓、茯苓的菌核都是著名的中药材。

（6）灵芝菌科　灵芝、树舌、紫芝属于此科，其中灵芝被誉为灵芝仙草，有神奇的药效。

3. 伞菌类担子菌

伞菌类的食用菌主要指伞菌目（Agaricales）中的可食用菌类，该类食用菌种类最多，分类复杂。目前常用于栽培的食用菌，如侧耳、香菇、草菇、鸡腿菇、双孢菇等，几乎都属于该类。常见种类如下：

（1）蘑菇科　双孢蘑菇、四孢菇、野蘑菇、草地蘑菇等。

（2）侧耳科　糙皮侧耳、桃红侧耳、凤尾菇、金顶侧耳、亚侧耳等。

（3）粪锈伞科　田头菇、杨树菇。

（4）鬼伞科　毛头鬼伞、鸡腿蘑、墨汁伞等，有较高食用价值。

【注意】该科食用菌不宜与酒同食。

（5）光柄菇科　灰光柄菇、草菇、银丝草菇等。

（6）球盖菇科　滑菇、毛柄鳞伞、大球盖菇等。

（7）鹅膏科　橙盖鹅膏、湖南鹅膏等。

（8）口蘑科　大杯伞、肉色香蘑、姬松茸、松口蘑、金针菇、棕灰口蘑等。

（9）红菇科　变色红菇、正红菇、松乳菇等。

（10）牛肝菌科　美味牛肝菌、铜色牛肝菌、松乳牛肝菌、黏盖牛肝菌等。

4. 腹菌类担子菌

该类主要包括鬼笔目（Phallales）、黑腹菌目（Melanogastrales）、灰包目（Lycoperdales）等可食用菌类。

（1）鬼笔目　该目鬼笔科中食用菌较多，鬼笔科产孢组织呈黏液状，有恶臭，常暴露在海绵状的菌托上。常见食用菌有白鬼笔、短裙竹荪、长裙竹荪等。

（2）腹菌目　倒卵孢黑腹菌、山西光腹菌等。

（3）灰包目　灰孢菇等。

三、子囊菌中的食用菌

通过有性繁殖，在子囊中产生子囊孢子的一类真菌称为子囊菌。子囊菌中常见的食用菌多属于盘菌目（Pezizales）及肉座菌目（Hypocreales）（图1－3），且具有种类少、经济价值高的特点，多为野生菌。其中较为常见的有以下几种：

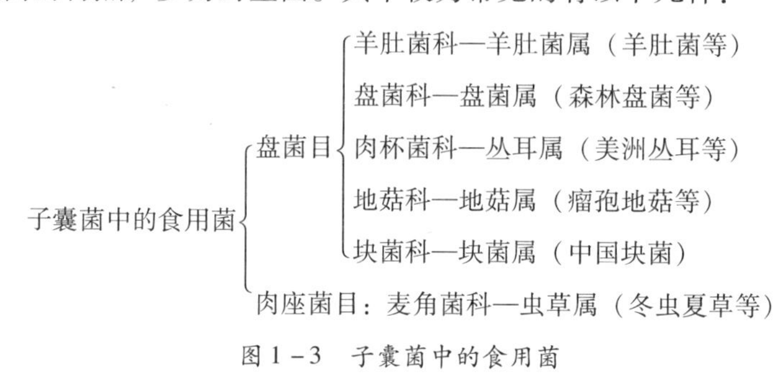

图1－3　子囊菌中的食用菌

1. 盘菌目

（1）羊肚菌科（Morchellaceae）　该科中常见的有黑脉羊肚菌、尖顶羊肚菌、粗腿羊肚菌、羊肚菌等，是著名的食用菌。

（2）盘菌科（Pezizaceae）　常见的有森林盘菌及泡质盘菌等，聚集丛生于堆肥及花园或温室的土壤上，可食用。

（3）肉杯菌科（Sarcoscyphaceae）　该科的美洲丛耳是在我国较为常见的食用菌，具有一定的食用及药用价值。

（4）地菇科（Terfeziaceae）　我国已知的有瘤孢地菇，味甜。

（5）块菌科（Tuberaceae）　该科块菌属中有一些是名贵的食品，在我国已知的仅有中国块菌一种，产于四川。

2. 肉座菌目

该目中麦角菌科（Clavicipitaceae）虫草属的所有种类相当专化地寄生在昆虫、麦角菌的菌核或大团囊菌属几个种的地下生子囊果上，其中很多种类如冬虫夏草等兼有食用及药用价值。

四、食用菌分类检索表

为了便于人们区分和了解食用菌各主要类群之间的差异，对我国目前栽培的常见食用菌的特点、种类有一概括了解，下面以分类检索表的形式加以简单介绍（表1－1、表1－2）。

表1－1 食用菌分类检索表

形状特征	分类
1. 子实体盘状、马鞍状或羊肚子状；孢子生于子囊之内 ……	子囊菌亚门
1. 子实体多为伞状；孢子生于担子之上 ……	担子菌亚门
2. 子实体胶质，脑状、耳状、瓣片状，无柄，黏，担子具有分隔或分叉 ……	耳类
2. 子实体肉质、韧肉质、革质、脆骨质或膜质、木栓质，有柄或无柄，黏或不黏；担子不分隔 ……	3
3. 子实体革质、脆骨质或幼嫩时肉质，老熟后革质或硬而脆，子实层体平滑，齿状、刺状或孔状 ……	非褶菌类
3. 子实体肉质，易腐烂；子实层体若为孔状，其子实体一定是肉质 ……	4
4. 子实体为典型伞状，子实层体常为褶状，罕为孔状 ……	伞菌类
4. 子实体闭合，子实层不明显，或在孢子成熟前开始外露，或始终闭合 ……	腹菌类

表1－2 常见栽培食用菌分类检索表

形状特征	分类
1. 子实体胶质或半革质，无柄；担子具纵或横的分隔 ……	2
1. 子实体肉质、木革质或近海绵质，多具菌柄；担子无隔 ……	5
2. 子实体花叶状或脑状，白色或橙黄色；担子卵圆形，具纵隔 ……	3
2. 子实体耳壳状至近杯状，黑色至黑褐色，偶带丁香紫色；担子柱棒状，具横的分隔 ……	4
3. 子实体花叶状，白色 ……	银耳
3. 子实体脑状，橙黄色 ……	金耳
4. 子实体黑色，较薄，背面无明显的毛 ……	黑木耳
4. 子实体黑褐色，偶带丁香紫色，背面多具较明显的黄褐色毛 ……	毛木耳
5. 子实体肉质或木革质，子实层体刺状或孔状 ……	6
5. 子实体肉质或近海绵质，子实层体非如上述 ……	9
6. 子实体头状至近球状，白色，表面具明显的刺（子实层体） ……	猴头
6. 子实体非如上述，子实层体孔状 ……	7
7. 子实体平伏，无柄，可食用部位为生于地下的菌核 ……	茯苓
7. 子实体由菌柄和菌盖组成，可食用部位为地上的子实体 ……	8
8. 子实体木革质，柄偏生至侧生，表面红褐色至黑褐色，具光泽 ……	灵芝
8. 子实体肉质，柄中生，多分枝，灰白色至浅褐色 ……	灰树花
9. 子实体伞形或扇状，子实层体褶状，孢子成熟时由担子上主动弹出 ……	10
9. 子实体初闭合，卵球形，后开裂露出具柄的海绵质子实层托；子实层托菌盖状，下部具有网状	

菌裙；孢子堆黏液状，成熟时不能由担子上主动弹出 …………………………………………… 21

10. 孢子印褐色，偶呈淡紫色 ……………………………………………………………………… 11

10. 孢子印黑色、黑褐色或酒红色 ………………………………………………………………… 18

11. 菌柄中生，具膜质菌环，菌盖圆形，黄褐色 ………………………………………… 蜜环菌

11. 菌柄中生或偏生，无菌环 ……………………………………………………………………… 12

12. 菌盖小，圆形，黄褐色，柄细长，中生 ……………………………………………… 金针菇

12. 菌盖大，较厚，柄多偏生或侧生，少中生 …………………………………………………… 13

13. 菌盖圆形至近圆形，茶褐色，质韧，菌褶直生至近弯生，褶缘多呈锯齿状，柄偏生至近中生 ……………………………………………………………………………………………… 香菇

13. 菌盖其他颜色，扇形至贝壳状，少呈漏斗状，质脆，菌褶延生，褶缘非锯齿状 ………… 14

14. 孢子印紫色 ………………………………………………………………………… 紫孢侧耳

14. 孢子印白色 …………………………………………………………………………………… 15

15. 菌盖橙黄色 ………………………………………………………………………… 金顶侧耳

15. 菌盖灰色、灰白色至灰褐色 ……………………………………………………………………… 6

16. 菌盖灰褐色至近褐色，表面具明显的灰黑色鳞片，在琼脂培养基上产生大量黑头分生孢子梗束 ……………………………………………………………………………………… 鲍鱼菇

16. 菌盖灰白色至灰色，表面近平滑，在琼脂培养基上不产生大量黑头分生孢子梗束 ………… 17

17. 菌盖扇形至贝壳状，初灰黑色至蓝黑色，后渐变为灰白色，多丛生 ………………… 糙皮侧耳

17. 菌盖扇形至近漏斗状，初白色，后渐变为灰褐色，多单生 ………………………… 凤尾菇

18. 子实体具菌托，无菌环 ………………………………………………………………………… 19

18. 子实体无菌托，具菌环 ………………………………………………………………………… 20

19. 菌盖灰色至灰褐色，表面近光滑，生于草原基物上 …………………………………… 草菇

19. 菌盖乳白色至淡黄色，表面具明显的丝状柔毛，生于阔叶树朽木上 ……………… 银丝草菇

20. 菌盖白色，半球形，担子 2 孢子型 ………………………………………………… 双孢菇

20. 菌盖白色至蛋壳色，较大，担子 4 孢子型 ………………………………………… 大肥菇

21. 菌裙长达 10 cm 以上，白色；网眼多角形，5 ~ 10 mm ………………………… 长裙竹荪

21. 菌裙长 3 ~ 6 cm，白色；网眼圆形，宽 1 ~ 4 mm ………………………………… 短裙竹荪

【窍门】当遇到一种不知名的食用菌时，应当根据食用菌的形态特征，按检索表顺序逐一寻找该食用菌所处的分类地位。首先确定该食用菌属于哪个门、哪个纲和哪个目，然后再继续查其分科、分属以及分种。在运用检索表时，必须详细观察或解剖标本，按检索表一项一项地仔细查对。对于完全符合的项目，继续往下查找，直至检索到终点为止。

第二节　食用菌的形态结构

自然界的食用菌看起来千差万别，颜色不一，但基本结构大致相同，成熟的食用菌主要由菌丝体、子实体、孢子三部分组成（图1－4）。

一、菌丝体

孢子是食用菌的繁殖单位。在适宜条件下，孢子萌发形成管状细胞，它们聚集形成丝状体，每根丝状体叫菌丝。菌丝大都无色透明，许多菌丝交织在一起形成菌丝体。它的功能是分解基质、吸收营养和水分，供食用菌生长发育需要，因此它是食用菌的营养器官，相当于高等植物的根、茎、叶。菌丝也可以进行繁殖，取一小段菌丝放置在一定的环境中，经一定时间后，它可以繁殖成新的菌丝体（属无性繁殖），实际生产中大多使用菌丝来进行繁殖。

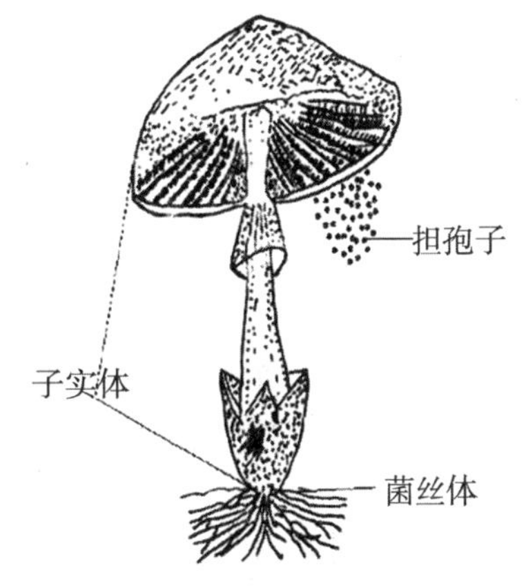

图1－4　食用菌形态结构示意图（以伞菌为例）

1. 菌丝的分类

按照隔膜有无、细胞核个数、发育顺序等不同分类标准，可将食用菌的菌丝进行不同的分类。

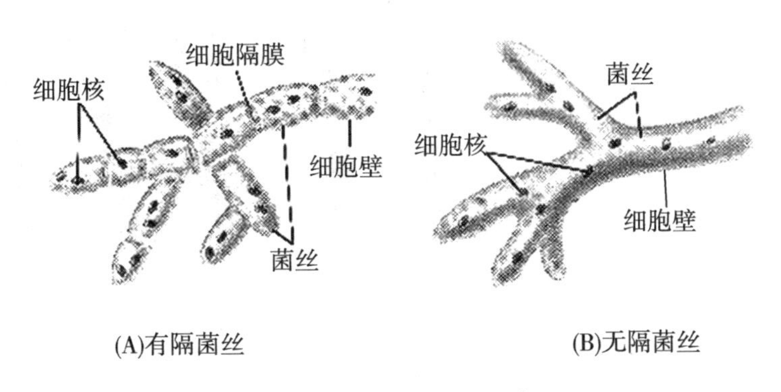

图1－5　有隔菌丝和无隔菌丝

在光学显微镜下观察，多数种类的菌丝被间隔规则的横壁隔断，这些横壁称为隔膜。子囊菌和担子菌中，隔膜将菌丝分隔成间隔或细胞，其中含有一个或多个细胞核的菌丝称为有隔菌丝。在壶菌和接合菌中，只在产生繁殖器官或菌丝受伤部位以及老龄菌丝中形成完全封闭的隔膜，而生长活跃的营养菌丝则没有隔膜，此类菌丝称为无隔菌丝（图1－5）。在由隔膜隔开的细胞中，所含细胞核个数不同菌丝间也有差异，只含一个细胞核的称为单核菌丝，含两个细胞核的称为双核菌丝。不同菌丝的生长部位亦有不同，生长于培养基之中的，称为基内菌丝；而伸于培养基之外的，称为气生菌丝。根据菌丝发育的顺序、细胞中细胞核的数目等，又可将食用菌的菌丝分为初生菌丝、次生菌丝、三生菌丝。

2. 菌丝体的形态

食用菌的菌丝都是多细胞的，与大多数真菌一样，其细胞由细胞壁、质膜、细胞质、细胞核及细胞器组成。食用菌的菌丝都是有隔菌丝，其菌丝细胞中细胞核的数目不一，通常子囊菌的菌丝细胞有一个或多个核，而担子菌的菌丝细胞大多数含有两个核，为双核菌丝。

（1）初生菌丝　是由孢子直接萌发而形成的菌丝。孢子萌发后，初期形成的菌丝无隔膜，细胞核多数，即多核的单细胞菌丝；随后产生隔膜，将菌丝分成许多个细胞，每个细胞内仅含一个细胞核，故又称为单核菌丝或一次菌丝。绝大多数的食用菌孢子萌发都形成单核菌丝，但也有少数特殊，如双孢蘑菇的担孢子萌发形成的不是单核菌丝，而是双核菌丝；银耳的担孢子萌发形成芽孢子，由芽孢子萌发再形成单核菌丝。

初生菌丝一般都不会形成子实体，只有和另一条可亲和的单核菌丝质配之后变成双核菌丝，才会产生子实体。

（2）次生菌丝　由两条初生菌丝结合，经过质配而形成的菌丝称为次生菌丝，又称为二次菌丝（图1－6）。在形成次生菌丝的过程中，两个初生菌丝细胞的细胞质融合，而细胞核并未发生融合，因此次生菌丝每个细胞中含两个细胞核，故又称为双核菌丝。

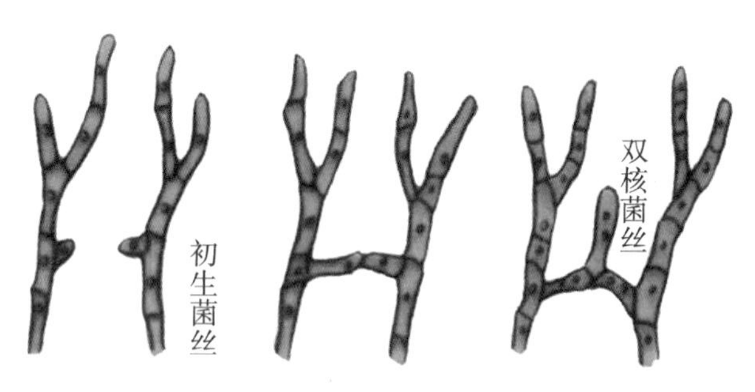

图1－6　初生菌丝质配形成双核菌丝

次生菌丝是食用菌菌丝存在的主要形式，也只有双核菌丝才能形成子实体，在食用菌生产中使用的菌种基本都是双核菌丝。

大部分食用菌的双核菌丝顶端细胞上常发生锁状联合，它是一种形状类似锁臂的菌丝连接，担子菌中许多种类的双核菌丝都是靠锁状联合进行细胞分裂，不断增加细胞数目。锁状联合（图1－7）主要存在于担子菌中，如香菇、平菇、木耳等，但也有例外，如草菇、双孢蘑菇等。极少数的子囊菌其菌丝也形成锁状联合，如地下真菌中的块菌。

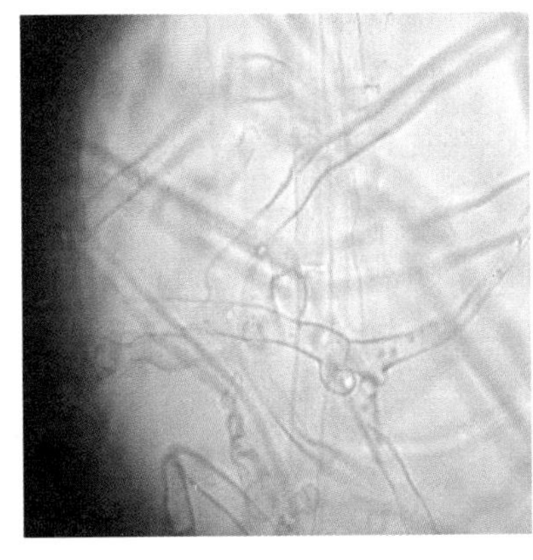

显微镜下菌丝的锁状联合

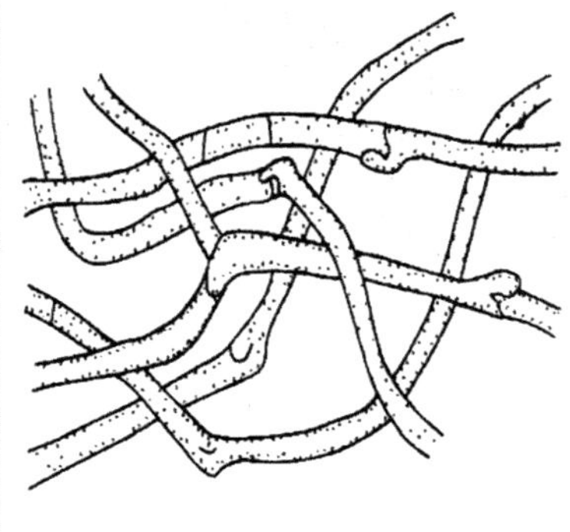

锁状联合示意图

图1－7　菌丝锁状联合结构

（3）三生菌丝　次生菌丝在不良条件下或达到生理成熟时，就紧密扭结、分化成特殊菌丝组织体，这种由次生菌丝进一步发育而成的已组织化的双核菌丝，称为三生菌丝或三次菌丝，如菌核、菌索、子实体中的菌丝。

3. 菌丝的组织体

一般情况下，菌丝体呈现疏松的状态，但有些子囊菌或担子菌在不良条件下或繁殖时，其菌丝紧密缠结成一种特殊的菌丝体，称为菌丝组织体。菌丝的组织体实质上是食用菌菌丝体适应不良环境或繁殖时的一种休眠体，能行使繁殖功能，常见的有菌核、子座、菌索等，有利于食用菌的繁殖或增强它对环境的适应性。

（1）菌核　菌核是由双核菌丝发育而成的一种质地坚硬、颜色较深、大小不等的团块状或颗粒状的组织。菌核对干燥、高温或低温均有较强的抵抗能力，如茯苓菌核，在－30 ℃仍能过冬；同时菌核中贮藏着较多养分，因此它既是真菌的贮藏器官，又是度过不良环境的一种休眠体。菌核中的菌丝有着很强的再生能力，当环境条件适宜时，很容易萌发出新的菌丝，或者由菌核上直接产生子实体。

（2）菌索　菌索是双核菌丝交织成绳索状的组织束，外形似根，内有髓部，能疏导水分和养分，常分叉或角质化，对不良环境抵抗性强。其顶端部分为生长点，可以不断延伸生长。当环境条件适宜时，菌索可以发育成子实体，如蜜环菌。

（3）菌丝束　菌丝束是由大量平行的双核菌丝紧密排列形成的束状组织，常为子实体原基的前身。菌丝束与菌索相似，都有疏导功能，不同之处在于它没有顶端分生组织。

图 1－8　冬虫夏草的子座

（4）子座　子座是由菌丝组织构成的可容纳子实体的褥座状结构。子座是真菌从营养生长阶段到生殖生长阶段的一种过渡形式，其形态不一。食用菌的子座多为头状或棒状，如麦角菌的子座呈头状，冬虫夏草的子座呈棒状（图 1－8）。

（5）菌膜　有的食用菌的菌丝紧密交织成的一层薄膜即称为菌膜，如香菇栽培过程中形成的褐色被膜。

二、子实体

菌丝体多数情况下生长于基质之内。如果环境条件适宜，菌丝体便不断向四周蔓延，吸收营养，完成增殖。当菌丝体达到生理成熟时，发生扭结，形成子实体原基，进而形成子实体。

产生有性孢子的肉质或胶质的大型菌丝组织体称为子实体，是食用菌的繁殖器官。食用菌的子实体常生长于基质表面，是人们通常称为“菇、蘑、耳”的那一部分。子囊菌的子实体能产生子囊孢子，是子囊菌的果实，故又称之为子囊果。担子菌的子实体能产生担孢子，故又称之为担子果，目前人们食用的多为担子果。

1. 子囊果的结构

根据产生子囊的方式，子囊果可分为 5 种类型：

（1）裸果型　子囊果裸生，没有任何子实体。

（2）闭囊壳（cleistothecium）　子囊被封闭在一个球形的缺乏孔口的子囊果内（图 1－9A），如块菌。

（3）子囊壳（perithecium）　子囊着生于一个球形或瓶状的子囊果内，子囊果或多或少是封闭的（图 1－9B），但在成熟时出现一个孔口，使孢子能够释放出来，如冬虫夏草。

（4）子囊盘（apothecium）　子囊着生在一个盘状或杯状开口的子囊果内，与侧丝平行排列在一起形成子实层（图1－9C），如胶陀螺菌、羊肚菌等。

（5）子囊腔（locule）　子囊单独、成束或成排地着生于子座的腔内，子囊的周围并没有形成真正的子囊果壁，这种含有子囊的子座称为子囊座（ascostroma）。子囊座内着生子囊的腔称为子囊腔，一个子囊座内可以有一到多个子囊腔。有些含单腔的子囊座在外表上很像子囊壳，称为假囊壳（pseudothecium）。

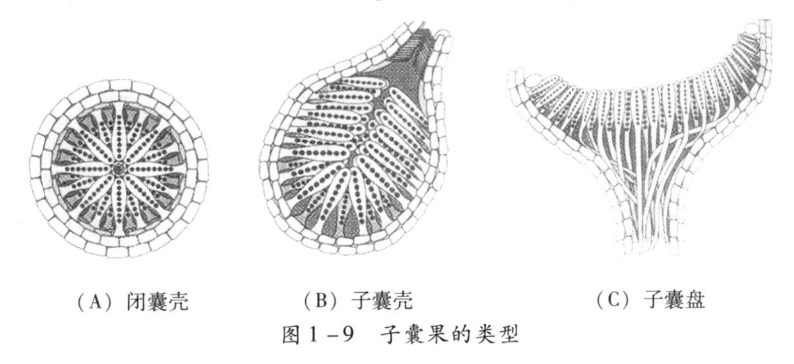

（A）闭囊壳　（B）子囊壳　（C）子囊盘

图1－9　子囊果的类型

2. 担子果的结构

担子果的形态、大小、质地因种类不同而异。其大小差异悬殊，小的用显微镜才能看到，大的直径可达1 m以上。担子果外部形态常呈伞状、喇叭状、耳状、珊瑚状、块状等。其质地也多种多样，如胶质、革质、肉质、木质等。下面着重以伞菌为例，介绍子实体的形态。

伞菌是通常称其子实体为蘑菇的一类担子菌，主要由菌盖（pileus，cap）、菌柄（stipe，stem）、菌褶（gill）或菌管（tube）、菌环和菌托组成。

（1）菌盖　菌盖是食用菌子实体的帽状部分，也是人们食用的主要部分，多位于菌柄之上。菌盖形态多种多样，常见的有钟形、圆锥形、斗

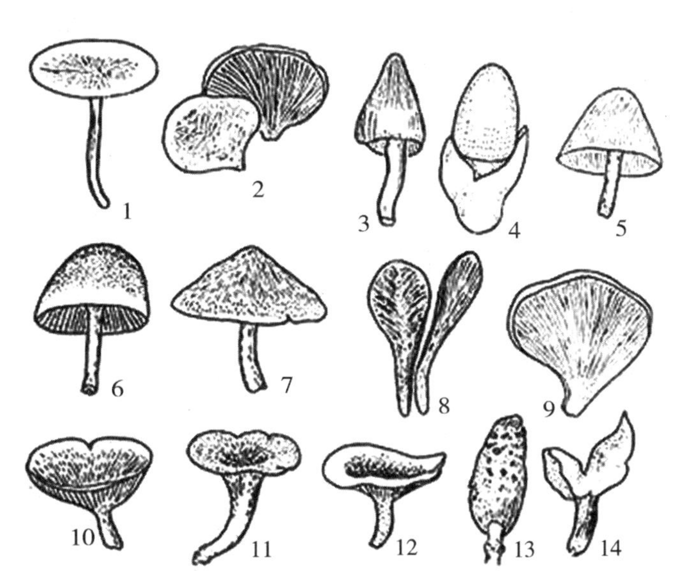

1. 圆形　2. 半圆形　3. 圆锥形　4. 卵圆形　5. 钟形　6. 半球形　7. 斗笠形　8. 匙形　9. 扇形　10. 漏斗形　11. 喇叭形　12. 浅漏斗形　13. 圆筒形　14. 马鞍形

图1－10　菌盖形状

笠形、半球形、平展形、花瓣形等（图 1－10）。菌盖边缘的形状，有的全缘开裂，有的内折或外翻，有的平滑，有的平滑具条纹、沟纹或波折，有的表皮延伸具残膜或角状残膜。

菌盖表面称为表皮，表皮的菌丝内含有不同颜色的色素，这使菌盖呈现白、黄、黑、灰、红等不同的色泽。不同品种颜色不同，同品种不同个体之间、不同成熟程度个体之间甚至菌盖中央及边缘的颜色也会有所不同；菌盖表面干燥、湿润、黏滑、平滑或粗糙，有的表面粗糙具有纤毛、鳞片等；菌盖中央有平展、突起、下凹或呈脐状。

（2）菌肉　菌盖表皮下面和菌柄内部的组织称为菌肉，一般由长形的菌丝细胞组成。有些种类，如红菇属有膨大的球形或卵圆形的细胞分散在长形的菌丝细胞之间，为囊泡状菌丝组织（图 1－11）。菌肉的颜色、厚度和菌丝形态多有差异，菌肉多为白色或淡黄色，但也有例外，如乳菇属的一些种类受伤后流出乳汁又变蓝色。

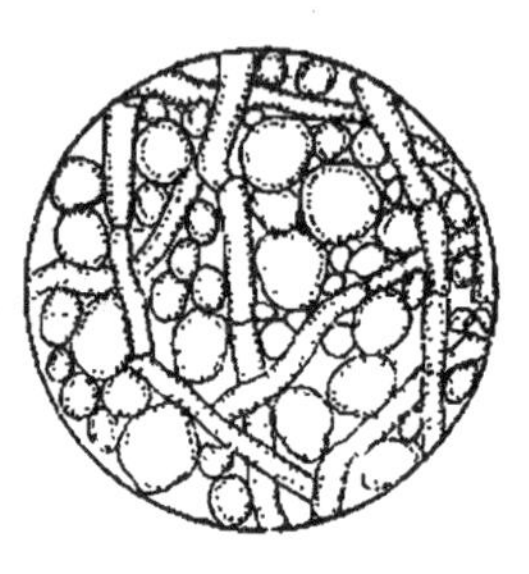

1. 丝状菌丝组织　　2. 囊泡状菌丝组织

图 1－11　菌肉构造

（3）菌褶或菌管　菌褶是生长在菌盖下面的片状部分，少数是管状的菌管，多数为褶片状的菌褶。菌褶是伞菌产生孢子的地方，常呈片状，少数为叉状。菌褶等长或不等长，排列有密有疏，一般为白色，也有黄、红、灰等其他颜色，并常随着子实体的成熟而呈现出孢子的各种颜色，如褐色、黑色等。菌褶边缘一般光滑，亦有波浪状或锯齿状（图 1－12）。

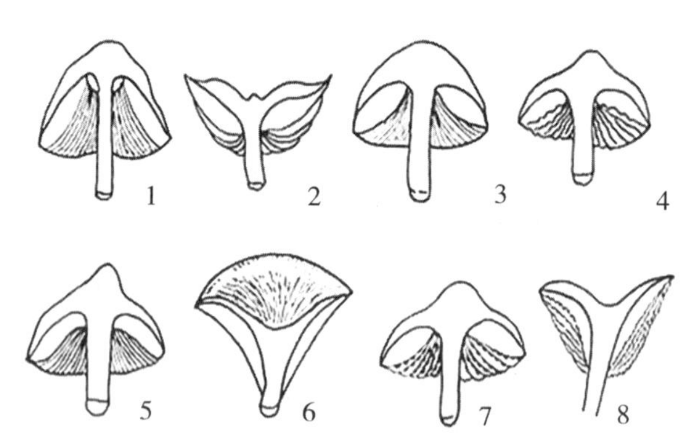

1. 离生　2. 弯生　3. 直生　4. 延生　5. 边缘平滑
6. 边缘波浪状　7. 边缘粗颗粒状　8. 边缘锯齿状

图 1－12　菌褶与菌柄着生情况及褶缘特征

（4）菌柄　菌柄生长于菌盖下面，具有输送养分、水分及支撑菌盖的功能，其形状因菌盖的着生方式、粗细、颜色、长短、内部空实等而异。多数食用菌的菌柄为肉质，少数为纤维质、蜡质、脆骨质等。有些种类的菌柄较长，有的较短，有的甚至无菌柄。菌柄一般生于菌盖中部，有的偏生或侧生。有些种类的菌柄上部还有菌环，菌柄基部有菌托（图 1－13）。

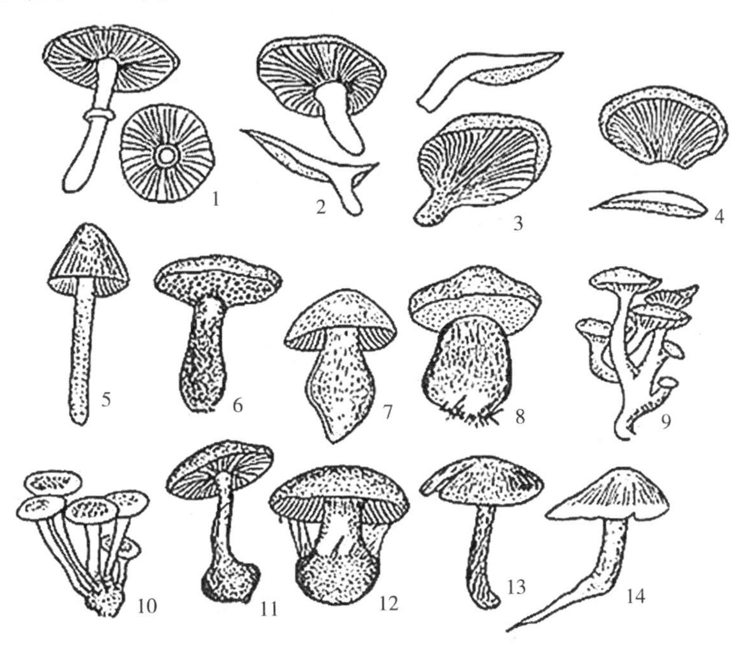

1. 中生　2. 偏生　3. 侧生　4. 无菌柄　5. 圆柱形　6. 棒状　7. 纺锤形
8. 膨大状　9. 分支　10. 基部联合　11. 柄中生，基部膨大
12. 基部膨大呈臼形　13. 菌柄扭转　14. 基部延伸呈假根状

图 1－13　菌柄形态特征

（5）菌幕、菌环和菌托　菌幕分为外菌幕及内菌幕。包被于整个幼小子实体外面的菌膜，称为外菌幕。连接于菌盖与菌柄间的膜为内菌幕。随着子实体的长大，菌幕会被撑破、消失，但在一些伞菌中会残留，分别发育成菌环或菌托。

随着子实体的长大，内菌幕破裂，残留在菌柄上的单层或双层环状膜，称为菌环（annulus）。菌环的大小、厚薄、层数及在菌柄上着生的位置因种类不同而异。随着子实体的长大，外菌幕被撑裂，残留于菌柄基部发育成的杯状、苞状或环圈状的构造，称为菌托（volva）。由于种类的不同或外菌幕发育强弱的不同，菌托的形状有苞状、鳞片状、粉状和环带状等（图 1－14）。

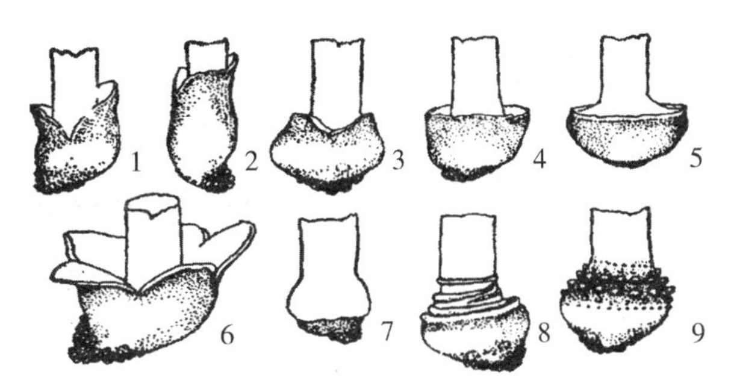

1. 苞状　2. 鞘状　3. 鳞茎状　4. 环状　5. 杵状
6. 瓣状　7. 菌托退化　8. 带状　9. 数圈颗粒状

图 1－14　菌托形态特征

三、孢子

孢子是真菌繁殖的基本单位，如同高等植物的种子。孢子可分为有性孢子（sexual spore）和无性孢子（asexual spore）两类。有性孢子包括担孢子、子囊孢子、结合孢子等，无性孢子包括分生孢子、厚垣孢子、粉孢子等。不同种类真菌其孢子大小、形状、颜色及表面纹饰都有较大的差异（图 1－15）。

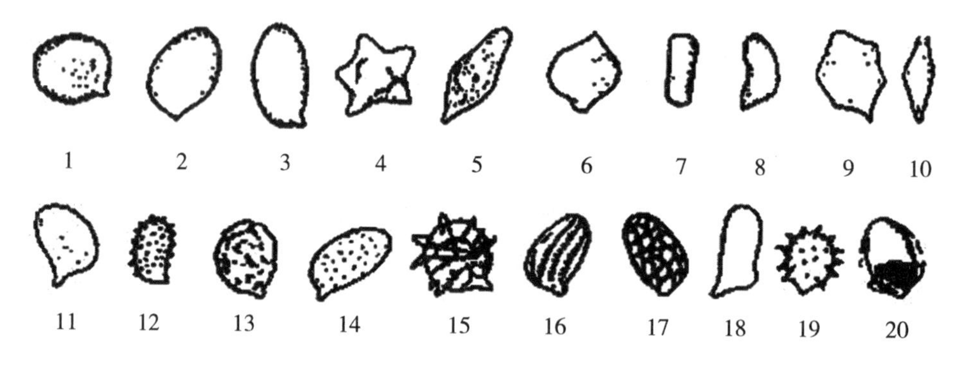

1. 圆球形　2. 卵圆形　3. 椭圆形　4. 星状　5. 纺锤形　6. 柠檬形　7. 长方椭圆形　8. 肾形　9. 多角形　10. 棱形　11. 表面光滑　12. 小疣　13. 小瘤　14. 麻点　15. 刺棱　16. 纵条纹　17. 网纹　18. 光滑不正形　19. 具刺　20. 具外孢膜

图 1－15　孢子形状及表面特征

孢子一般无色或浅色，成熟的子实体不断释放出孢子堆积起来出现的菌褶形印称为孢子印（spore print）。孢子印的颜色多样，有白色、粉色、奶油色、青褐色、褐色、黑色等。孢子传播方式十分复杂，有的主动弹射传播，有的则靠风、雨水等传播，还有少数靠动物传播。

成熟的孢子可以直接萌发产生初生菌丝，或间接萌发产生次生孢子，或芽殖产生大量的分生孢子或小分生孢子，然后由分生孢子萌发成初生菌丝。

第三节　食用菌的营养

食用菌是异养生物，在适宜的环境条件下，不断地吸收营养物质，并进行新陈代谢活动。

一、食用菌的营养类型

根据自然状态下食用菌营养物质的来源，可将食用菌分为腐生、共生和寄生三种不同的营养类型。

1. 腐生

从动植物尸体上或无生命的有机物中吸收养料的食用菌称为腐生菌。根据腐生型食用菌适宜分解的植物尸体的不同和生活环境的差异，可将它分为木腐型（木生型）、土生型和粪草型三个生态类群。

（1）木腐型　指从木本植物残体中吸取养料的菌。该类食用菌不侵染活的树木，多生长在枯木朽枝上，以木质素为优先利用的碳源，也能利用纤维素；常在枯木的形成层生长，使木材变腐充满白色菌丝。有的对树种适应性广，如香菇；有的适应范围较狭，如茶薪菇。

（2）粪草型　粪草型食用菌从草本植物残体或腐熟有机肥料中吸取养料。该类食用菌多生长在腐熟堆肥、厩肥、烂草堆上，优先利用纤维素，几乎不能利用木质素，可用秸秆、畜禽粪为培养料，如草菇、鸡腿菇、双孢菇等。

（3）土生型　土生型食用菌多生长在腐殖质较多的落叶层、草地、肥沃田野等场所，如羊肚菌、马勃、竹荪等。

木腐生及粪草菌较易于驯化，在人工栽培的食用菌中占绝大多数；而土生菌的驯化较难，且产量也较低。目前，进行商业性栽培的菇类几乎都是腐生型菌类，在实际生产中要根据它们的营养生理来选择合适的培养料。

2. 寄生

生活在活的有机体内或体表，从活的寄主细胞中吸收营养而生长发育的食用菌，称为寄生菌。在食用菌中其整个生活史都是营寄生生活的情况十分罕见，多为兼性寄生或兼性腐生。在生活史的某一阶段营寄生生活，而其他时期则营腐生生活，称为兼性寄生；而在生活史的某一阶段营腐生生活，其他时期则营寄生生活，则称为兼性腐生。专性寄生的典型代表是星孢寄生菇，它们专门寄生在稀褶黑菇的子实体上，并在寄主的子实体上产生自己的子实体，形成“菇上菇”。兼性寄生的典型代表是蜜环菌，它可以在树木的死亡部分营腐生生活，一旦进入木质部的活细胞后就转为寄生生活，常生长在针叶或阔叶树干的基部或根部，形成根腐病。寄生菌中兼性腐生的代表是冬虫夏草，它是寄生在鳞翅目幼虫上的一种真菌，能够杀死虫体并将虫体变成长满菌丝的菌核。

3. 共生

能与高等植物、昆虫、原生动物或其他菌类相互依存、互利共生的食用菌称为共生菌。

（1）食用菌与植物共生　菌根菌是食用菌与植物共生的典型代表，食用菌菌丝与植物的根结合成复合体——菌根。菌根菌能分泌生长激素，促进植物根系的生长，菌丝还可帮助植物吸收水分及无机盐，而植物则把光合作用合成的碳水化合物提供给菌根菌。

菌根分为外生菌根和内生菌根两种类型，其中多数是外生菌根，约有30个科99个属，与阔叶树或针叶树共生。

①外生菌根：外生菌根的菌丝大部分紧密缠绕于根表面，形成菌套，并向四周伸出致密的菌丝网，仅有少部分菌丝进入根的表皮细胞间生长，但不侵入植物细胞内部。木本植物的菌根多为外生菌根，如赤松根和松口蘑。

②内生菌根：菌根菌的菌丝侵入根细胞内部为内生菌根，如蜜环菌的菌索侵入天麻的块茎中，吸取部分养料，而天麻块茎在中柱和皮层交界处有一消化层，该处的溶菌酶能将侵入到块茎的蜜环菌丝溶解，使菌丝内含物释放出来供天麻吸收。

食用菌与植物形成菌根，是在长期自然环境中形成的一种生态关系。这种关系受到破坏或发生改变，植物和食用菌的生活都会受到不良影响，它们甚至不能正常生活。因此，目前这类食用菌的人工栽培较困难，取得成功的不多。菌根菌中有不少优良品种，但还没有驯化到完全可以人工栽培，是开发的一个方向。

（2）食用菌与动物共生　食用菌与动物构成的共生关系中最典型的是不少热带食用菌与白蚁或蚂蚁存在的密切的共生关系。在自然条件下，鸡枞只能生长在白蚁窝上，鸡枞在白蚁窝上的生长为白蚁提供了丰富的营养物质，而白蚁窝则为鸡枞提供了生存基质。

（3）食用菌与微生物共生　食用菌与微生物的共生关系中最典型的例子就是银耳属。现在已经很明确，银耳与香灰菌、金耳与韧革菌存在一种偏共生关系，其中的香灰菌与韧革菌通常被称为“伴生菌”。

二、食用菌的营养生理

食用菌在生命活动中需要大量的水分，较多的碳素、氮素，其次是磷、镁、钾、钠、钙、硫等主要矿质元素，还需要铜、铁、锌、锰、钴、钼等微量元素；有的还需要维生素。生产中，只有满足食用菌对这些营养物质的需求它才能正常生长。

1. 碳源

碳源是构成食用菌细胞和代谢产物中碳素来源的营养物质，也是食用菌生命活动所需要的能量来源，是食用菌最重要的营养源之一。食用菌吸收的碳素大约有 20% 用于合成细胞物质，80% 用于分解产生维持生命活动所必需的能量。碳素也是食用菌子实体中含量最多的元素，约占子实体干重的 50% ~60%。因此，碳源是食用菌生长发育过程中需求量最大的营养物质。

食用菌主要利用单糖、双糖、半纤维素、纤维素、木质素、淀粉、果胶、有机酸和醇类等碳源。单糖、有机酸和醇类等小分子碳化物可以直接吸收利用，其中葡萄糖是利用最广泛的碳源。而纤维素、半纤维素、木质素、淀粉、果胶等大分子碳化物，需在酶的催化下水解为单糖后才能被吸收利用。生产中食用菌的碳源物质除葡萄糖、蔗糖等简单的糖类之外，主要来源于各种富含纤维素、半纤维素的植物性原料，如木屑、玉米芯、棉籽壳等。这些原料多为农产品的下脚料，具有来源广泛、价格低廉的优点。

木屑、玉米芯等大分子碳化物分解较慢，为促使接种后的菌丝体很快恢复创伤，使食用菌在菌丝生长初期也能充分吸收碳素，在生产中，拌料时适当地加入一些葡萄糖、蔗糖等容易吸收的碳源，作为菌丝生长初期的辅助碳源，可促进菌丝的快速生长，并可诱导纤维素酶、半纤维素酶以及木质素酶等胞外酶的产生。

【注意】加入辅助碳源的浓度不宜太高，一般糖的含量为 0.5% ~5%，否则可能导致质壁分离，引起细胞失水。

2. 氮源

氮源是指构成细胞的物质或代谢产物中氮素来源的营养物质。氮源是合成食用菌细胞蛋白质和核酸的主要原料，对生长发育有着重要作用。

食用菌主要利用各种有机氮，如氨基酸、蛋白胨等。氨基酸等小分子有机氮可被菌丝直接吸收，而大分子有机氮则必须通过菌丝分泌的胞外酶分解成小分子后才能够被吸收。生产上常用蛋白胨、氨基酸、酵母膏等作为母种培养基的氮源，而在原种和栽培种培养基中，多由含氮高的物质提供氮素，用小分子无机氮或者有机氮作为补充氮源。

少数食用菌只能以有机氮作为氮源，多数食用菌除利用有机氮外，也能利用 NH_4^+ 和 NO_3^- 等无机氮源，通常铵态氮比硝态氮更易被菌丝吸收。以无机氮为唯一氮源时易产生生长慢、不结菇现象，因为菌丝没有利用无机氮合成细胞所必需的全部氨基酸的能力。一般在菌丝生长阶段要求含氮量较高，培养基中氮含量以 0.016% ~0.064% 为宜，若含氮量低于 0.016%，菌丝生长就会受阻。子实体发育阶段对氮含量的要求略低于菌丝生长阶段，一般为 0.016% ~0.032%。含氮量过高会导致菌丝徒长，抑制子实体发生及生长。

【注意】食用菌生长发育过程中，碳源和氮源的比例要适宜。食用菌正常生长发育所需的碳源和氮源的比例称为碳氮比（C/N）。一般而言，食用菌菌丝生长阶段所需C/N较小，以（15~20）:1为宜；子实体发育阶段要求C/N较大，以（30~40）:1为宜。若C/N过大，菌丝生长缓慢，难以高产；若C/N过小，容易导致菌丝徒长而不易出菇。不同菌类其最适C/N也有不同，如草菇的最适C/N为（40~60）:1，而香菇则为（25~40）:1。

3. 矿质元素

矿质元素是构成细胞和酶的成分，并在调节细胞与环境的渗透压中起作用，根据其在菌丝中的含量可分为大量元素和微量元素（表1-3）。

表1-3 食用菌对矿质元素的需求

元素	用量/mol	作用
大量元素		
钾（K）	10^{-3}	核酸构成，能量传递，中间代谢
磷（P）	10^{-3}	酶的活化，ATP代谢
镁（Mg）	10^{-3}	氨基酸、核苷酸及维生素的组建
硫（S）	10^{-3}	氨基酸、维生素的构建；巯基的构建
钙（Ca）	10^{-4} ~ 10^{-3}	酶的活化，质膜成分
微量元素		
铁（Fe）	10^{-6}	细胞色素及正铁血红素的构成
铜（Cu）	10^{-7} ~ 10^{-6}	酶的活化，色素的生物合成
锰（Mn）	10^{-7}	酶的活化，TCA循环，核酸合成
锌（Zn）	10^{-8}	酶的活化，有机酸及其他中间代谢
钼（Mo）	10^{-9}	酶的活化，硝酸代谢及其他

磷、硫、钾、钙、镁为大量元素，其主要功能是参与细胞物质的构成及酶的构成，维持酶的作用，控制原生质胶态和调节细胞渗透压等。在食用菌生产中，可向培养料中加入适量的磷酸二氢钾、磷酸氢二钾、石膏、硫酸镁来满足食用菌的需求。

微量元素包括铁、铜、锌、钴、锰、钼、硼等，它们是酶活性基的组成成分或酶的激活剂，其需求量极少，培养基中的浓度在1 mg/kg左右即可。一般营养基质和天然水中含量就可以满足，不需要另行添加，若过量加入则会有抑制或毒害作用。木屑、作物秸秆及畜粪等生产用料中的矿质元素含量一般可以满足食用菌生长发育要求，但在生产中常添加1%~3%的石膏、1%~5%的过磷酸钙、1%~2%的生石灰、0.5%~1%的硫酸镁、草木灰等给予补充。

4. 维生素和生长因子

(1) 维生素　维生素是食用菌生长发育必不可少又用量甚微的一类特殊有机营养物质，主要起辅酶的作用，参与酶的组成和菌体代谢。食用菌一般不能合成硫胺素（维生素 B_1），这种维生素是羧基酶的辅酶，对食用菌碳的代谢起重要作用，缺乏时食用菌发育受阻，外源加入量通常为 0.01 ~ 0.1 mg/L。许多食用菌还需要微量的核黄素（维生素 B_2）、生物素（维生素 H）等，其中核黄素是脱氢酶的辅酶，生物素则在天冬氨酸的合成中起重要作用。

当基质中严重缺乏维生素时，食用菌就会停止生长发育。有的食用菌自身具有合成某些维生素的能力，若无合成某种维生素的能力，则称该食用菌为该种维生素的营养缺陷型，如金针菇、香菇、鸡腿菇等不能合成维生素 B_1，是维生素 B_1 的营养缺陷型。由于天然培养基或半合成培养基使用的马铃薯、酵母粉、麦芽汁、麸皮、米糠等天然物质中各种维生素含量非常丰富，因此一般不需要另行添加。

多数维生素在 120 ℃以上的高温条件下易分解，因此对含维生素的培养基灭菌时，应防止灭菌温度过高和灭菌时间过长。

(2) 生长因子　生长因子是促进食用菌子实体分化的微量营养物质，如核苷、核苷酸等，它们在代谢中主要发挥“第二信使”的作用。其中环腺苷酸（cAMP）具有生长激素的功能，在食用菌生长中极为重要。此外，萘乙酸（NAA）、吲哚乙酸（IAA）、赤霉素（GA）、吲哚丁酸（IBA）等生长素也能促进食用菌的生长发育，在生产上有一定的应用。

第四节　食用菌对环境条件的要求

适宜的环境条件是食用菌旺盛生长的保证，不同食用菌、同种食用菌的不同生长阶段对外界环境的需求都有不同。因此，学习掌握影响食用菌生长发育的环境因素对食用菌栽培意义重大。

一、温度

温度是影响食用菌生长发育的重要环境因素之一，不同的食用菌因其野生环境不同而有不同的温度适应范围，并都有其最适生长温度、最低生长温度和最高生长温度（表1－4）。

表1－4　几种常见食用菌对温度的要求

项目 种类	菌丝体生长温度/℃		子实体分化与发育最适温度/℃	
	范围	最适	分化	发育
双孢蘑菇	6～33	24	8～18	13～16
香菇	3～33	25	7～21	12～18
草菇	12～45	35	22～35	30～32
木耳	4～39	30	15～37	24～27
侧耳	10～35	24～27	7～22	13～17
银耳	12～36	25	18～26	20～24
猴头	12～33	21～24	12～24	15～22
金针菇	7～30	23	5～19	8～14
大肥菇	6～33	30	20～25	18～22
口蘑	2～30	20	20～30	15～17
松口蘑	10～30	22～24	14～20	15～16
光帽鳞伞	5～33	20～25	5～15	7～10

1. 食用菌对环境温度的需求规律

一般而言菌丝体生长的温度范围大于子实体分化的温度范围，子实体分化的温度范围大于子实体发育的温度范围，孢子产生的适温低于孢子萌发的适温。

（1）孢子萌发对温度的要求　各种食用菌的孢子均在一定温度条件下才能萌发（表1－5）。多数食用菌担孢子萌发的适温为20～30℃，在适温范围内，随着温度的升高，孢子的萌发率也升高，而一旦超出适温范围，萌发率则下降。低温状态下，孢子一般呈休眠状态，而极端高温下，孢子则会死亡。

表1－5　几种食用菌孢子产生、萌发的温度

项目 种类	孢子产生的适温/℃	孢子萌发的适温/℃
双孢蘑菇	12～18	18～25
草菇	20～30	35～39
香菇	8～16	22～26
侧耳	12～30	24～28
木耳	22～32	22～32
银耳	24～28	24～28
金针菇	0～15	15～24
茯苓	24～26.5	28

（2）菌丝体生长对温度的要求　多数食用菌菌丝生长的温度范围是 5～33 ℃。除草菇外，大多数食用菌菌丝体生长的最适温度一般为 20～30 ℃。

最适温度指的是菌丝体生长最快的温度，并不是菌丝健壮生长的温度。在实际生产中，为培育出健壮的菌丝体，常常将温度调至比菌丝最适生长温度略低 2～3 ℃。如双孢菇菌丝体在 24～25 ℃生长最快，但菌丝稀疏无力；在 22～24 ℃下生长略慢，但菌丝却粗壮浓密。在高温下菌丝体的生活力会迅速下降，甚至死亡。多数食用菌的致死温度在 40 ℃左右，但草菇菌丝除外，它耐受高温却不耐低温，在 40 ℃仍可旺盛生长，但降到 5 ℃就会死亡。

（3）子实体分化与发育对温度的要求　子实体发育的温度略高于子实体分化的温度。食用菌子实体分化形成后，便进入子实体发育阶段。在这一阶段，若温度过高，则子实体生长快，但组织疏松，干物质较少，盖小，柄细长，易开伞，产量与品质均下降；如果温度过低，则生长过于缓慢，周期拉长，总产量也会降低。

子实体生长于空气中，所以受空气温度的影响很大。因此子实体发育的温度主要是指气温，而菌丝生长的温度和子实体分化的温度则是指料温。所以在实际生产中，既要注重料温，也要注重气温。除此之外，还需根据温度选择不同类型食用菌的栽培季节，一般在较高温度的季节播种培养，促进菌丝的快速生长。当菌丝长满培养料后，适当降低温度，给菌丝以低温刺激，解除高温对子实体分化的抑制作用；在子实体生长发育阶段，温度又可比子实体分化时的温度略高一些。

2. 食用菌的温度类型

（1）根据子实体形成分类　可将食用菌划分为三种温度类型：低温型、中温型、高温型。低温型子实体分化的最高温度在 24 ℃以下，最适温度在 13～18 ℃，如金针菇、香菇、双孢蘑菇、猴头、滑菇、平菇等，它们多发生在秋末、冬季与春季。中温型子实体分化的最高温度在 28 ℃以下，最适温度在 20～24 ℃，如木耳、银耳、竹荪、大肥菇、凤尾菇等，它们多在春、秋季发生。高温型子实体分化的最适温度为 24～30 ℃，最高可达到 40 ℃左右，草菇是最典型的代表，常见的还有灵芝、毛木耳等，它们多在盛夏发生。

（2）根据食用菌子实体分化分类　可把食用菌分为两种类型：恒温结实型与变温

结实型。有些种类的食用菌在子实体分化时，不仅要求较低的温度，而且要求有一定的温差刺激才能形成子实体，通常把这种类型的食用菌称为变温结实型食用菌，如香菇、平菇、杏鲍菇等。有些种类的食用菌在子实体分化时不需要温差，保持一定的恒温就能形成子实体，该类食用菌则称为恒温结实型食用菌，如双孢蘑菇、草菇、金针菇、黑木耳、银耳、猴头、灵芝等。

二、空气

一般而言，食用菌都是好氧性的，但不同的种类及不同的发育阶段对氧的需求量是不同的。

1. 空气对菌丝体生长的影响

一般而言，食用菌菌丝体耐缺氧耐高二氧化碳的能力比子实体强，在通气良好的培养料中均能良好生长。但如果培养料过于紧实，水分含量过高，其生长速度会显著降低。

在生产实践中，配料时准确控制培养料的含水量和松紧度，可以保持菌丝周围的氧气含量，播种后加强菇房的通风换气、及时排除废气、补充氧气是保证菌丝旺盛生长的关键所在。

2. 空气对子实体生长发育的影响

空气对食用菌子实体生长发育的影响，一方面表现为子实体分化阶段的“趋氧性”。袋栽食用菌如香菇、木耳、平菇等时，在袋上开口，菌丝就很容易从接触空气的开口部位生长出子实体。另一方面表现为子实体生长发育阶段对二氧化碳的“敏感性”。出菇阶段由于呼吸作用逐渐加强，需氧量和二氧化碳排放量不断增加，累积到一定浓度的二氧化碳会使菌盖发育受阻，菌柄徒长，造成畸形菇。若不及时通风换气，子实体就会逐渐发黄，萎缩死亡。如灵芝子实体在0.1%的二氧化碳环境中，一般不形成菌盖，只是菌柄分化成鹿角状；当二氧化碳浓度达到1%时，子实体就难以分化，因为较高浓度的二氧化碳易导致子实体畸形，致使菌柄徒长。生产上为了获取菌柄细长、菌盖小的优质金针菇，在其子实体生长阶段常控制通气量，使其子实体在较高浓度的二氧化碳环境中发育。

通风换气是贯穿于食用菌整个生长发育过程中的重要环节，适当的通风换气还能

抑制病虫害的发生，且有利于空气湿度的调节。通风效果以嗅不到异味、不闷气、感觉不到风的存在并不引起温湿度大幅度变动为宜。

三、水分

水分不仅是食用菌的重要组成成分，而且也是菌丝吸收、输送养分的介质；在新陈代谢中也离不开水。

1. 食用菌的含水量及其影响因素

食用菌菌丝中的含水量一般为70% ~80%，子实体的含水量可达到80% ~90%，有时甚至更高。食用菌的水分主要来自于培养基质和周围环境，影响食用菌含水量的外界因素主要包括培养料含水量、空气相对湿度、通风状况等，其中大部分来自于培养料。培养料的含水量是影响出菇的重要因子；空气相对湿度对食用菌生长发育也有重要作用，直接影响培养料水分的蒸发和子实体表面水分的蒸发。

2. 食用菌对环境水分的要求

（1）菌丝体生长阶段　一般食用菌菌丝体生长阶段要求培养料的含水量为60% ~65%，适合于段木栽培的食用菌要求段木的含水量约在40%左右。若含水量不适宜，会对菌丝生长产生不良的影响，最终导致减产或栽培失败。若培养料的含水量为45% ~50%，菌丝生长快，但多稀疏无力、不浓密；若培养料含水量为70%左右，菌丝生长缓慢，对杂菌的抑制力弱，培养料会变酸发出臭味，菌丝停止生长。大多数食用菌在菌丝生长阶段要求的空气湿度为60% ~70%（表1 -6），这样的空气环境不仅有利于菌丝的生长，还不利于杂菌的滋生。

表1 -6　食用菌不同生长发育阶段对水分的要求

种类	培养料含水量（%）	空气相对湿度（%）	
		菌丝发育时期	子实体发育时期
黑木耳	60 ~65	70 ~80	85 ~95
双孢蘑菇	60 ~68	70 ~80	80 ~90
香菇	60 ~70（木屑） 38 ~42（段木）	60 ~70	80 ~90
草菇	60 ~70	70 ~80	85 ~95
平菇	60 ~65	60 ~70	85 ~95
金针菇	60 ~65	80	85 ~90
滑菇	60 ~70	65 ~70	85 ~95
银耳	60 ~65	70 ~80	85 ~95

（2）子实体生长阶段　培养料含水量与菌丝体生长阶段基本一致，但该阶段对空

气湿度的要求则高得多，一般为85% ~90%。空气湿度低会使培养料表面大量失水，阻碍子实体的分化，严重影响食用菌的品质和产量。但菇房的空气湿度也不宜超过95%，空气湿度过高，不仅容易引起杂菌污染，还不利于菇体的蒸腾作用，导致菇体发育不良或停止生长。

食用菌子实体生长发育虽然都喜欢潮湿环境，但根据湿度的需求量，可以将食用菌分为喜湿性食用菌和厌湿性食用菌两大类。喜湿性菌类对高湿有较强的适应性，如银耳、黑木耳、平菇等。厌湿性菌类对高湿环境耐受力差，如双孢蘑菇、香菇、金针菇等。

四、酸碱度

大多数菌类都适宜在偏酸的环境中生长。适合菌丝生长的pH值一般在3 ~8之间，以5 ~6为宜。不同类型的食用菌最适pH值存在差异，一般木生菌类生长适宜的pH值为4 ~6，而粪草菌类生长适宜的pH值为6 ~8。不同种类的食用菌对环境pH值的要求也不同。其中猴头菌最喜酸，其菌丝在pH2 ~4的条件下仍能生长；草菇、双孢蘑菇则喜碱，最适pH值为7.5，在pH8的条件下仍能生长良好。

菌丝生长的最适pH值并不是配制培养基时所需配制的pH值，这主要是因为培养基在灭菌过程中以及菌丝在生长代谢过程中会积累酸性物质，如乙酸、柠檬酸、草酸等，这些有机酸的积累会导致培养基pH值下降。因此，在配制培养基时应将pH值适当调高，生产中常向培养料中加入一定量的新鲜石灰粉，将pH值调至8 ~9；后期管理中，也常用1% ~2%的石灰水喷洒菌床，以防pH值下降。

五、光照

食用菌体内无叶绿素，不能进行光合作用，食用菌在菌丝生长阶段不需要光线，但大部分食用菌在子实体分化和发育阶段都需要一定的散射光。

1. 光照对菌丝体生长的影响

大多数食用菌的菌丝体在完全黑暗的条件下，生长发育良好。光线对食用菌菌丝生长起抑制作用，光照越强，菌丝生长越缓慢，如灵芝菌丝在马铃薯葡萄糖培养基上，30 ℃光照下培养，不如黑暗条件下培养长得快，在3000 lx时每天生长速度不到黑暗时的一半。日光中的紫外线有杀菌作用，可以直接杀死菌丝。光照使水分蒸发快，空气相对湿度降低，对食用菌生长是不利的。

2. 光照对子实体生长发育的影响

大多数食用菌在子实体生长发育阶段需要一定的散射光。光照对子实体生长发育的影响主要体现在以下几个方面：

（1）光照对子实体分化的诱导作用　在子实体分化时期，不同的食用菌对光照的要求是不同的，大部分食用菌子实体发育都需要一定的散射光，如香菇、滑菇、草菇等在完全黑暗条件下不能形成子实体；平菇、金针菇在无光条件下虽能形成子实体，但只长菌柄，不长菌盖，菇体畸形，也不产生孢子。

（2）光照对子实体发育的影响　光照对食用菌子实体发育的影响主要体现在子实体形态建成和子实体色泽两个方面。

①子实体形态建成：光能抑制某些食用菌菌柄的伸长，在完全黑暗或光线微弱的条件下，灵芝的子实体变成菌柄瘦长、菌盖细小的畸形菇。只有光照达到1000 lx以上时，灵芝的子实体才能生长正常。食用菌的子实体还具有正向光性。栽培环境中改变光照的方向，也会使子实体畸形，故光源应设置在有利于菌柄直立生长的位置。

②子实体色泽：光线能促进子实体色素的形成和转化，因此光照还能影响子实体的色泽。一般来说，光照能加深子实体的色泽，如平菇室外栽培颜色较深，室内栽培颜色较浅；草菇光照不足呈灰白色；黑木耳光照不足色泽也变淡，只有在250～1000 lx光照下才出现正常的黑褐色。

六、生物

食用菌不论是在自然界，还是在人工栽培条件下，无时无刻不与周围的生物发生关系，相互影响。这些与食用菌相互影响的生物即为食用菌生长发育的生物因子，包括微生物、植物、动物。它们有的对食用菌生长发育有利，有的则有害。所以，从事食用菌生产，一定要重视这些生物因素，研究它们与食用菌之间的相互关系，发展其有益的方面，避免或控制其不利的方面。

1. 食用菌与微生物的关系

（1）对食用菌有益的微生物　有益微生物对食用菌生长发育的促进作用主要表现在两个方面——为食用菌提供营养物质，帮助食用菌生长发育。

①为食用菌提供营养物质：微生物如假单孢菌、嗜热性放线菌、嗜热真菌等，能分解纤维素、半纤维素、木质素，使结构复杂的物质变为简单物质，易于被食用菌吸收利用。这些微生物死亡后，体内的蛋白质、糖类也是食用菌良好的营养物质。此外，嗜热放线菌、腐质酶都可以产生生物素、硫胺素、泛酸和烟酸等维生素，这些维生素物质都是食用菌生长发育不可或缺的。

②帮助食用菌生长发育：银耳的芽孢子缺少分解纤维素、半纤维素的酶，因此不能分解纤维素和半纤维素，不能单独在木屑上生长。有一种香灰菌分解纤维素、半纤维素的能力很强，形成的养分可供银耳利用。如果没有香灰菌，银耳就生长不好，所

以制备银耳菌种时要混上香灰菌菌丝，二者结合接种效果更好。某些食用菌的孢子在人工培养基上不能萌发，必须在有其他微生物存在时才能萌发，如红蜡蘑、大马勃的孢子在有红酵母的培养基上萌发。

（2）对食用菌有害的微生物　对食用菌有害的微生物种类繁多，有细菌、放线菌、酵母菌、丝状真菌和病毒等。有害微生物可对食用菌产生多种危害，最主要的是寄生性危害和竞争性危害。寄生性危害指微生物可直接从食用菌菌丝体或子实体内吸取养分，导致食用菌因生理代谢失调而死亡，造成严重的减产甚至绝收。竞争性危害指微生物与食用菌争夺培养料中的养分、水分和生长空间，并改变培养料的 pH 值，使得食用菌生存环境改变，造成减产。

2. 食用菌与植物的关系

食用菌本身无法合成有机物，必须以腐生、共生或寄生的方式从植物中获取养分，但这种“获利”的关系并不是单向的。有些食用菌能与植物共生，形成菌根，彼此受益。菌根真菌能分泌乙酸等刺激性物质刺激植物生根，并帮助植物吸收无机盐，而植物通过光合作用合成有机物供给食用菌，如松乳菇与松树，红菇与红栎，口蘑与黑栎共生形成菌根。

森林是野生食用菌的大本营，不仅为食用菌生长提供基础营养，而且为其创造了适宜的生态环境。植物叶片表面的蒸腾作用调节了林地的温度和湿度，繁茂的枝叶遮挡了大量直射光，形成了阴郁且具有一定散射光的环境，这些都是适宜食用菌生长发育的条件。若森林的自然生态遭到破坏，许多珍贵的食用菌也会消失。

3. 食用菌与动物的关系

动物对食用菌的生长发育也有一定的影响。有的动物对食用菌是有益的，它们可为食用菌提供营养，也可作为食用菌孢子的传播媒介。如白蚁对鸡㙡菌的形成有利，鸡㙡长在蚁窝上，以蚁粪为营养；鸡㙡菌丝帮白蚁分解木质素，产生抗菌素，有时可充当其食物。如果白蚁搬家了，此处就再也不长鸡㙡菌了。有些动物对食用菌孢子的传播也是有益的。如竹荪的孢子就是靠蝇类传播的；著名的块菌子囊果生于地下，它的孢子只能通过野猪挖掘采食后才能传播（猪粪传播）。草原上的一些食用菌的孢子经过牛羊的消化道后，反而更容易萌发，有利于食用菌的繁殖。

对食用菌有害的动物能吞食菌丝，或咬食子实体，对食用菌造成直接危害；被咬食后的伤口，易被微生物侵染带来病害，这是间接危害。菇蚊、菇蝇、跳虫、线虫等就都是这类有害动物；家鼠、田鼠也会啃食培养料，毁坏菌床，破坏生产。

第二章 食用菌制种制作

第一节 食用菌菌种概述

一、菌种的概念

《食用菌菌种管理办法》已于2006年3月16日经农业部第8次常务会议审议通过，自2006年6月1日起施行。食用菌菌种原意是指孢子（相当于植物的种子），但在实际生产中，常将经过人工培养的纯菌丝体连同培养基质一同叫作菌种。所以，食用菌菌种就被定义为经人工培养用于繁殖的菌丝体或孢子。

二、菌种分级

我国食用菌菌种按照生产过程可分为母种（一级种）、原种（二级种）和栽培种（三级种）3级。

（1）母种　经各种方法选育得到，具有结实性的菌丝体纯培养物及其继代培养物，以玻璃试管为培养容器和使用单位，也称一级种、斜面菌种或试管菌种。根据不同的使用目的，可将母种分为保藏母种、扩繁母种和生产母种等。

除单孢子分离外，一般获得的母种纯菌丝具有结实性。由于获得的母种数量有限，常将菌丝再次转接到新的斜面培养基上，以获得更多的母种，它们被称为再生母种。一支母种可转成10多支再生母种。

（2）原种　用母种在谷物、木屑、粪草等天然固体培养基上扩大繁殖而成的菌丝体纯培养物，也叫二级种。原种常以透明的玻璃瓶（650～750 mL）或塑料菌种瓶（850 mL）或聚丙烯塑料袋（15 cm×28 cm）为培养容器和使用单位。原种用来繁育栽培种或直接用于栽培。

（3）栽培种　用原种在天然固体培养基上扩大繁殖而成的、可直接作为栽培基质种源的菌种，也叫三级种。栽培种常以透明的玻璃瓶、塑料瓶或塑料袋为培养容器和使用单位。栽培种只能用于生产栽培，不可再次扩大繁殖成菌种。

三、菌种类型

1. 固体菌种

生长在固体培养基上的食用菌菌种称为固体菌种。食用菌的固体菌种主要有以下几种类型：PDA 试管菌种、谷粒菌种、木块菌种、木屑菌种和颗粒菌种，各类型都有自己的优缺点。

（1）PDA 试管菌种　将经孢子分离法或组织分离法得到的纯培养物，移接到试管斜面培养基上培养而得到的纯菌丝菌种。

（2）谷粒菌种　指用小麦、玉米、高粱或谷子等作物籽粒做培养基生产的食用菌菌种，目前双孢蘑菇生产中使用的几乎全是谷粒菌种。

谷粒菌种的优点是菌丝生长健壮、生活力强、发菌快，在基质中扩展迅速；缺点是存放时间不宜太长，否则易老化。

（3）棉籽壳菌种　棉籽壳营养丰富，颗粒分散，所制菌种抗污染性、抗高温性好，因而日益受到菇农欢迎。

（4）木屑菌种　指利用阔叶树木屑作为培养基制作的食用菌菌种，具有生产工艺简单、成本低廉、原材料来源广泛和包装运输方便等优点。

（5）复合料菌种　指利用两种或两种以上主要原料作为培养基制作的食用菌菌种，一般常用木屑、棉籽壳、玉米芯等原料按照一定比例进行混合，复合料菌种优点是营养丰富、全面，菌丝生长情况好，接种后适应性好。

2. 液体菌种

液体菌种是用液体培养基，在生物发酵罐中，通过深层培养（液体发酵）技术生产的液体形态的食用菌菌种。液体指的是培养基物理状态，液体深层培养就是发酵工程技术。当前，已经有相当数量食用菌生产企业（含工厂化生产企业）采用液体菌种生产食用菌栽培袋，取得了良好的经济效益和生态效益。

第二节　菌种制作的设施、设备

一、配料加工、分装设备

1. 原材料加工设备

(1) 秸秆粉碎机　用于农作物秸秆的切断（如玉米秸秆、玉米芯、棉柴），以便进一步粉碎或直接使用的机械。

(2) 木屑机　又叫木屑粉碎机、锯末粉碎机、锯末机等，是集切片、粉碎为一体的生产木屑的机械设备，用于枝杈及枝干的切屑。（图 2－1、图 2－2）。

图 2－1　切片机

图 2－2　粉碎机

2. 配料分装设备

(1) 拌料机　用来替代人工拌料的机械，是把主料和辅料加适量水进行搅拌，使之均匀混合的机械（图 2－3）。

图 2－3　拌料机

(2) 装瓶装袋机　家庭生产采用小型立式装袋机或小型卧式多功能装袋机，工厂化生产可以采用大型立式冲压式装袋设备。

①小型装袋机：小型装袋机主要是把拌好的培养料填装到一定规格的塑料袋内，一般每小时可以装250～300袋（图2－4）。优点是装袋紧实，中间通气孔打到袋底；装袋质量好，速度快。缺点是只能装一种规格的塑料袋。

②小型多功能装袋机：小型多功能装袋机主要是把拌好的培养料填装到各种规格的塑料袋内，一般每小时可装200袋（图2－5）。优点是各种食用菌栽培都可以使用，料筒和搅龙可以根据菌袋规格进行更换；缺点是装袋质量和速度受操作人员熟练程度影响较大。一般栽培食用菌种类较多时可以选用。

③大型冲压式装袋机：大型冲压式装袋机与小型装袋机原理基本相同，但是需要与拌料机、传送装置一起使用，而且是连续作业，一般每小时可以装1200袋（图2－6）。多用于大型菌种厂或食用菌的工厂化生产。

图2－4　小型装袋机

图2－5　小型多功能装袋机

图2－6　大型冲压式装袋机

二、灭菌设备

1. 高压灭菌设备

高压灭菌锅炉产生的饱和蒸汽压力大、温度高，能够在较短时间内杀灭杂菌，是用高温（121 ℃）、高压使微生物因蛋白质变性失活而达到彻底灭菌的目的。

高压灭菌设备按照样式大小分为手提式高压蒸汽灭菌器（图2－7）、立式压力蒸汽灭菌器（图2－8）、卧式高压蒸汽灭菌器（图2－9）、灭菌柜（图2－10）等。

菌种生产一般采用高压灭菌。

图2－7　手提式高压蒸汽灭菌器

图2－8　立式高压灭菌锅

图 2－9　卧式压力蒸汽灭菌器

图 2－10　高压灭菌柜

2. 常压灭菌设备

常压灭菌是通过锅炉产生强穿透力的持续释放的热活蒸汽，使内部培养基保持持续高温（100 ℃）来达到灭菌目的。常压灭菌灶的建造因各地习惯而异，一般包括蒸汽发生装置（图 2－11）和灭菌池（2－12）两部分。

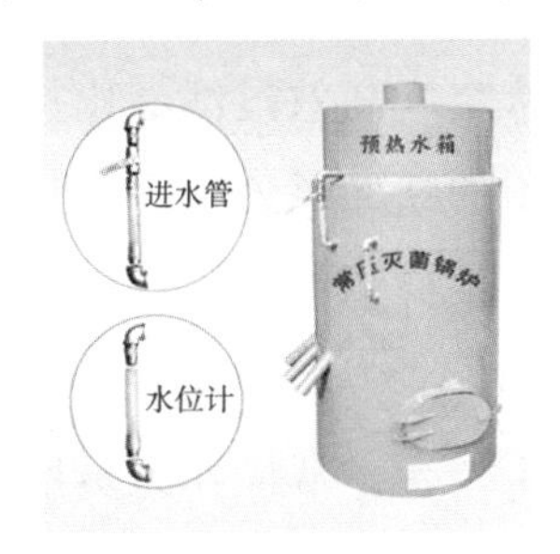

图 2－11　蒸汽发生装置示意图

图 2－12　灭菌池

3. 周转筐

在食用菌生产过程中，为搬运方便和减少料袋扎袋或变形，目前大多采用周转筐进行装盛。周转筐一般用钢筋（图 2－13）或高压聚丙烯制成，应光滑，防止扎袋。其规格根据生产需要确定。

图 2－13　周转筐

三、接种设备

接种设备有接种帐、接种箱、超净工作台、接种机、简易蒸汽接种设备、离子风机以及接种工具等。

1. 简易接种帐

简易接种帐是采用塑料薄膜制作而成，可以设在大棚或房间内，规格分为大小 2 种，小型的规格为 2 m×3 m，较大的规格为（3～4）m×4 m，接种帐高度为 2～2.2 m，过高不利于消毒和灭菌。接种帐可根据空间条件来设置，

图 2－14　接种帐

可随时打开和收起，一般采用高锰酸钾和甲醛熏蒸消毒（图 2－14）。

2. 接种箱

接种箱用木板和玻璃制成，前后装有两扇能开启的玻璃窗，下方开两个圆洞，洞口装有袖套，箱内顶部装日光灯和 30 W 紫外线灯各一盏，有的还装有臭氧发生装置（图 2－15）。接种箱的容积一般以能放下 80～150 菌袋为宜，适合于一家一户小规模生产使用，也适合小型菌种厂制种使用。

图 2－15　接种箱

3. 超净工作台

图 2－16　超净工作台

超净工作台的原理是，在特定的空间内，室内空气经预过滤器初滤，由小型离心风机压入静压箱，再经空气高效过滤器二级过滤。从空气高效过滤器出风面吹出的洁净气流具有一定的、均匀的断面风速，可以排除工作区原来的空气，将尘埃颗粒和生物颗粒带走，以形成无菌的高洁净的工作环境（图 2－16）。从气流流向上分为垂直流超净工作台和水平流超净工作台，从操作人员数上分为单人工作台（单面、双面）和双人工作台（单面、双面）。

4. 接种机

接种机也分许多种，简单的离子风式的接种机（图 2－17），可以摆放在桌面上，使前方 25 cm 左右的面积都达到无菌状态，方便接种等操作。还有适合工厂化接种的百级净化接种机，其接种空间达到百级净化，实现接种无污染，保证接种率。

图 2－17　离子风机

5. 简易接种室

接种室又称无菌室，是分离和移接菌种的小房间，实际上是扩大的接种箱。

相关知识

1. 接种室应分里外两间，里面为接种间，面积一般为 5～6 m^2，外间为缓冲间，面积一般为 2～3 m^2。两间门不宜对开，出入口要求装上推拉门，高度均为 2～2.5 m。接种室不宜过大，否则不易保持无菌状态。

2. 房间里的地板、墙壁、天花板要平整光滑，以便擦洗消毒。

3. 门窗要紧密，关闭后与外界空气隔绝。

4. 房间最好设有工作台，以便放置酒精灯、常用接种工具。

5. 工作台上方和缓冲间天花板上安装能任意升降的紫外线杀菌灯和日光灯。

6. 接种车间

接种车间是扩大的接种室，室内一般放置多个接种箱或超净工作台，一般在食用菌工厂化生产企业中较为常见（图2－18）。

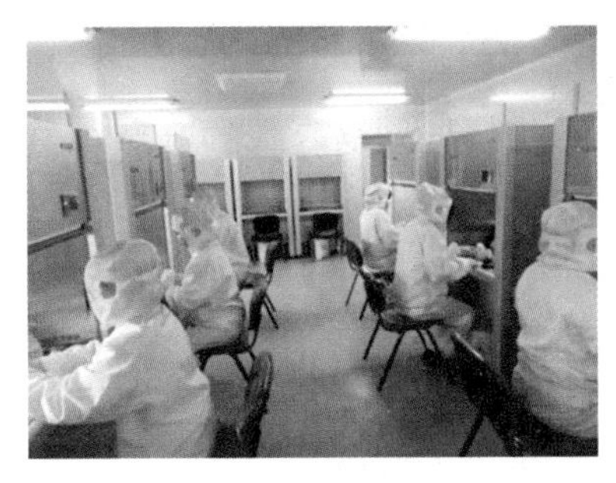

图2－18　接种车间

7. 接种工具

接种工具是主要用于菌种分离和菌种移接的专用工具，包括接种铲、接种针、接种环、接种钩、接种勺、接种刀、接种棒、镊子及液体菌种用的接种枪等（图2－19）。

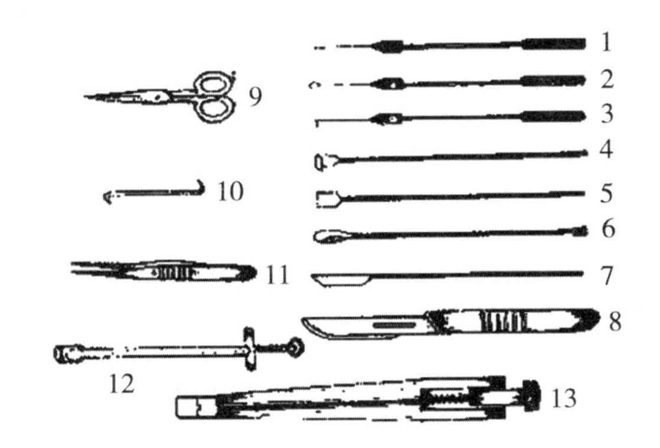

1. 接种针　2. 接种环　3. 接种钩　4. 接种锄　5. 接种铲
6. 接种匙　7、8. 接种刀　9. 剪刀　10. 钢钩　11. 镊子
12. 弹簧接种枪杆　13. 接种枪

图2－19　接种工具

四、培养设备

培养设备主要是指食用菌接种后用于培养菌丝体的设备，主要包括恒温培养箱、培养架和培养室等，液体菌种还需要摇床和发酵罐等设备。

1. 恒温培养箱

主要用来培养试管斜面母种和原种的专用电器设备。

2. 培养室及培养架

一般栽培和制种规模比较大时采用培养室和培养架（图2－20）培养菌种。培养室面积一般为 20 ~ 50 m^2，采用温度控制仪或空调等控制温度，同时安装换气扇，以保持培养室内的空气清新。培养室内一般设置培养架，架宽 45 cm 左右，上下层之间距离 55 cm 左右。培养架一般设 4 ~ 6 层，架与架之间距离为 60 cm。

图 2－20　培养架

五、培养料的分装容器

1. 母种培养基的分装容器

母种培养基的分装主要使用玻璃试管、漏斗、玻璃分液漏筒、烧杯、玻璃棒等工具。试管规格以外径（mm）×长度（mm）表示，在食用菌生产中一般使用 18 mm × 180 mm、20 mm ×200 mm 的试管。

2. 原种及栽培种的分装容器

原种及栽培种的生产主要用塑料瓶、玻璃瓶、塑料袋等容器。原种一般采用容积为 850 mL 以下，耐 126 ℃高温的无色或近无色的，瓶口直径≤4 cm 的玻璃瓶或近透明的耐高温塑料瓶（图 2－21），或 15 cm × 28 cm 耐 126 ℃高温聚丙烯塑料袋；栽培种除可使用同原种的容器外，还可使用≤17 cm × 35 cm 耐 126 ℃高温的聚丙烯塑料袋。

图 2－21　塑料菌种瓶

六、封口材料

食用菌生产封口材料一般有套环（图 2－22）、无棉盖体（图 2－23）、棉花、扎口绳等。

图 2－22　套环

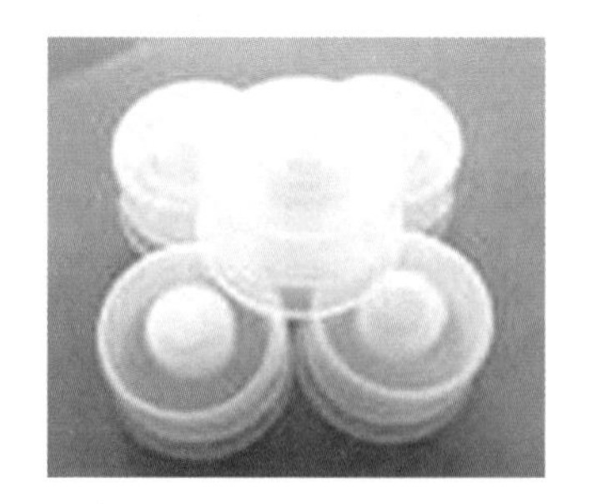

图 2－23　无棉盖体

七、生产环境调控设备

食用菌生产环境调控设备有制冷压缩机、制冷机组、冷风机、空调机、加湿器等。

八、菌种保藏设备

菌种保藏设备有低温冰箱、超低温冰箱和液氮冰箱，生产一般采用低温冰箱保藏，其他两种设备一般用于科研院所菌种的长期保藏。

九、液体菌种生产设备

1. 液体菌种培养器

液体菌种培养器主要由罐体、空气过滤器、电子控制柜等几部分组成（图2－24、图2－25）。罐体部分包括各种阀门、压力表、安全阀、加热棒、视镜等；空气过滤器由空气压缩机、滤壳、滤芯、压力表等组成；电子控制柜主要是电路控制系统，该系统采用微电脑控制，主要控制灭菌时间、灭菌温度、培养状态及培养时间。

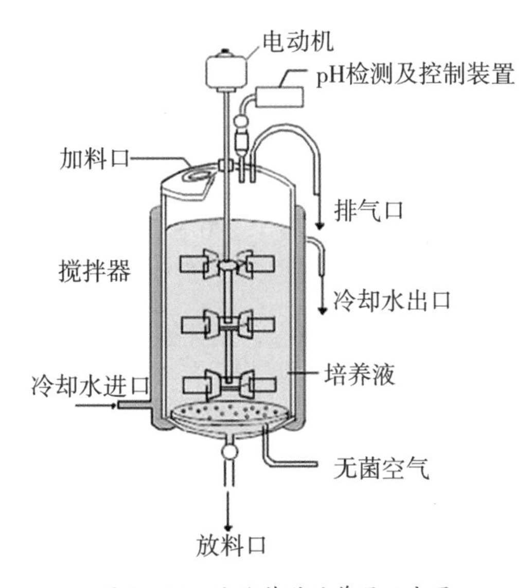

图2－24 液体菌种培养器示意图

图2－25 液体菌种培养器

2. 摇床

在食用菌生产中，也可使用摇床生产少量液体菌种（图2－26）。

图2－26 摇床

液体菌种是采用生物培养（发酵）设备，通过液体深层培养（液体发酵）的方式生产食用菌菌球，作为食用菌栽培的种子。它具有试管、谷粒、木屑、棉壳、枝条等固体菌种不可比拟的物理性状和优势。

第三节 固体菌种的制作

一、母种生产

1. 常用的斜面母种培养基配方

（1）食用菌常用培养基

①马铃薯葡萄糖琼脂培养基（PDA）配方：马铃薯（去皮）200 g，葡萄糖 20 g，琼脂 18～20 g，水 1000 mL。

②马铃薯蔗糖琼脂培养基（PSA）配方：马铃薯（去皮）200 g，蔗糖 20 g，琼脂 18～20 g，水 1000 mL。

③马铃薯葡萄糖蛋白胨琼脂培养基配方：马铃薯（去皮）200 g，蛋白胨 10 g，葡萄糖 20 g，琼脂 20 g，水 1000 mL。

④马铃薯麦芽糖琼脂培养基配方：马铃薯（去皮）300 g，麦芽糖 10 g，琼脂 18～20 g，水 1000 mL。

⑤马铃薯综合培养基配方：马铃薯（去皮）200 g，磷酸二氢钾 3 g，维生素 B_1 2～4 片，葡萄糖 20 g，硫酸镁 1.5 g，琼脂 20 g，水 1000 mL。

（2）木腐菌种培养基

①麦芽浸膏 10 g，酵母浸膏 0.5 g，硫酸镁 0.5 g，硝酸钙 0.5 g，蛋白胨 1.5 g，麦芽糖 5 g，磷酸二氢钾 0.25 g，琼脂 20 g，水 1000 mL。

②麦芽浸膏 10 g，硫酸铁 0.1 g，硫酸镁 0.1 g，琼脂 20 g，磷酸铵 1 g，硝酸铵1 g，硫酸锰 0.05 g，水 1000 mL。

③酵母浸膏 15 g，磷酸二氢钾 1 g，硫酸钠 2 g，蔗糖 10～40 g，麦芽浸膏 10 g，氯化钾 0.5 g，硫酸镁 0.05 g，硫酸铁 0.01 g，琼脂 15～25 g，水 1000 mL。

④酵母浸膏 2 g，蛋白胨 10 g，硫酸镁 0.5 g，葡萄糖 20 g，磷酸二氢钾 1 g，琼脂 20 g，水 1000 mL。

（3）保藏菌种培养基

①玉米粉酵母膏葡萄糖琼脂培养基配方：玉米粉 50 g，葡萄糖 10 g，酵母膏 10 g，琼脂 15 g，水 1000 mL。

②玉米粉琼脂培养基配方：玉米粉 30 g，琼脂 20 g，水 1000 mL。

③蛋白胨酵母膏葡萄糖培养基配方：蛋白胨 10 g，葡萄糖 1 g，酵母膏 5 g，琼脂 20 g，水 1000 mL。

④完全培养基配方：硫酸镁 0.5 g，磷酸氢二钾 1 g，葡萄糖 20 g，磷酸二氢钾 0.5 g，蛋白胨 2 g，琼脂 15 g，水 1000 mL。

2. 母种培养基的配制

（1）材料准备　选取无芽、无变色的马铃薯，洗净去皮，称取 200 g，切成 1 cm 左右的小块。同时准确称取好其他材料。酵母粉用少量温水溶化。

（2）热浸提　将切好的马铃薯小块放入 1000 mL 水中，煮沸后用文火保持 30 min。

（3）过滤　煮沸 30 min 后用 4 层纱布过滤。

（4）琼脂融化　若使用琼脂粉，事先将其溶于少量温水中，然后倒入培养基浸出液中融化。若使用琼脂条可先剪成 2 cm 长的小段，用清水漂洗 2 次后除去杂质。煮琼脂时要多搅拌，直至完全融化。

（5）定容　琼脂完全融化后，将各种材料全部加入液体中，不足时加水定容至 1000 mL，搅拌均匀。

（6）调节 pH 值　定容后，用 pH 试纸测定培养基的 pH 值。pH 值偏高时，可用柠檬酸或醋酸下调；pH 值偏低时，可用氢氧化钠、碳酸钠或石灰水调高。

（7）分装　选用洁净、完整、无损的玻璃试管，调节好 pH 值后进行分装。分装装置可用带铁环和漏斗的分装架或灌肠桶。分装时，试管垂直桌面。

分装时不要使培养基残留在近试管口的壁上，以免日后污染。一般培养基装量为试管长度的 1/5 ~ 1/4。

分装完毕后，塞上棉塞。棉塞选用干净的梳棉制作，不能使用脱脂棉。棉塞长度为 3 ~ 3.5 cm，塞入管内 1.5 ~ 2 cm，外露部分 1.5 cm 左右，松紧适度，以手提外露棉塞试管不脱落为度。然后 7 支捆成一捆，用双层牛皮纸将试管口一端包好扎紧。

（8）灭菌　灭菌前，先检查锅内水分是否足量，如水分不足，要先加足水分，然后将分装包扎好的试管直立放入灭菌锅套桶中，盖上锅盖，对角拧紧螺丝，关闭放气阀，开始加热；严格按照灭菌锅使用说明进行操作，在 0.11 ~ 0.12 MPa 压力下保持 30 min。

（9）摆斜面　待压力自然降至 0 时，打开锅盖。一般情况下，高温季节打开锅盖后自然降温 30 ~ 40 min，低温季节自然降温 20 min 后再摆放斜面。如果立即摆放斜面，由于温差过大，试管内易产生过多的冷凝水。斜面长度以斜面顶端距离棉塞 40 ~ 50 mm 为标准。

【注意】斜面摆放好后，在培养基凝固前，不宜再行摆动。为防止斜面凝固过快，在斜面上方试管壁形成冷凝水，一般在摆好的试管上覆盖一层棉被，低温季节尤其重要。

（10）无菌检查　灭菌后的斜面培养基应进行无菌检查。母种培养基随机抽取

3% ~5% 的试管，置于 28 ℃恒温培养箱中 48 h 后检查，无任何微生物长出的为灭菌合格，即可使用。

3. 母种接种

（1）接种前准备

①接种前，工作人员穿好工作服，戴好口罩、工作帽，必须彻底清理打扫接种室（箱），经喷雾以及熏蒸消毒，使其成为无菌状态。

②清洗干净接种工具，一般为金属的针、刀、耙、铲、钩。

③用肥皂水洗手，擦干后再用 70% ~75% 酒精棉球擦拭双手、菌种试管及一切接种用具。

④可事先在试管上贴上标签，注明菌名、接种日期等。

⑤将接种所需物品移入超净工作台（接种箱），按工作顺序放好，检查是否齐全，并用 5% 石炭酸溶液重点在工作台上方附近的地面上进行喷雾消毒，打开紫外线灯照射灭菌 30 min。

（2）接种

①关闭紫外线灯（如需开日光灯，需间隔 20 min 以上），用 75% 酒精棉球擦拭双手和母种外壁，并点燃酒精灯，火焰周围 10 cm 的区域为无菌区，在无菌区接种可以避免杂菌污染。

②将菌种和斜面培养基的两支试管用大拇指和其他四指握在左手中，使中指位于两试管之间的部分，斜面向上并使它处于水平位置，将棉塞用右手拧转松动，以利接种时拔出。

③右手拿接种钩，在火焰上方将工具灼烧灭菌，凡在接种时可进入试管的部分，都用火灼烧灭菌。操作时要使试管口靠近酒精灯火焰。

④用右手小拇指、无名指、中指同时拔掉两支试管的棉塞，并用手指夹紧，用火焰灼烧管口，灼烧时应不断转动试管口，以杀灭试管口可能沾染上的杂菌。

⑤将烧过并经冷却的接种钩伸入菌种管内，去除上部老化、干瘪的菌丝块，然后取 0. 5 cm×0. 5 cm 大小的菌块，迅速将接种钩抽出试管，注意不要使接种钩碰到管壁。

⑥在火焰旁迅速将接种钩伸进待接种试管，将挑取的菌块放在斜面培养基的中央。注意不要把培养基划破，也不要使菌种沾在管壁上。

⑦抽出接种钩，灼烧管口和棉塞，并在火焰旁将棉塞塞上。每接 3 ~5 支试管，要将钩再放在火焰上灼烧灭菌，以防大面积污染。

4. 培养

（1）恒温培养　接种完毕，将接好的试管菌种放入 22 ~24 ℃恒温培养箱中培养。

（2）污染检查　在菌种培养过程中，接种后 2 天内要检查一次杂菌污染情况，如在试管斜面培养基上发现有绿色、黄色、黑色等，不是白色、生长整齐一致斑点、块状杂菌，应立即剔除。以后每两天检查一次。挑选出菌丝生长致密、洁白、健壮，无任何杂菌感染的试管菌种，放于 2 ~4 ℃的冰箱中保存。

二、原种、栽培种生产

1. 常见培养基及其制作

（1）以棉籽壳为主料培养基

①棉籽壳培养基配方：

a. 棉籽壳 99%，石膏 1%，含水量 60% ±2%。

b. 棉籽壳 84% ~89%，麦麸 10% ~15%，石膏 1%，含水量 60% ±2%。

c. 棉籽壳 54% ~69%，玉米芯 20% ~30%，麦麸 10% ~15%，石膏 1%，含水量 60% ±2%。

d. 棉籽壳 54% ~69%，阔叶木屑 20% ~30%，麦麸 10% ~15%，石膏 1%，含水量 60% ±2%。

②棉籽壳培养基制作方法：先按配方的比例计算出需要的原料的量，称取原料。将糖溶于适量水中，再加入适量的水。含水量是否适度的简便检验方法是，用手抓一把加水拌匀后的培养料紧握，当指缝间有水但不滴下时，料内的含水量为适度。

（2）以木屑为主料培养基

①木屑培养基配方：

a. 阔叶树木屑 78%，麸皮或米糠 20%，蔗糖 1%，石膏 1%，含水量 58% ±2%。

b. 阔叶树木屑 63%，棉籽壳 15%，麸皮 20%，糖 1%，石膏 1%，含水量 58% ±2%。

c. 阔叶树木屑 63. 5%，玉米芯粉 15%，麸皮 20%，糖 1%，石膏 1%，含水量 58% ±2%。

②木屑培养基制作方法：同棉籽壳培养基。

（3）谷粒培养基制作

①谷粒培养基配方：小麦 93%，杂木屑 5%，石灰或石膏粉 2%。

②谷粒培养基制作方法：小麦过筛，除去杂物，再放入石灰水中浸泡，使其吸足水分，捞出后放入锅中用水煮至麦粒无白心为止（吸足水分）。趁热摊开，晾至麦粒表面无水膜（用手抓麦粒不粘手），加入石膏拌匀，然后装瓶、灭菌。

（4）木块木条培养基

①木块木条培养基配方：

a. 木条培养基：木条85%，木屑培养基15%。常用于塑料袋制栽培种，故通常称为木签菌种。

b. 楔形和圆柱形木块培养基：木块84%，阔叶树木屑13%，麸皮或米糠3%，白糖0.1%，石膏粉0.1%。

c. 枝条培养基：枝条80%，麸皮或米糠20%，石膏粉0.1%。

②木块木条培养基制作方法：

a. 木条培养基制作方法：先将木条放在0.1%多菌灵液中浸0.5 h，捞起稍沥水后即放入木屑培养基中翻拌，使其均匀地粘上一些木屑培养基即可装瓶。装瓶时尖头要朝下，最后在上面铺约1.5 cm厚的木屑培养基即可。

b. 楔形和圆柱形木块培养基制作方法：先将木块浸泡12 h，将木屑按常规木屑培养料的制作法调配好，然后将木块倒入木屑培养基中拌匀、装瓶，最后再在木块面上盖一薄层木屑培养基按平即可。

c. 枝条培养基制作方法：选1～2年生，粗8～12 mm板栗、麻栎和梧桐等适生树种的枝条，先劈成两半，再剪成长约35 mm、一头尖一头平的小段，投入40～50 ℃的营养液中浸1 h，捞出沥去多余水分，与麸皮或米糠混匀，再用滤出的营养液调节含水量后加入石膏粉拌匀，即可装瓶、灭菌。其中营养液配方为：蔗糖1%，磷酸二氢钾0.1%，硫酸镁0.1%，混匀后溶于水即可。

2. 培养基灭菌

（1）高压灭菌　木屑培养基和草料培养基在0.12 MPa条件下灭菌1.5 h或0.14M Pa～0.15 MPa下1 h；谷粒培养基、粪草培养基和种木培养基在0.14 MPa～0.15 Mpa条件下灭菌2.5 h。装容量较大时，灭菌时间要适当延长。

【注意】灭菌完毕后，应自然降压至0，不应强制降压。

（2）常压灭菌　常压灭菌是采用常压灭菌锅进行蒸汽灭菌的方法。锅内的水保持沸腾状态时的蒸汽温度一般可达100～108 ℃，灭菌时间以袋内温度达到100 ℃以上开始计时。常压灭菌要在3 h之内使灭菌室温度达到100 ℃，在100 ℃下保持10～12 h，然后停火闷锅8～10 h后出锅。母种培养基、原种培养基、谷粒培养基、粪草培养基和种木培养基，应高压灭菌，不应常压灭菌。常压灭菌操作要点如下：

①迅速装料，及时进灶。如不能及时装料和进灶灭菌，料中存在的酵母菌、细菌、真菌等竞争性杂菌遇适宜条件将迅速增殖。尤其是在高温季节，如果装料时间过长，酵母菌、细菌等将基质分解，容易引起培养料的酸败，灭菌不彻底。

②菌种袋应分层放置。菌种袋堆叠过高，不仅难以透气，并且受热后的塑料袋相互挤压会粘连在一起，形成蒸汽无法穿透的“死角”。为了使锅内蒸汽充分流畅，菌种

袋常采用顺码式堆放，每放4层，放置一层架隔开或直接放入周转筐中灭菌。

③加足水量，旺火升温，高温足。在常压灭菌过程中，如果锅内很长时间达不到100 ℃，培养基的温度处于耐高温微生物的适温范围内，这些微生物就会在此时间内迅速增殖，严重的会导致培养料酸败。因此，在常压灭菌中，用旺火攻头，使灭菌灶内温度在3 h内达到100 ℃，是取得彻底灭菌效果的因素之一。

蒸汽的热量首先被灶顶及四壁吸收，然后逐渐向中、下部传导，被料袋吸收。在一般火势下，要经过4～6 h才能透入料袋中心，使袋中温度接近100 ℃。所以在整个灭菌过程中要始终保持旺火加热，最好在4～6 h内就上大汽。其间注意补水，防止烧干锅，但不可加冷水。一次补水不宜过多，应少量多次，一般每小时加水1次，不可停火。

④灭菌时间达到后，停止加热，利用余热再封闭8～10 h。待料温降至50～60 ℃时，趁热移入冷却室内冷却。

采用棉塞封口的要趁热在灭菌锅内烘干棉塞，待棉塞干后趁热出锅，不可强行开锅冷却，以免迅速冷却后冷空气进入菌种袋内污染杂菌。趁热出锅，放置在冷却室或接种室内，冷却至28 ℃左右接种。

3. 接种

（1）接种场所

①接种车间。一般是在食用菌工厂化生产的接种室配备菇房空间电场空气净化与消毒机，配合超净工作台进行接种。

②接种室。接种室的面积一般以6 m^2为宜，长3 m、宽2 m、高2～3 m。室内墙壁及地面要平整、光滑，接种室门通常采用左右移动的拉门，以减少空气震动。接种室的窗户要采用双层玻璃窗，内设黑色布帘，使得门窗关闭后能与外界空气隔绝，便于消毒。有条件的可安装空气过滤器。

接种室应设在灭菌室和菌种培养室之间，以便培养基灭菌后可迅速移入接种室，接种后即可移入培养室，避免在长距离搬运过程中造成人力和时间的浪费，并招致污染。

③塑料袋接种帐。用木条或铁丝做成框并用铁丝固定，再将薄膜缝合或热合成蚊

帐状，然后罩在框架上，地面用木条压住薄膜，即可代替接种室使用。接种帐容量大小，可根据生产需要固定。一般每次接种 500～2000 瓶（袋）。

④接种箱。

（2）消毒灭菌　把菌种瓶（袋）、灭菌后的培养基及接种工具放入接种室，然后进行消毒。先用 3% 的煤酚皂液或 5% 的石炭酸水溶液进行喷雾消毒，或使用气雾消毒剂熏蒸消毒 30 min，使空气中微生物沉降，然后打开紫外线灯照射 30 min 后接种。操作者进入接种室时，要穿工作服、鞋套，戴上帽子和口罩，操作前双手要用 75% 的酒精棉球擦洗消毒，动作要轻缓，尽量减少空气流动。

（3）接种

①原种接种

a. 接种前准备。先准备好清洁无菌的接种室及待接种的母种菌种、原种培养基和接种工具等。接种人员要穿上工作服。在试管母种接入原种瓶时，瓶装培养基温度要降到 28 ℃以下方可接种。

b. 点燃酒精灯，各种接种工具先经火焰灼烧灭菌。

c. 在酒精灯上方 10 cm 无菌区轻轻拔下棉塞，立即将试管口倾斜，用酒精灯火焰封锁，防止杂菌侵入管内。用消毒过的接种钩伸入菌种试管，在试管壁上稍作停留使之冷却，以免烫死菌种。按无菌操作要求将试管斜面菌种横向切割 6～8 块。

d. 在酒精灯上方无菌区内，将待接菌瓶封口打开，用接种钩取分割好的菌块，轻轻放入原种瓶内，立即封好口。一般每支母种可接 5～6 瓶原种。

②栽培种接种

a. 接种前检查原种棉塞和瓶口的菌膜上是否染有杂菌，如果被杂菌污染应弃之不用。

b. 打开原种封口，灼烧瓶口和接种工具，剥去原种表面的菌皮和老化菌种。

c. 如双人接种，一人负责拿菌种瓶，用接种钩接种，另一人负责打开栽培种的瓶口或袋口。

d. 接种的菌种不可扒得太碎，最好呈蚕豆粒或核桃粒状，以利于发菌。

e. 接种后迅速封好瓶口。一瓶谷粒种接种不应超过 50 瓶（袋），木屑种、草料种不应超过 35 瓶（袋）。

f. 接种结束后应及时将台面、地面收拾干净，并用 5% 石炭酸水溶液进行喷雾消毒，关闭室门。

4. 培养

（1）培养室消毒　接种后的菌瓶（袋）在进入培养室前，要对培养室进行消毒灭菌。

（2）菌种培养　原种和栽培种在培养初期，要将温度控制在25～28 ℃之间。在培养中后期，将温度调低2～3 ℃，因为菌丝生长旺盛时，新陈代谢放出热量，瓶（袋）内温度要比室温高出2～3 ℃；如果温度过高会导致菌丝生长纤弱、老化。在菌种培养25～30天后，要采取降温措施，减缓菌丝的生长速度，从而使菌丝整齐、健壮。一般30～40天菌丝可吃透培养料，然后把温度稍微降低一些，缓冲培养7～10天，使菌种进一步成熟。

（3）污染检查　接种后7～10天内每隔2～3天要逐瓶检查一次，发现杂菌应立即挑出，拿出培养室，妥善处理，以防引起大面积污染。

如在培养料深部出现杂菌菌落，说明灭菌不彻底；而在培养料表面出现杂菌，说明在接种过程中某一环节没有达到无菌操作要求。

第四节　液体菌种的生产

近年来，采用深层培养工艺制备食用菌液体菌种用于生产成为研发热点，涌现出了许多液体发酵设备、生产厂家，液体菌种已在平菇、真姬菇、双孢蘑菇、毛木耳、香菇、黑木耳、金针菇、灰树花等食用菌生产中被采用。液体菌种对于降低生产成本、缩短生产周期、提高菌种质量具有显著效果。目前，日本、韩国在食用菌工厂化生产中已普遍采用液体菌种（图2－27）。

图2－27　液体菌种

一、液体菌种的特点

1. 优点

（1）制种速度快，可缩短栽培周期　在液体培养罐内的菌丝体细胞始终处于最适温度、氧气、碳氮比、酸碱度等条件下，菌丝分裂迅速，菌体细胞是以几何数字的倍数加速增殖，在短时间内就能获得大量菌球（即菌丝体），一般5～6天完成一个培养周期。使用液体菌种接种到培养基上，菌种均匀分布在培养基中，发菌速度大大加快，并且出菇集中，潮次减少，周期缩短，栽培的用工、能耗、场地等成本都大大降低。

（2）菌龄一致、活力强　液体菌种在培养罐中营养充足、环境没有波动，生长代谢的废气能及时排除，始终能使菌体处于旺盛生长状态，因此菌丝活力强，菌球菌龄一致。

（3）减少接种后杂菌污染　由于液体具有流动性，接入后易分散，萌发点多，萌发快，在适宜条件下，接种后 3 天左右菌丝就会布满接种面，使栽培污染得到有效控制。

（4）液体菌种成本低　一般每罐菌种成本 10 元左右，接种 4000 ~ 5000 袋，每袋菌种成本不超过 0. 3 分钱。

2. 缺点

（1）储存时间短　一般条件下，液体菌种制成后即应投入栽培生产，不宜存放，即使 2 ~ 4 ℃条件下，储存时间也不要超过一周。

（2）适用对象窄　液体菌种适应于连续生产，尤其是规模化、工厂化生产。我国的食用菌生产多为散户栽培，投资水平、技术水平等条件的先天不足，决定了固体菌种在我国适应广，液体菌种适应范围窄。

（3）设施、技术要求高　液体菌种需要专门的液体菌种培养器，并且对操作技术要求极高，一旦污染杂菌，则整批全部污染，必须放罐、排空后进行清洗，空罐灭菌，然后方可进行下一批生产。

（4）应用范围窄　由于液体中速效营养成分较高，生料或发酵料中病原较多，故播后极易污染杂菌，所以液体菌种只适于熟料栽培。

二、液体菌种的生产

1. 液体菌种生产环境

（1）生产场所　液体菌种生产场所应距工矿业的“三废”及微生物、烟尘和粉尘等污染源 500m 以上，交通方便，水源和电源充足，有硬质路面且道路排水良好。

（2）液体菌种生产车间　地面应能防水、防腐蚀、防渗漏、防滑，易清洗，应有 1. 0% ~1. 5% 的排水坡度和良好的排水系统，排水沟必须是圆弧式的明沟。墙壁和天花板应能防潮、防霉、防水、易清洗。

（3）液体菌种接种间　应设置缓冲间，设置与职工人数相适应的更衣室。车间入口处设置洗手、消毒和干手设施。接种车间设封闭式废物桶，安装排气管道或者排风设备，门窗应设置防蚊蝇纱网。

2. 生产设施设备

（1）生产设施　配料间、发菌间、冷却间、接种间、培养室、检测室规模要配套，布局合理，要有调温设施。

（2）生产设备　液体菌种培养器（图2－28、图2－29）、液体菌种接种器、高压蒸汽灭菌锅、蒸汽锅炉、超净工作台、接种箱、恒温摇床、恒温培养箱、冰箱、显微镜、磁力搅拌机、磅秤、天平、酸度计等。

其中液体菌种培养器、高压灭菌锅和蒸汽锅炉应使用经政府有关部门检验合格，符合国家压力容器标准的产品。

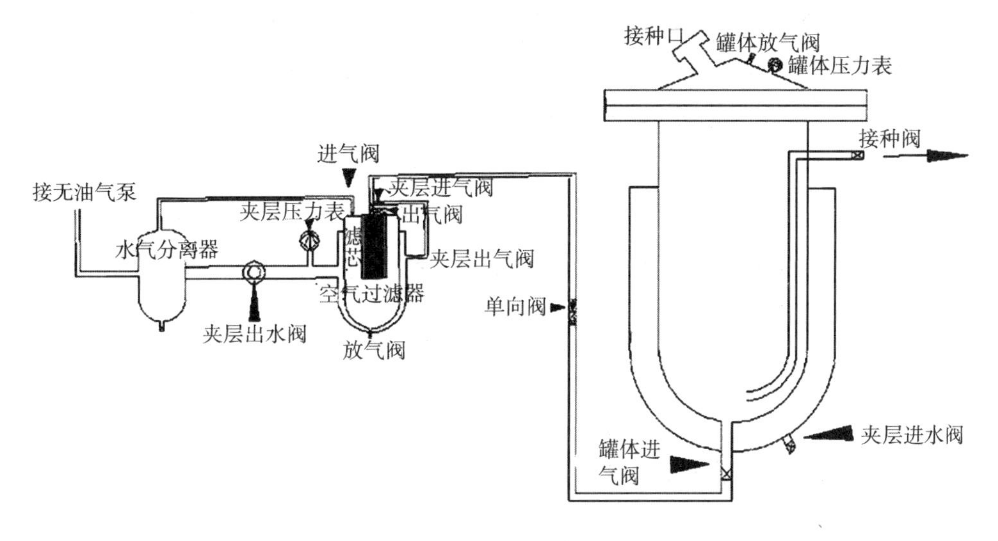

图2－28　液体菌种培养器示意图

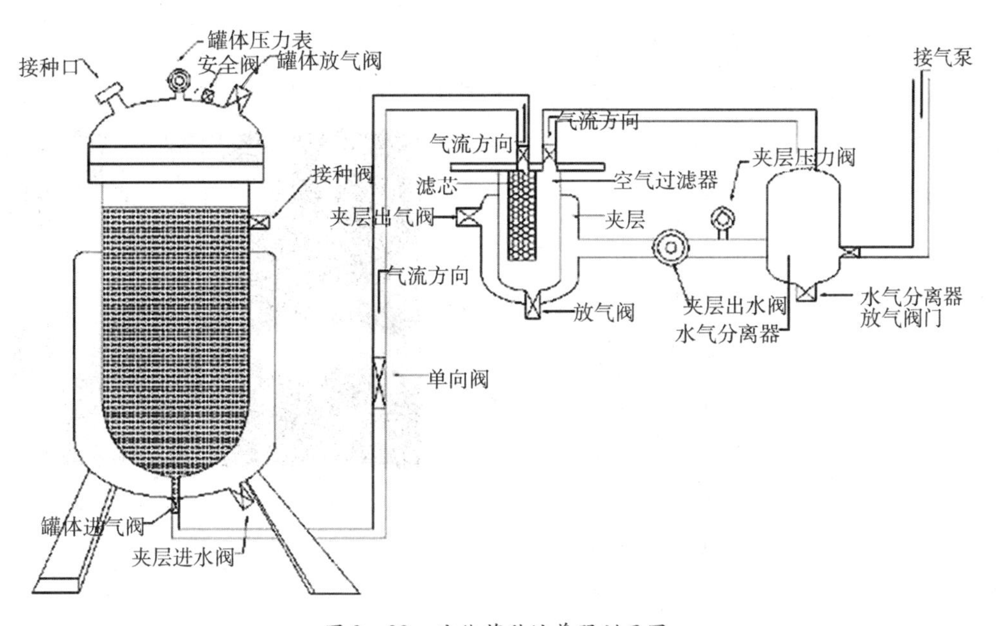

图2－29　液体菌种培养器剖面图

3. 液体培养基制作

（1）罐体夹层加水　首先对液体菌种培养器夹层加水，方法是用硅胶软管连接水管和罐体下部的加水口，同时打开夹层放水阀进行加水，水量加至放水阀开始出水即可。

（2）液体菌种培养基配方（120 L） 玉米粉 0.75 kg，豆粉 0.5 kg，均过 80 目筛。首先用温水把玉米粉、豆粉搅拌均匀，不能有结块，通过吸管或漏斗加入罐体，液体量占罐体容量的 80% 为宜。然后加入 20 mL 消泡剂，最后拧紧接种口螺丝。

（3）液体培养基灭菌 调整控温箱温度至 125 ℃，打开罐体加热棒开始对罐体进行加热，在 100 ℃之前一直开启罐体夹层出水阀，以放掉夹层里的虚压和多余的水。

①液体培养基气动搅拌：温度在 70 ℃以下时打开空气压缩机，通过其储气罐和空气过滤器对罐体培养基进行气动搅拌，防止液体结块。

开气泵搅拌的步骤为：打开空气过滤器上方的进气阀、出气阀和下方的放气阀，开气泵电源后，关闭空气过滤器下方的放气阀，打开罐体最下方的进气阀和最上方的放气阀。

②关闭气泵：当罐体内培养基达 70 ℃时，关闭气泵。方法是：关罐底进气阀→开空气过滤器放气阀→关气泵电源。把主管接到之前一直关闭的空气过滤器出气阀，此时空气过滤器放气阀、进气阀、出气阀全关闭。空气过滤器内可加入少量水，水位在滤芯以下，并关闭罐体放气阀。

③灭菌：当夹层出水阀出热蒸汽 3 ~ 5 min 后关闭。当夹层压力表达到 0.05 MPa 时，打开空气过滤器夹层出气阀，再打开罐体进气阀，然后小开罐体放气阀。当主管烫手后，关闭罐体放气阀。当罐体压力表达到 0.15 MPa 开始计时，保持 30 ~ 40 min，保持压力期间可以用温度调压力。

④降温：调温至 25 ℃，关闭加热棒、罐底进气阀、空气过滤器夹层出气阀。用燃烧的酒精棉球烧空气过滤器出气阀 40 ~ 50 s，在此期间可小开 5 ~ 6 s 空气过滤器出气阀，放蒸汽。在酒精棉球火焰的保护下把主管接回空气过滤器出气阀（图 2 – 30）。

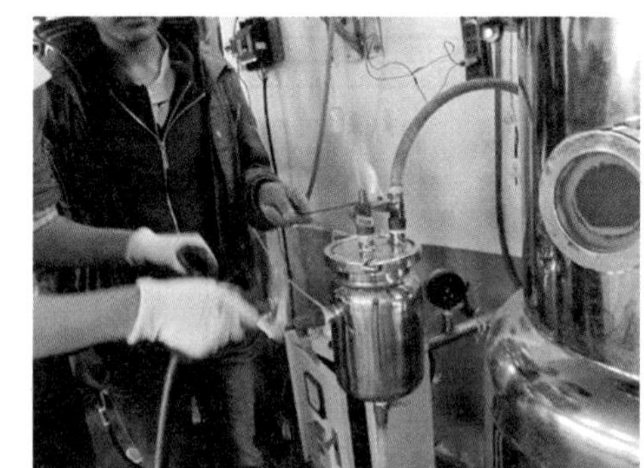

图 2 – 30 主管接空气过滤器出气阀

⑤放夹层热水：打开空气过滤器出气阀和空气过滤器进气阀，小开罐体放气阀，通过夹层进水阀把夹层热水放掉，直至夹层压力表压力为 0。

（4）冷却 打开夹层放水阀，夹层进水阀通过硅胶软管接入水管，进行冷却。当罐体压力表压力降至 0.05 MPa 时打开气泵，以防止罐体在冷却过程中产生负压造成污染，并使下部冷水向上较快冷却。

开气泵顺序依次为：打开空气过滤器下部放气阀，开空气过滤器上方出气阀，开气泵→关空气过滤器放气阀→开罐体进气阀，通过罐体放气阀调节罐体压力在0以上，直至罐体温度降至28 ℃以下，等待接种。

4. 接种

(1) 固体专用种　液体菌种的固体专用种培养基配方一般为（120 L）：过40目筛的木屑500 g、麸皮100 g、石膏10 g，料水比1∶1.2。原料混合均匀后装入500 mL三角瓶内，高压灭菌后接入母种，洁净环境培养至菌丝长满培养基（图2－31）。

图2－31　固体专用种

(2) 制备无菌水　1000 mL的三角瓶加入500～600 mL的自来水，用手提式高压灭菌锅在121 ℃、0.12 MPa条件下保持30 min即可制备无菌水。冷却后等待把固体专用种接入。

(3) 固体专用种并瓶

①接种用具：酒精灯、75%酒精、尖嘴镊子、接种工具、棉球。

②消毒：旋转固体专用种的三角瓶壁用酒精灯火焰均匀地进行消毒后，连同接种工具、无菌水放入接种箱或超净工作台中进行消毒。

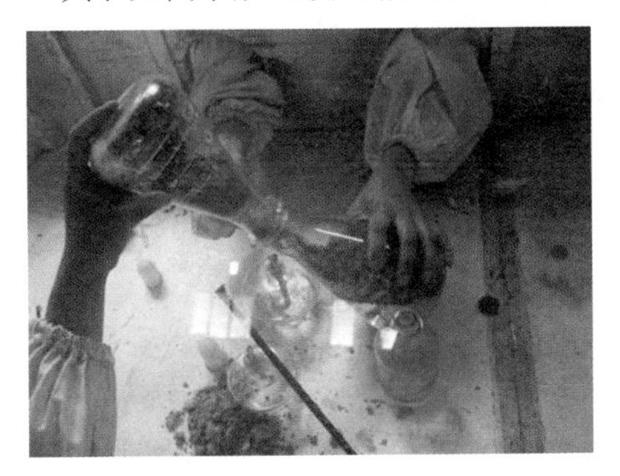

图2－32　固体专用种并瓶

③接种：消毒20 min后进行接种。用75%酒精棉球擦手，用酒精灯火焰对接种工具进行灼烧灭菌。用灭菌后的接种工具在酒精灯火焰下去掉三角瓶固体专用种的表层部分。把菌种中、下部分搅碎后在酒精灯火焰保护下分3～4次加入无菌水中（图2－32），然后用手腕摇动三角瓶使菌种和无菌水充分接触，静置10 min后接入罐体。

(4) 菌种接入罐体

①制作火焰圈：用带有手柄的内径略大于接种口的铁丝圈缠绕纱布，蘸上95%的酒精。

②接种：打开罐体放气阀使压力降至0，把火焰圈套在接种口上，点燃火焰圈后关闭放气阀。打开接种口，然后快、稳、轻地接入菌种，再拧紧接种口的螺丝（图2－33）。

5. 液体菌种培养

在气泵充气和调整放气阀调节罐体压力表压力在0.02~0.03 MPa、温度控制在24~26 ℃等条件下进行液体菌种培养。液体菌种在上述条件下培养5~6天可达到培养指标（图2-34）。

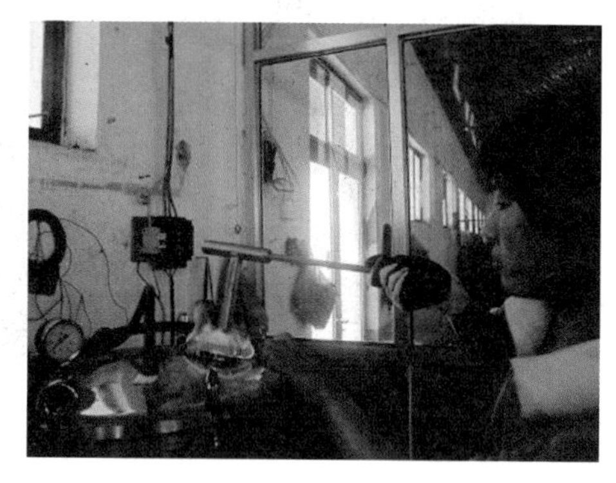

图2-33 菌种接入罐体

图2-34 培养中的液体菌种

6. 液体菌种检测

接种后第4天进行检测。首先用酒精火焰球灼烧取样阀30~40 s，弃掉最初流出的少量液体菌种，然后用酒精火焰封口，直接放入灭菌的三角瓶中，塞紧棉塞。取样后用酒精火焰把取样阀烧干，以免杂菌进入造成污染。

将样品带入接种箱分别接到试管斜面或培养皿的培养基上，28 ℃恒温培养2~5天，采用显微镜和感官观察菌丝生长状况和有无杂菌污染。若无细菌、霉菌等杂菌菌落生长，则表明该样品无杂菌污染。菌种检测应在罐培养结束前完成。

由于有的单位条件有限，可采取感官检验，依看、旋、嗅的步骤进行检测。

看：将样品静置桌面上观察，一看菌液颜色和透明度，正常发酵清澈透明，染菌的料液则浑浊不透明；二看菌丝形态和大小，正常的菌丝体大小一致，菌丝粗壮，线条分明，而染菌后，菌丝纤细，轮廓不清；三看pH值指示剂是否变色，在培养液中加入甲基红或复合指示剂，经3~5天颜色改变，说明培养液pH值到4.0左右，为发酵终点，如24 h内即变色，说明杂菌的快速生长使培养液酸度剧变；四看有无酵母线，如果在培养液与空气交界处有灰条状附着物，说明为酵母菌污染所致，此称为酵母线。

旋：手提样品瓶轻轻旋转一下，观其菌丝体的特点。菌丝的悬浮力好，放置5 min后不沉淀，说明菌丝活力好。若迅速漂浮或沉淀，说明菌丝已老化或死亡。再观其菌丝形态，大小不一、毛刺明显，表明供氧不足。如果菌球缩小且光滑，或菌丝纤细并有自溶现象，说明污染了杂菌。

嗅：在旋转样品后，打开瓶盖嗅气体，培养好的优质液体菌种均有芳香气味，而染杂菌的培养液则散发出酸、甜、霉、臭等各种气味。污染杂菌的主要原因是：菌种不纯、培养料灭菌不彻底、并瓶与接种操作不规范。

7. 优质液体菌种指标

（1）感官指标　感官指标见表2－1。

表2－1　液体菌种感官指标

项目	感官指标
菌液色泽	球状菌丝体呈白色，菌液呈棕色
菌液形态	菌液稍黏稠，有大量片状或球状菌丝体悬浮，分布均匀、不上浮、不下沉、不迅速分层，菌球间液体不浑浊
菌液气味	具液体培养时特有的香气，无异味，如酸、臭味等；培养器排气口气味正常，无明显改变

（2）理化指标　理化指标见表2－2。

表2－2　液体菌种理化指标

项目	理化指标
固形物体积%	≥80
菌丝球直径（mm）	2～3
菌丝干重率（%）	2～3
pH值	5.5～6.0
菌丝湿重（g/L）	≥80
显微镜下菌丝形态和杂菌鉴别	可见液体培养的特有菌丝形态，球状和丛状菌丝体大量分布，菌丝粗壮，菌丝内原生质分布均匀，染色剂着色深。无霉菌菌丝、酵母和细菌菌体
留存样品无菌检查	有食用菌菌丝生长，划痕处无霉菌、酵母菌、细菌菌落生长

三、放罐接种

1. 液体菌种接种器消毒

液体接种器需经高压灭菌后使用。

2. 接种

将待接种的栽培袋（瓶）通过输送带输入至无菌接种区。在接种区用接种器将液体菌种注入，每个接种点15～30 mL。

四、储藏

液体菌种生产好后，应立即进入菌种生产或栽培袋接种使用，若因某些原因不能立即使用时，需做降温保压处理。在培养器内通入无菌空气，保持罐压 0.02 ~ 0.04 MPa，液温 6 ~ 10 ℃可保存 3 天，11 ~ 15 ℃可保存 2 天。

五、液体菌种应用前景

液体菌种接入固体培养基时，具有流动性、易分散、萌发快、发菌点多等特点，较好地解决了接种过程中萌发慢、易污染的问题，菌种可进行工厂化生产。液体菌种不分级别，可以用来做母种生产原种，还可以作为栽培种直接用于栽培生产。

液体菌种应用于食用菌的生产，对食用菌行业从烦琐复杂、周期长、成本高、凭经验、拼劳力、手工作坊式的传统生产向自动化、标准化、规模化生产转变，以及整个食用菌产业升级具有重大意义。

第五节　菌种生产中的注意事项及常见问题

一、母种制作、使用中的异常情况及原因分析

1. 母种培养基凝固不良

母种制作过程中培养基灭菌后凝固不良，甚至不凝固。可以按照以下步骤分析原因：

（1）先检查培养基组分中琼脂的用量和质量。

（2）如果琼脂没有问题，再用 pH 试纸检测培养基的酸碱度，看培养基是否过酸，一般 pH 值低于 4.8 时凝固不良；当需要较酸的培养基时，可以适当增加琼脂的用量。

（3）灭菌时间过长，一般在 0.15 MPa 超过 1 h 后易凝固不良。

2. 母种不萌发

母种接种后，接种物一直不萌发，其原因有以下几种：

（1）菌种在 0 ℃甚至以下保藏，菌丝已冻死或失去活力。检测菌种活力的具体方法是：如果原来的母种试管内还留有菌丝，再转接几支试管，培养观察，最好使用和上次不同时间制作的培养基。如果还是不长，表明母种已经丧失活力。如果第二次接种物成活了，表明第一次培养基有问题。

（2）菌龄过老，生活力衰弱。

（3）接种操作时，母种块被接种铲、酒精灯火焰烫死。

（4）母种块没有贴紧原种培养基，菌丝萌发后因缺乏营养死亡。

（5）接种块太薄太小干燥而死。

（6）母种培养基过干，菌丝无法活化，无法吃料生长。

3. 发菌不良

母种发菌不良的表现多种多样，常见的有生长缓慢、生长过快，但菌丝稀疏、生长不均匀、不饱满、色泽灰暗等。

探究母种发菌不良的主要原因：培养基是否干缩，菌丝是否老化，品种是否退化等；培养温度是否适宜；棉塞是否过紧；空气中是否有有毒气体。培养基不适、菌种过老、品种退化、培养温度过高或过低、棉塞过紧透气不良、接种箱或培养环境中残留甲醛过多都会导致菌种生长缓慢，菌丝稀疏纤弱等发菌不良现象发生。

4. 杂菌污染

在正常情况下，母种杂菌污染的概率在2%以下。但有时会出现大量杂菌污染的情况，其原因如下：

（1）培养基灭菌不彻底　除灭菌的各个环节不规范外，还包括高压灭菌锅不合格。

（2）接种时感染杂菌　有接种箱或超净工作台灭菌不彻底（含气雾消毒剂不合格、紫外线灯老化）、接种时操作不规范等原因。

（3）菌种自身带有杂菌　启用保藏的一级种，应认真检查是否有污染现象。如斜面上呈现明显的黑、绿、黄色菌落，则说明已遭霉菌污染。将斜面放在向光处，从培养基背面观察，如果在气生菌丝下面有黄褐色圆点或不规则斑块，说明已遭细菌污染，被污染的菌种绝不能用于扩大生产。

5. 母种制作及使用过程中应注意的事项

（1）培养基的使用　制成的母种培养基，在使用前应做无菌检查，一般将其置于24 ℃左右恒温箱内培养48 h，证明无菌后方可使用。制备好的培养基应及时用完，不宜久存，以免营养价值降低或成分发生变化。

（2）出菇鉴定　对投入生产的母种，不论是自己分离的菌种还是由外地引入的菌种，均应做出菇鉴定，全面考核其生产性状、遗传性状和经济性状后，方能将其用于生产。母种选择不慎，将会对生产造成不可估量的损失。

（3）母种保藏　已经选定的优良母种，在保藏过程中要避免过多转管。转管时所造成的机械损伤，以及培养条件变化所造成的不良影响，均会削弱菌丝生活力，甚至导致遗传性状发生变化，使出菇率降低，抑或导致菌丝产生“不孕性”，从而丧失形成子实体的能力。因此引进或育成的菌种在第一次转管时，可较多数量扩转，并以不同方法保藏，用时从中取一管大量繁殖作为生产母种用。一般认为保藏的母种经3～4次代传，就必须用分离方法进行复壮。

（4）建立菌种档案　母种制备过程中，一定要严格遵守无菌操作规程，并做好标签，注明菌种名称（或编号）、接种日期和转管次数。尤其在同一时间接种不同的菌种时，要严防混杂。母种保藏应指定专人负责，并建立菌种档案，详细记载菌种名称、菌株代号、菌种来源、转管时间和次数，以及在生产上的使用情况。

（5）防止误用菌种　从冰箱取出保藏的母种，认真检查贴在试管上的标签或标记，切勿使用没有标记或判断不准的菌种，以防误用菌种而造成更大的损失。

（6）母种选择　保藏的母种菌龄不一致，要选菌龄较小的母种接种；切勿使用培养基已经干缩或开始干缩的母种，否则会影响菌种成活或导致其生产性状退化。

（7）菌种扩大　保藏时间较长的菌种、菌龄较老的菌种或对其存活有怀疑时，可以先接若干管，待其在新斜面上长满后，用经过活化的斜面再进行扩大培养。

（8）防止污染　保藏母种在接种前，应认真地检查是否有污染现象。斜面上有明显绿、黄、黑色菌落，说明已遭霉菌污染；管口内的棉塞，由于吸潮生霉，只要有轻微震动，分生孢子就很容易溅落到已经长好的斜面上，在低温保藏条件下受到抑制，很难发现；将斜面放在向光处，从培养基背面观察，在气生菌丝下面有黄褐色圆点或不规则斑块，是混有细菌的表现。已经污染的母种不能用于扩大培养。

（9）活化培养　在冰箱中长期保藏的菌种，自冰箱取出后，应放在恒温箱中进行活化培养，并逐步提高培养温度。活化培养时间一般为 2 ~ 3 天。如在冰箱中保存时间超过 3 个月，最好转管培养一次再用，以提高接种成功率和萌发速度。

【注意】保藏的菌种，在任何情况下都不可全部用完，以免菌种失传，对生产造成损失。

（10）菌种保存　认真安排好菌种生产计划。菌丝在斜面上长满后立即用于原种生产，能加快菌种定植速度。如不能及时使用，应在斜面长满后，及时用玻璃纸或硫酸纸包好，将其置于低温避光处保存。

二、原种、栽培种制作和使用中的异常情况及原因分析

1. 接种物萌发不正常

原种、栽培种接种物萌发不正常主要表现为两种情况：一是不萌发或萌发缓慢；二是萌发出的菌丝纤细无力，扩展缓慢。其发生原因的分析思路为：培养温度→培养基含水量→培养基原料质量→灭菌过程及效果→母种。对于接种物不萌发，或萌发缓慢，或扩展缓慢来说，这几个方面的因素必有其一，甚至可能是多因子共同影响。

（1）培养温度过高　培养温度过高会导致接种物不萌发、萌发迟缓、生长迟缓。

（2）含水量过低　尽管拌料时加水量充足，但由于拌料不均匀，培养基含水量产

生差异，含水量过低的菌种瓶（袋）内接种物常干枯而死。

（3）培养基原料霉变　正处霉变期的原料中含有大量有害物质，这些物质耐热性极强，在高温下不易分解变性，甚至在高压高温灭菌后仍保留其毒性，接种后菌种不萌发。具体确定方法是，将培养基和接种块取出，分别置于 PDA 培养基斜面上，于适宜温度下培养，若不见任何杂菌长出，而接种块则萌发、生长，即可确定为这一因素。

（4）灭菌不彻底　培养基内留有大量细菌，而不是真菌。多数情况下无肉眼可见的菌落，有时在含水量过大的瓶（袋）壁上，在培养基的颗粒间可见到灰白色的菌膜。多数食用菌在有细菌存在的基质中不能萌发和正常生长。具体检查方法是，在无菌条件下取出菌种和培养料，接种于 PDA 斜面上，于适温条件下培养，24 ~28 h 后检查，在接种物和培养料周围都有细菌菌落长出。

（5）母种菌龄过长　菌种生产者应使用菌龄适当的母种，多种食用菌母种使用最佳菌龄都在长满斜面后 1 ~5 天，栽培种生产使用原种的最佳菌龄在长满瓶（袋）14 天之内。在计划周密的情况下，母种和原种生产、原种和栽培种生产紧密衔接是完全可行的。若母种长满斜面后一周内不能使用，要将其及早置于 4 ~6 ℃保存。

2. 发菌不良

原种、栽培种的发菌不良现象有生长缓慢，以及生长过快但菌丝纤细稀疏，生长不均匀，不饱满，色泽灰暗等。造成发菌不良的原因主要有：

（1）培养基酸碱度不适　用于制作原种、栽培种的培养料 pH 值过高或过低，我们可将发菌不良的菌种瓶（袋）的培养基挖出，用 pH 试纸测试。

（2）原料中混有有害物质　多数食用菌原种、栽培种培养基原料主料是阔叶木屑、棉籽壳、玉米粉、豆秸粉等，但若混有松、杉、柏、樟、桉等树种的木屑或原料有过霉变，都会影响菌种的发菌。

（3）灭菌不彻底　培养基中有肉眼看不见的细菌，会严重影响食用菌菌种菌丝的生长。有的食用菌虽然培养料中残存有细菌，但仍能生长。如平菇菌种外观异常，表现为菌丝纤细稀疏、干瘪不饱满、色泽灰暗，长满基质后菌丝逐渐变得浓密，如果不慎将后期菌丝变浓密的菌种用来扩大栽培种将导致批量的污染发生。

（4）水分含量不当　培养料水分含量过多或过少都会导致发菌不良，特别是含水量过大时，培养料氧气含量显著减少，严重影响菌种的生长。在这种情况下，往往长至瓶（袋）中下部后，菌丝生长变缓，甚至不再生长。

（5）培养室环境不适　在培养室温度、空气相对湿度过高，培养密度大的情况下，环境的空气流通交换不够，影响菌种氧气的供给，导致菌种缺氧，生长受阻。这种情况下，菌种外观色泽灰暗、干瘪无力。

3. 杂菌污染

在正常情况下，原种、栽培种或栽培袋的污染率在5%以下，各个环节操作规范者常只有1%～2%。如果超出这一范围，则应该认真查找原因并采取相应措施予以控制。

（1）灭菌不彻底　灭菌不彻底导致污染发生的特点是污染率高、发生早，污染出现的部位不规则，培养物的上、中、下各部均出现杂菌。这种污染常在培养3－5天后出现。影响灭菌效果主要有以下几个因素：

①培养基的原料性质：常用的培养基灭菌时间关系是木屑＜草料＜木塞＜粪草＜谷粒。从培养基原料的营养成分上说，糖、脂肪和蛋白质含量越高，传热性越差，对微生物有一定的保护作用，灭菌时间相对要长。因此添加麦麸、米糠较多的培养基所需灭菌时间长。从培养基的自然微生物基数上看，微生物基数越高，灭菌需时越长，因此培养基加水配备均匀后，要及时灭菌，以免其中的微生物大量繁殖影响灭菌效果。

②培养基的含水量和均匀度：水的热传导性能较木屑、粪草、谷粒等的固体培养基要强得多，如果培养基配制时预湿均匀，吸透水，含水量适宜，灭菌过程中达到灭菌温度需时短，灭菌就容易彻底。相反，若培养基中夹杂有未浸入水分的“干料”，俗称“夹生”，蒸汽就不易穿透干燥处，达不到彻底灭菌的效果。

培养基配制过程中，要使水浸透料，木塞、谷粒、粪草应充分预湿，浸透或捣碎，以免“夹生”。

③容器：玻璃瓶较塑料袋热传导慢，在使用相同培养基、相同灭菌方法时，瓶装培养基灭菌时间要较塑料袋装培养基稍长。

④灭菌方法：相比较而言，高压灭菌可用于各种培养基的灭菌，关键是把冷空气排净；常压灭菌砌灶锅小、水少、蒸汽不足、火力不足、一次灭菌过多，是常压灭菌不彻底的主要原因，并且对于灭菌难度较大的粪草种和谷粒种达不到完全灭菌效果。

⑤灭菌容量：以蒸汽锅炉送入蒸汽的高压灭菌锅，要注意锅炉汽化量与锅体容积相匹配，自带蒸汽发生器高压灭菌锅，以每次容量200～500瓶（750 mL）为宜。常压灭菌灶以每次容量不超过1000瓶（750 mL）为宜，这样可使培养基升温快而均匀，培养基中自然微生物繁殖时间短，灭菌效果更好。灭菌时间应随容量的增大而延长。

⑥堆放方式：锅内被灭菌物品的堆放形式对灭菌效果影响显著，如以塑料袋为容器时，它受热后变软，如装料不紧，叠压堆放，极易把升温前留有的间隙充满，不利于蒸汽的流通和升温，影响灭菌效果。塑料袋摆放时，应以叠放3～4层为度，不可无限叠压；锅大时要使用搁板或铁筐。

（2）封盖不严　主要出现在用罐头瓶做容器的菌种中，用塑料袋做容器的折角处也有发生。聚丙烯塑料经高温灭菌后比较脆，搬运过程中遇到摩擦，紧贴瓶口处或有折角处极易磨破，形成肉眼不易看到的沙眼，造成局部污染。

（3）接种物带杂　如果接种物本身就已被污染，扩大到新的培养基上必然出现成批量的污染，如一支污染过的母种造成扩接的 4～6 瓶原种全部污染，一瓶污染过的原种造成扩大的 30～50 瓶栽培种的污染。这种污染的特点是杂菌从菌种块上长出，污染的杂菌种类比较一致，且出现早，接种 3～5 天内就可用肉眼鉴别。

这类污染只有保证种源的质量才能控制，这就要求对作为种源使用的母种和原种在生长过程中跟踪检查，及时剔除污染个体，在其下一级菌种生产接种前再行检查，严把质量关。

（4）设备设施过于简陋引起灭菌后无菌状态的改变　本来经灭菌的种瓶、种袋已经达到了无菌状态，但由于灭菌后的冷却和接种环境达不到高度洁净无菌，特别是简易菌种场和自制菌种的菇农，达不到流水线作业、专场专用，生产设备和生产环节分散，他们又往往忽略场地的环境卫生，忽视冷却场地的洁净度，使本已无菌的种瓶、种袋在冷却过程中被污染。

在冷却过程中，随着温度的降低，瓶内、袋内气压降低，冷却室如果灰尘过多，杂菌孢子基数过大，杂菌孢子就很自然地落到了种瓶或种袋的表面，而且随其内外气压的动态平衡向瓶内、袋内移动，当棉塞受潮后就更容易先在棉塞上定植，接种操作时碰触沉落进入瓶内或袋内。瓶袋外附有较多的灰尘和杂菌孢子时，它就成为接种操作污染的污染源。因此，我们提倡专业生产、规模生产和规范生产。

（5）接种操作污染　接种操作造成的污染特点是分散出现在接种口处，比接种物带菌和灭菌不彻底造成的污染发生稍晚，一般接种后 7 天左右出现。接种操作的污染源主要是接种室空气和种瓶、种袋冷却中附在表面的杂菌。有的接种操作人员自身洁净度不良，也是很重要的污染源。违反接种操作规程、没有使用专用的工作服、工作服表面附着尘土和杂菌孢子，或不戴口罩和工作帽，手臂消毒不良等等，这些都是接种操作的污染原因。要避免或减少接种操作的污染需格外注意以下技术环节：

①不使棉塞打湿：灭菌摆放时，切勿使棉塞贴触锅壁。当棉塞向上摆放时，要用牛皮纸包扎。灭菌结束时，要自然冷却，不可强制冷却。当冷却至一定程度后再小开锅门，让锅内的余热把棉塞上的水汽蒸发。不可一次打开锅门，这样棉塞极易潮湿。

②洁净冷却：规范化的菌种场，冷却室是高度无菌的，空气中不能有可见的尘土，灭菌后的种瓶、种袋不能直接放在有尘土的地面上冷却。最好在冷却场所地面上铺一层灭过菌的麻袋、布垫或用高锰酸钾、石灰水浸泡过的塑料薄膜。冷却室使用前可用

紫外线灯和喷雾相结合进行空气消毒。

③接种室和接种箱使用前必须严格消毒：接种室墙壁要光滑、地面要洁净、封闭要严密，接种前一天将被接种物、菌种、工具等处理后放入，先用来苏尔喷雾，再进行气雾消毒。接种箱要达到密闭条件，处理干净后，将被接种物、菌种、工具等处理后放入，接种前 30 ~ 50 min 用气雾、臭氧发生器等进行消毒。

④操作人员须在缓冲间穿戴专用衣帽：接种人员的专用衣帽要定期洗涤，不可置于接种室外，要保持高度清洁。接种人员进入接种室前要认真洗手，操作前用消毒剂对双手进行消毒。

⑤接种过程要严格无菌操作：尽量少走动，少搬动，不说话，尽量小动作、快动作，以减少空气震动和流动，减少污染。

⑥在火焰上方接种：实际上无菌室内绝对无菌的区域只有酒精灯火焰周围很小的范围。因此，接种操作，包括开盖、取种、接种、盖盖，都应在这个绝对无菌的小区域完成，不可偏离。接种人员要密切配合。

⑦拔出棉塞使缓劲：拔棉塞时，不可用力直线上拔，而应旋转式缓劲拔出，以避免造成瓶内负压，使得外界空气突然进入而带入杂菌。

⑧湿塞换干塞：灭菌前，可将一些备用棉塞用塑料袋包好，放入灭菌锅同菌袋（瓶）一同灭菌。当接种发现菌种瓶棉塞被蒸汽打湿时，换上这些新棉塞。

⑨接种前做好一切准备工作：接种一旦开始，就要批量批次完成，中途不间断，一气呵成。

⑩少量多次：每次接种室消毒处理后接种量不宜过大，接种室以一次 200 瓶以内，接种箱以一次 100 瓶以内效果为佳。

⑪未经灭菌的物品切勿进入无菌的瓶内或袋内：接种操作时，接种钩、镊子等工具一旦触碰了非无菌物品，如试管外壁、种瓶外壁、操作台面等，不可再直接用来取种、接种，须重新进行火焰灼烧灭菌。掉在地上的棉塞、瓶盖切忌使用。

（6）培养环境不洁及高湿　培养环境不洁及高湿引起污染的特点是，接种后污染率很低，随着培养时间的延长，污染率逐渐增高。这种污染较大量发生在接种 10 天以后，甚至培养基表面都已长满菌丝后贴瓶壁处陆续出现污染菌落。这种污染多发生在湿度高、灰尘多、洁净度不高的培养室。

4. 原种、栽培种制作的注意事项

（1）培养基含水量　食用菌菌丝体的生长发育与培养基含水量有关，只有含水量适宜，菌丝生长才旺盛健壮。通常要求培养基含水量在 60% ~ 65% 之间，即手紧握培养料，以手指缝中有水外渗往下滴 1 ~ 2 滴为宜，没有水渗为过干，有水滴连续滴下为过湿，过干或过湿均对菌丝生长不利。

（2）培养基的 pH 值　一般食用菌正常生长发育需要一定范围的 pH 值，木腐菌要求偏酸性，pH 值为 4～6；粪草菌要求中性或偏碱性，pH 值为 7.0～7.2。由于灭菌常使培养基的 pH 值下降 0.2～0.4，因此，灭菌前的 pH 值应比指定的略高些。培养料的酸碱度不合要求，可用 1% 过磷酸钙澄清液或 1% 石灰水上清液进行调节。

（3）装瓶（袋）的要求　培养料装得过松，虽然菌丝蔓延快，但多细长无力、稀疏、长势衰弱；装得过紧，培养基通气不良，菌丝发育困难。一般来说，原种的培养料要紧一些、浅一些，略占瓶深 3/4 即可；栽培种的培养料要松一些、深一些，可装至瓶颈以下。

【提示】装瓶后，插入捣木（或接种棒），直达瓶底或培养料的 4/5 处。打孔具有增加瓶内氧气、利于菌丝沿着洞穴向下蔓延和便于固定菌种块等作用。

（4）装好的培养基应及时灭菌　培养基装完瓶（袋）后应立即灭菌，特别是在高温季节。严禁培养基放置过夜，以免由于微生物的作用培养基酸败，危害菌丝生长。

（5）严格检查所使用菌种的纯度和生活力　检查菌种内或棉塞上有无霉菌及杂菌侵入所形成的拮抗线、湿斑，有明显杂菌侵染，或有怀疑的菌种、培养基开始干缩，或瓶壁上有大量黄褐色分泌物的菌种、培养基内菌丝生长稀疏的菌种、没有标签的可疑菌种，均不能用于菌种生产。

（6）菌种长满菌瓶后，应及时使用　一般来说，二级种满瓶后 7～8 天，最适于扩转三级种，三级种满瓶（袋）7～15 天时最适于接种。如不及时使用，应将其放在凉爽、干燥、清洁的室内避光保藏。在 10 ℃以下低温保藏时，二级种不能超过 3 个月，三级种不能超过 2 个月。在室温下要缩短保藏时间。

5. 菌种杂菌污染的综合控制

（1）从有信誉的科研、专业机构引进优良、可靠的母种，做到种源清楚、性状明确、种质优良，最好先做出菇试验，做到使用一代、试验一代、储存一代。

（2）按照菌种生产各环节的要求，合理、科学地规划和设计厂区布局，配置专业设施、设备，提高专业化、标准化、规范化生产水平。

（3）严格按照菌种生产的技术规程进行选料、配料、分装、灭菌、冷却、接种、培养和质量检测。

（4）严格挑选用于扩大生产的菌种，任何疑点都不可放过，确保接种物的纯度。

（5）提高从业人员专业素质，规范操作；生产场地要定期清洁、消毒，保持大环境的清洁状态。

（6）专业菌种场要建立技术管理规章制度，确保技术准确到位，保证生产。

第三章 平菇

第一节 概述

平菇属伞菌目（Agaricates）、口蘑科（Tvicholomataceae）、侧耳属（Pleurotus），是我国品种最多、温度适应范围最广、栽培面积最大的食用菌种类。

平菇营养丰富，肉质肥嫩，味道鲜美，其蛋白质在干菇中含量为30.5%，粗脂肪含量为3.7%，纤维素含量为5.2%，还有一种酸性多糖。长期食用平菇对癌细胞有明显抑制作用，它还具有降血压、降胆固醇的功能。平菇含有预防脑血管障碍的微量牛磺酸，有促进消化作用的菌糖、甘露糖和多种酶类，对预防糖尿病、肥胖症、心血管疾病有明显效果。

一、生物学特性

1. 生态习性

平菇适应性很强，在我国分布极为广泛，多在深秋至早春甚至初夏簇生于阔叶树木的枯木或朽桩上，或簇生于活树的枯死部分。

2. 形态特征

平菇由菌丝体（营养器官）和子实体（生殖器官）两部分组成。

（1）菌丝体　菌丝体呈白色，绒毛状，多分支，有横隔，是平菇的营养器官，分单核菌丝（初生菌丝）和双核菌丝（次生菌丝）两种。单核菌丝较纤细，双核菌丝具锁状联合。在PDA培养基上，双核菌丝初为匍匐生长，后气生菌丝旺盛，爬壁力强。

双核菌丝生长速度快，正常温度下7天左右可长满试管斜面，有时会产生黄色色素。

（2）子实体　子实体是平菇的繁殖器官，即可食用部分。其形态因品种不同而各有特色，但结构则都由菇柄、菇盖组成（图3－1）。平菇的菇柄为白色肉质，中实、圆形、长短不一，下部生长于基质上，常呈单生、丛生、覆瓦状叠生，上部与菇盖相连，起输送营养、支撑菇盖生长发育的功能。菇盖扇形，侧生或偏生于菇柄上，直径4～6 cm，最大可达30 cm。颜色有白色、灰色、棕色、红色和黑色，其深浅与发育程度、光照强弱及气温高低相关。

图3－1　平菇子实体

3. 平菇的生长发育期

平菇的生长发育分为菌丝体生长和子实体生长两大阶段。

（1）菌丝体生长阶段　又叫营养阶段，此期菌丝体生长好坏，直接决定着栽培的成功与否。所以接种后的管理非常重要，此阶段又分为四个时期。

①萌发期：接种后，在适宜的温度下，经2～3天，接种块发白，长出白色绒毛时，即为萌发期。此期要保持25～30 ℃，促进萌发。如温度过低，萌发慢，易被杂菌污染；温度过高，达40 ℃以上时，菌种不萌发，而且易被烧死。

②定植扩展期：菌丝萌发后，以接种点为中心，向四周辐射状生长，一般需5～7天。向料深处生长慢，在基质表面生长快。

③延伸伸长期：当菌丝定植后，在适宜条件下，它逐渐生长，直到培养料内部全部长满。此时期菌丝生长速度与温度呈正相关，以22～24 ℃发菌为宜。温度低，菌丝体生长慢，但粗壮有力；温度高，菌丝体生长加快。在超过适宜温度时，菌丝体生长快，但稀而细弱无力。

④菌丝体成熟期：当菌丝体延伸到全部培养料后，它继续生长，密度增大，颜色变白，当菌丝占满培养料空隙后（称回丝期），菌丝体生长阶段告以完成。以后菌丝开始扭结，呈现出针尖大的白点，进入生理转化的成熟期。此期应增加光照、通气及变温刺激。

（2）子实体生长阶段　平菇子实体发育过程中，有着明显的形态变化，此阶段可分为六个时期。

①原基期：主要特征是菌丝形成白色的菌丝团。当菌丝体完成其营养生长后，培养基表面的菌丝开始扭结形成白色、粒状菌丝团（图3－2）。此时菌丝达到成熟期，标

志着平菇进入子实体生长阶段。

②桑葚期：主要特征是菌丝团出现很多突起物，色泽鲜美，有些品种发亮，形如桑葚，故称桑葚期（图3－3）。

③珊瑚期：主要特征是子实体明显分化为菇柄和菇盖。桑葚期的粒状突起物伸长，如倒立火柴棍一样，下边白色圆柱状的为柄，上面呈深色圆形球状的为初生菇盖（图3－4）。此期为子实体分化阶段，菇柄生长，形似珊瑚，故称珊瑚期。

图3－2　平菇原基期

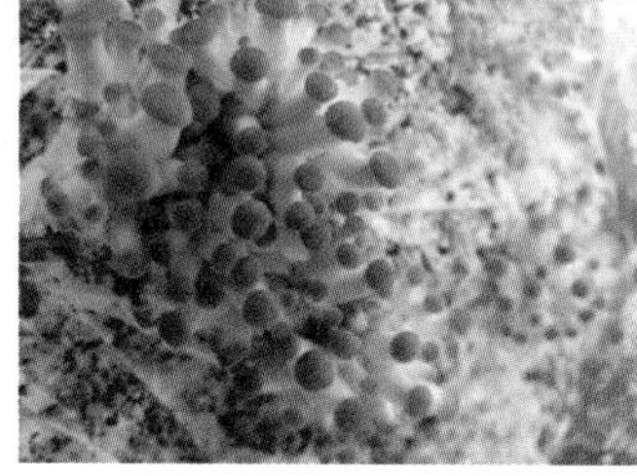

图3－3　平菇桑葚期

图3－4　平菇珊瑚期

④成型期：主要特征是菇盖生长快，偏生于菇柄上，形似半圆扇子，颜色由深开始变浅（图3－5）。表现为菇柄生长慢，菇盖生长速度快，对环境条件要求严格。此期为生理转化期，死菇现象比较多，应加强温度、湿度、通气管理。

⑤初熟期：主要特征是菇盖下凹处有白色绒毛出现，少量孢子散落。此期平菇组织较密，肉质细嫩，重量最大，是采收最佳时期（图3－6）。

⑥成熟期：主要特征是菇盖展开，光泽减少，孢子大量散发，组织疏松，肉质粗硬，重量减轻，孢子呈烟雾状放射。当室内湿度小时，菇盖边缘干裂，质地纤维化，发硬变干。若湿度过大或人为喷大水时，易烂菇发臭（图3－7）。

图3－5　平菇成型期

图3－6　平菇初熟期

图3－7　平菇成熟期

4. 平菇生长发育的条件

（1）营养条件　平菇属木腐菌类，可利用的营养很多，木质类的植物残体和纤维质的植物残体都能利用。人工栽培时，依次以废棉、棉籽壳、玉米芯、棉秆、大豆秸产量较高，其他农林废物也可利用，如阔叶杂木屑（苹果枝、桑树枝、杨树枝等）、木糖醇渣、蔗渣等。一般以棉籽壳、玉米芯、木屑为主。

（2）环境条件

①温度。平菇属广温变温型食用菌。按照平菇子实体出菇时对温度的要求，可将其划分为耐高温品种、耐低温品种、中温及广温型品种。不管哪个类型品种，都有自己孢子萌发、菌丝生长、子实体形成的温度范围和最适温度。但就一般而言，平菇生长发育对温度的要求范围较广。

a. 孢子对温度的要求。平菇孢子可在 5 ~ 32 ℃下形成，以 13 ~ 20 ℃为最佳形成温度，这也是子实体生长的温度。孢子萌发温度则以 24 ~ 28 ℃最适宜，与菌丝生长温度近似。

b. 菌丝体对温度的要求。菌丝体生长的温度范围为 5 ~ 37 ℃，在这个温度下菌丝生长得非常好，菌丝粗壮，生长速度快。当温度偏低时，菌丝生长缓慢，但粗壮有力，吃料整齐，菌丝洁白。菌丝对低温抵抗力很强，在温度升高时，菌丝生长速度随温度的增加而变快，但生长细弱。当温度达到 38 ℃以上时，菌丝停止生长。若时间延长，菌丝死亡。

c. 子实体对温度的要求。平菇品种较多，不同品种的平菇子实体可在 3 ~ 35 ℃温度范围内生长，栽培者可根据实际出菇季节选择不同温型的品种。

平菇的发菌极为重要，室温一般不能超过 30 ℃，袋内温度要比空气温度高 3 ~ 5 ℃。低温发菌成功率高，产量稳定。

各种类型的平菇品种在子实体分化时都需要较大的昼夜温差，创造 8 ~ 10 ℃的昼夜温差对出菇非常有利，这在防空洞、山洞、土洞、地下菇房尤为重要；防止恒温或温差过小，导致不出菇现象发生。

②水分和湿度。平菇是喜湿性菌类，有水分刺激，菌丝才能扭结现蕾，此时要求培养料含水量为 60% ~65% 。水分含量少，对产量的影响较大；水分过多，培养料通气性差，易引起杂菌和虫害的发生。菌丝体生长阶段要求空气相对湿度在 70% 以下，而子实体发育阶段则要求不低于 85% ，以 90% 最好。在子实体发育过程中，随着菇体增大，对相对湿度要求越来越大。当空气湿度小时，菌丝体因失水而停止生长，严重时表皮菌丝干缩。

空气湿度大小直接决定着平菇子实体的重量，湿度大，肉质嫩而细，光泽好；湿度小，肉质纤维化，发硬。空气湿度要连续保持，严防干干湿湿及干热风。在一定温度下，保湿是获得高产的重要环节之一。

③空气。在平菇栽培中，菌丝体生长阶段比较能忍耐二氧化碳。当菌丝生长成熟，即由营养生长转为生殖生长时，一定浓度的二氧化碳能促进子实体分化，但浓度过大时，子实体原基不断增大，易形成菜花型畸形菇。当子实体形成后，呼吸作用旺盛，需氧量增加，此时通气不好，子实体只长柄，不长菇盖，形成菊花瓣状畸形菇。

④光照。包括平菇在内几乎所有的食用菌在菌丝生长阶段不需要光线，发菌阶段应处于完全黑暗的环境下。冬季如利用太阳能增温加快发菌速度，必须在菌袋上方加不透明覆盖物或遮阳网。平菇子实体发育阶段需要一定的散射光，尤其在菌丝由生长期转化为繁殖期，即菌丝扭结现蕾时，需要散射光，以利刺激出菇。在暗光下，易出现菜花状畸形菇、大脚菇。

出菇场所散射光的强度以能流利地阅读报纸为宜。

⑤酸碱度。平菇菌丝生长喜欢偏酸性环境，菌丝在 pH5 ~9 之间能生长繁殖，但最适的 pH 值在 5.5 ~6.5 之间。由于生长过程中菌丝的代谢作用，培养料的 pH 值会逐渐下降，同时为了预防杂菌污染，在用生料栽培平菇时，pH 值要调到 8 ~9；采用发酵料栽培时，pH 值调到 8.5 ~9.5，发酵后 pH 值为 6.5 ~7。生料发菌过程中，培养料 pH 值的变化受室温、气温及料内温度的影响较大。

夏季高温时，料要偏碱些，而低温时以中性为佳，一般防酸不防碱。

二、平菇种类

1. 按色泽划分

不同地区人们对平菇色泽的喜好不同，因此栽培者选择品种时常把子实体色泽放在第一位。按子实体的色泽，平菇可分为以下几种：

（1）黑色品种　黑色品种多是低温种和广温种，属于糙皮侧耳（P. ostreatus）和美味侧耳（P. sapidus）。

图 3－8　平菇高温品种——鲍鱼菇

（2）灰色品种　这类色泽的品种多是中低温种，最适宜的出菇温度略高于深色种，多属于美味侧耳种。色泽也随温度的升高而变浅，随光线的增强而加深。

（3）白色品种　白色品种多为中广温品种，属于佛罗里达侧耳种（P. florida）。

（4）黄色品种　黄色平菇又称金顶侧耳（P. citrinopileatus）、榆黄蘑、金顶菇。

（5）红色品种　又名红侧耳、桃红平菇（P. diamor），既可作美味佳肴，又可作盆景观赏。

黑色平菇、灰色平菇色泽的深浅程度随温度的变化而有所不同，一般温度越低色泽越深，温度越高色泽越浅。另外，光照不足色泽也变浅。

2. 按出菇温度分

（1）低温型　出菇温度低，在 3～15 ℃形成子实体，一般在秋冬季栽培。

（2）中温型　出菇温度在 10～20 ℃，一般在春秋季节栽培。

（3）高温型　出菇温度在 20～30 ℃，一般在夏季、早秋季节栽培（图 3－8）。

（4）广温型　出菇温度在 4～30 ℃，一般在春夏秋季进行栽培。

第二节　平菇生产技术

一、平菇栽培原料

平菇菌丝的生活力很强，生长速度也很快，人工栽培，简单粗放，用料广泛，棉籽壳、木屑、稻草、花生壳（秸）、玉米芯（秸）、麦秸、豆秸，甚至野草……几乎所有农作物副产品均可利用。近年来，对酒糟、醋糟、糠醛渣、甘蔗渣、糖醇渣等食品加工废料的利用进展也很快。总之，不同地区应根据当地资源的实际情况，因地制宜，就地取材，降低成本，提高效益。

平菇生料栽培一般选择棉籽壳、废棉为主要原料；采用玉米芯为主要原料时，要粉碎成花生粒大小，并采用发酵方式栽培，以改善其理化性质并让原料吸足水分；木屑为栽培原料、其他栽培原料陈旧或有污染时要进行熟料栽培，以便平菇菌丝充分利用木屑养分；稻草、玉米秸、麦秸、豆秸、野草等栽培原料一般不采用袋栽，原因主要是其容重太小，同样设施和劳动力的条件下，投料量太小，总产量太低，要采用这类原料时，可用畦式栽培或垛式栽培。

二、栽培配方

1. 棉籽壳为主料

棉籽壳是目前生料栽培的最佳原料，单以100%的棉籽壳栽培，生物转化率可达100% ~150%，如能覆土将会提高产量，增产效果更佳。常用配方如下：

①棉籽壳92%，豆饼1%，麸皮5%，过磷酸钙1%，石膏1%。

②棉籽壳90%，麸皮5%，草木灰3%，过磷酸钙1%，石膏1%。

③棉籽壳45%，玉米芯45%，过磷酸钙1%，米糠7%，石膏2%。

2. 玉米芯为主料

①玉米芯55%，豆秸粉40%，过磷酸钙3%，石膏2%。

②玉米芯70%，棉籽壳25%，过磷酸钙3%，石膏2%。

3. 木屑为主料

杂木屑（阔叶）70%，麦麸27%，过磷酸钙1%，石膏1%，蔗糖1%。

以上配方含水量均为60% ~65%，pH值用生石灰调至8.5 ~9.0。

在实际栽培中，提倡多种原料混合使用，以弥补各种原料的缺点。如棉籽壳能改善玉米芯颗粒间空隙过大的缺点，提高每袋的装料量和产量；玉米芯能改善木屑粒径太小，装袋后袋内通气不畅、发菌不良的缺点；木屑能改善棉籽壳、玉米芯栽培后劲不足的缺点。

平菇栽培料的配方，各地要因地制宜，尽可能采取本地原料，以降低生产成本。高温期平菇栽培配方中要减少麦麸、玉米面、米糠等的用量，尿素能不用尽量不用；石灰的用量要适当增加，以提高培养料的pH值；培养料的含水量一般要偏小些。

三、栽培季节

平菇具有不同的温型，适宜一年四季栽培，但以中低温品种的栽培为主。根据平菇的市场需求一般以秋、冬季生产为主，春季平菇一般随着气温的逐步升高和其他蔬菜的大量上市价格较低，夏季和早秋栽培高温品种并辅以遮阳网、风机降温措施，可获得较高的经济效益。

四、拌料

按照选定的栽培配方，准确称取各种原料，将麸皮、石膏粉、石灰粉依次撒在主料堆上混拌均匀（主料需提前预湿），接着加入所需的水，使含水量达60%左右。检测含水量方法：手掌用力握料，指缝间有水但不滴下，掌中料能成团，为合适的含水量；若水珠成串滴下，表明太湿。一般宁干勿湿。含水量太大不仅会导致发菌慢，而且易污染杂菌。

拌料力求“三均匀”，即主料与辅料混合均匀、水分均匀、酸碱度均匀。否则，麦麸多的部位易感染杂菌，麦麸少的部位菌丝生长弱；水分多的部位通气不良易感染杂菌，水分少的部位菌丝生长弱；酸碱度大的部位菌丝生长弱，酸碱度小的部位易感染杂菌。

五、培养料配制

栽培平菇的原料有不处理直接装袋（生料栽培）、发酵（发酵栽培）、热蒸汽蒸熟（熟料栽培）三种处理方式。

1. 生料栽培

（1）生料栽培优缺点　生料栽培是培养料不经过灭菌，也不经过发酵处理，在自然条件下，直接拌料播种的一种栽培方法，在我国北方尤其是秋冬季节非常普遍。其原料要求新鲜、无霉变，栽培前最好暴晒2～3天。拌料时加水量适当小些，pH值适当提高。

生料栽培平菇的优点是原料不需做任何处理，操作简单易行，缺点是菌种用量大（尤其是高温季节，用量在15%左右）、菌丝生长速度慢、易污染。

【提示】夏季采用生料栽培时最好采用折口径小的菌袋，以防高温烧菌。采用生料栽培的菌袋菇潮不明显。

（2）塑料袋的选择　平菇生料栽培一般选用聚乙烯塑料袋，塑料袋规格各地不同，一般为（25～30）cm×（45～50）cm，厚度一般以0.03～0.04 cm为宜，在高温期一般用（18～20）cm×（40～45）cm×0.015 cm的菌袋栽培，防止高温期烧菌。

（3）装袋播种　平菇生料栽培常用的装袋播种方法是“四层菌种三层料”，即先装一层菌种，再装入拌好的培养料，用手按实，在1/3处撒一层菌种（边缘多，中间少），然后再装入培养料，在2/3处撒一层菌种（边缘多，中间少），然后再装入培养料，离袋口3 cm左右撒入一层菌种后，用绳扎紧。装袋后用细铁丝在每层菌种上打6～8个微孔（图3－9），进行微孔发菌。

装好的菌袋还可用木棒中央打孔发菌法，即将装袋播种后的菌袋用直径3 cm左右的木棒在料中央打一个孔，贯穿两头，进行发菌（图3－10）。

图3－9　微孔发菌

图3－10　木棒打孔

如用（18～20）cm×（40～45）cm×0.015 cm的袋栽培平菇时，也可两头接种，节省劳动力；采用微孔发菌时，应在菌种上打微孔，以防感染杂菌；木棒打孔发菌时应先把菌袋排好，上层菌袋先打孔，打完一层后再打下一层，否则下层的孔会消失。

薄的塑料袋壁可紧贴料面，不致“遍身出菇”，易于管理。秋季及早春栽培时用较窄的塑料袋，冬季气温低时用较宽的塑料袋。

2. 发酵料栽培

发酵料栽培就是将培养料堆制发酵后进行开放式接种的一种栽培方法。平菇培养料堆制发酵是提高栽培成功率和生产效率的一项重要措施，更是高温季节栽培平菇的一个非常好的方法。

（1）发酵机理

①发酵的微生物学过程。培养料堆制发酵过程要经三个阶段：升温阶段、高温阶段和降温阶段。

a. 升温阶段。培养料建堆初期，微生物旺盛繁殖，分解有机质，释放出热量，不断提高料堆温度，此即升温阶段。在升温阶段，料堆中的微生物以中温好气性的种类为主，主要有芽孢细菌、蜡叶芽枝霉、出芽短梗霉、曲霉属、青霉属、藻状菌等参与发酵。由于中温微生物的作用，料温升高，几天之内即达 50 ℃以上，进入高温阶段。

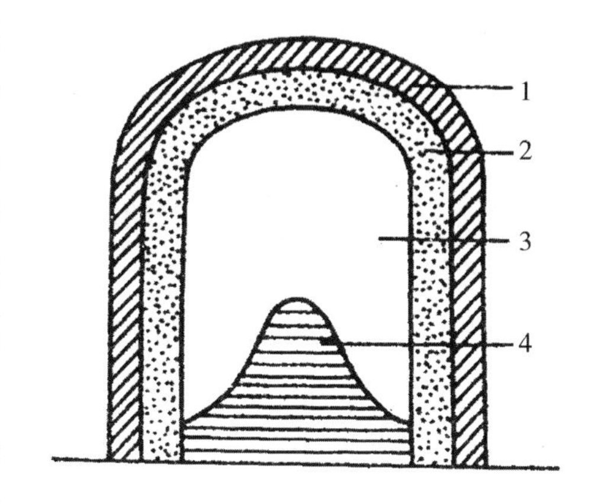

1. 干燥冷却区　2. 放线菌高温区　3. 最适发酵区
4. 厌氧发酵区
图 3－11　料堆发酵区的划分

b. 高温阶段。堆制材料中的有机复杂物质，如纤维素、半纤维素、木质素等进行强烈分解，主要是嗜热真菌（如腐殖霉属、棘霉属和子囊菌纲的高温毛壳真菌）、嗜热放线菌（如高温放线菌、高温单孢菌）、嗜热细菌（如胶黏杆菌、枯草杆菌）等嗜热微生物的活动，使堆温维持在 60～70 ℃的高温状态，从而杀灭病菌、害虫，软化堆料，提高持水能力。

c. 降温阶段。当高温持续几天之后，料堆内严重缺氧，营养状况急剧下降，微生物生命活动强度减弱，产热量减少，温度开始下降，进入降温阶段。此时应及时进行翻堆，再进行第二次发热、升温，再翻堆。经过 3～5 次的翻堆，培养料经微生物的不断作用，其物理和营养性状更适合食用菌菌丝体的生长发育需求。

②料堆发酵温度的分布和气体交换。发酵过程中，受条件限制，料堆表现出发酵程度的不均匀性。依据堆内温湿度条件的不同，可分为干燥冷却区、放线菌高温区、最适发酵区和厌氧发酵区等四个区（图 3－11、图 3－12）。

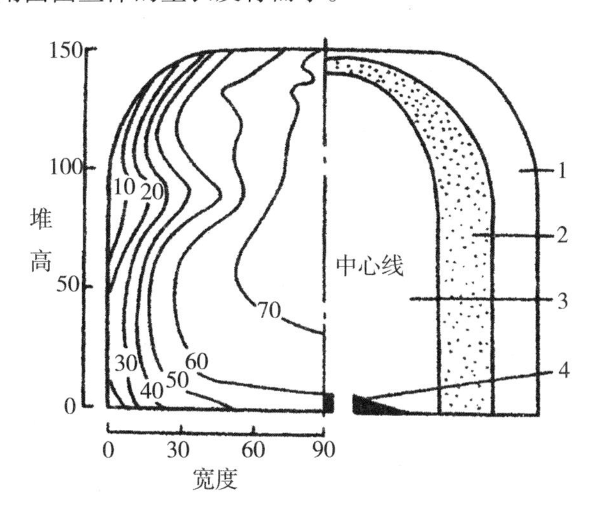

1. 干燥冷却区　2. 放线菌高温区 3. 最适发酵区
4. 厌氧发酵区
图 3－12　料堆中温度的分布（cm、℃）

a. 干燥冷却区。该区和外界空气直接接触，散热快，温度低，既干又冷，称干燥冷却层。该层也是发酵的保护层。

b. 放线菌高温区。堆内温度较高，可达 50～60 ℃，是高温层。该层的显著特征是可以看到放线菌白色的斑点，也称放线菌活动区。该层的厚薄是堆肥含水量多少的指示，水过多则白斑少或不易发现；水不足，则白斑多，层厚，堆中心温度高，甚至烧堆，即出现“白化”现象，也不利于发酵。

c. 最适发酵区。是发酵最好的区域，堆温可达 70 ℃。该区营养料适合食用菌的生长，该区发酵层范围越大越好。

d. 厌氧发酵区。是料堆的最内区，该区缺氧，呈过湿状态，称厌氧发酵区。该区往往水分大，温度低，料发黏，甚至发臭、变黑，是料堆中最不理想的区。若长时间覆盖薄膜会使该区明显扩大。

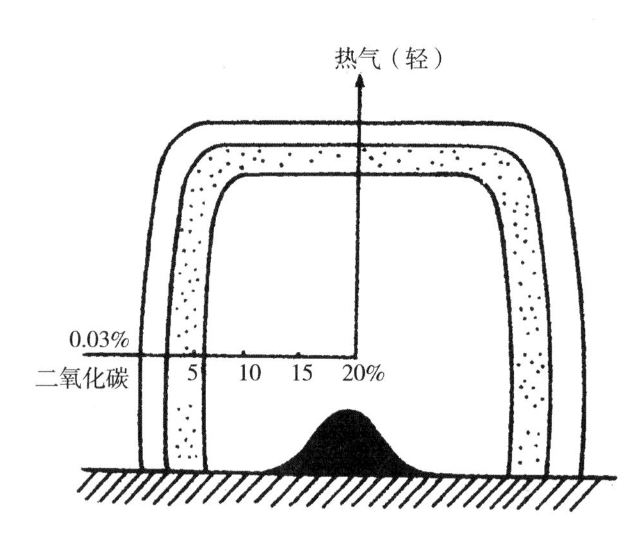

图 3－13　料堆的烟窗效应

料堆发酵是好气性发酵，一般料堆内含的总氧量在建堆后数小时内就被微生物呼吸耗尽，主要是靠料堆的“烟窗”效应（图 3－13）来满足微生物对氧气的需要，即料堆中心热气上升，从堆顶散出，迫使新鲜空气从料堆周围进入料堆内，从而产生堆内气流的循环现象。但这种气流循环速度应适当，循环太快说明料堆太干、太松，易发生“白化”现象；循环太慢，氧气补充不及时而发生厌氧发酵。但当料堆发酵即微生物繁殖到一定程度时，仅靠“烟窗”效应供氧是不够的，这时就需要翻堆，有效而快速地满足这些高温菌群对氧气及营养的需求，这样就可以达到均匀发酵的目的。

③料堆发酵营养物质发生的变化。培养料的堆制发酵，是非常复杂的化学转化及物理变化过程。其中，微生物活动起着重要作用。在培养料中，养分分解与养分积累同时进行着，有益微生物和有害微生物的代谢活动要消耗原料，但更重要的是有益微生物的活动把复杂物质分解为食用菌更易吸收的简单物质，同时菌体又合成了只有食用菌菌丝体才易分解的多糖和菌体蛋白质。培养料通过发酵后，过多的游离氨、硫化氢等有毒物质得到消除，料变得具有特殊料香味，透气性、吸水性和保温性等理化性状均得到一定改善。此外，堆制发酵过程中产生的高温，杀死了有害生物，减轻了病虫害对平菇生长的威胁和危害。可见，培养料堆制发酵是平菇栽培中重要的技术环节，它直接关系到平菇生产的丰歉成败。

在发酵中，首先要对发酵原料进行选择，碳氮源要有科学的配比，要特别注意考虑碳氮比的平衡。其次要控制发酵条件，促进有益微生物的大量繁殖，抑制有害微生物的活动，以达到增加有效养分、减少消耗的目的。培养料发酵既不能“夹生”，也不能堆制过熟（养分过度消耗和培养料腐熟成粉状，失去弹性，物理性状恶化）。

（2）场地选择　建堆场地多在室外，最好选紧靠菇棚的水泥地面。冬天要选择向阳避风地方，夏天宜选择荫凉地方。场地要求有一定坡度，以利排水，且要求环境清洁、取水方便、水源洁净。

（3）发酵方法　以棉籽壳为例论述发酵方法。

原料最好选用新鲜、无霉变的，将拌好的料堆成底宽 2 m、高 1 m 的梯形堆，长度不限的长形堆。每堆投料冬季不少于 500 kg，夏季不少于 300 kg，用料过少，料温升不高，达不到发酵的目的。起堆要松，要将培养料抖松后上堆，表面稍压平后，在料堆上每隔 0.5 m 从上到下打直径 5 ~ 10 cm 左右的透气孔（图 3 - 14），均匀分布，以改善料堆的透气性。待距料面 10 cm 处料温上升至 60 ℃以上，保持 24 h 后，进行第一次翻堆。翻堆时要把表层及边缘料翻到中间，中间料翻到表面，稍压平，插入温度计，10 cm 处料温再升到 60 ℃以上时，保持 24 h 翻堆。如此进行 3 ~ 5 次翻堆，即可进行装袋接种。

图 3 - 14　培养料发酵

（4）优质发酵料的标准　发酵好的培养料松散而有弹性，略带褐色，无异味，不发黏，质感好，遍布适量的白色放线菌菌丝，pH 值 7 ~ 8，含水量 65% 左右。

（5）发酵注意事项

①建堆体积要适宜。体积过大，虽然保温保湿效果好、升温快，但边缘料不能充分发酵；料体积过小，则不易升温，腐熟效果较差。

②料堆温度达到 60 ℃时开始计时，保持 24 h 后进行翻堆，以杀死有害的霉菌、细菌、害虫的卵和幼虫等。

③翻堆要均匀。在发酵过程中，堆内温度分布规律是：表层受外界影响温度波动大、偏低，这层很薄；中部很厚的一层温度很高，发酵进度快；下部透气不良，温度低，发酵差。所以，在翻堆时一定要做到上下内外均匀。

④根据堆内温度分布规律，每次投料量大时，在发酵后期，可结合翻堆取出中部发酵好的料进行栽培，表层和下部的料翻匀后继续起堆发酵，此法称为“扒皮抽中发酵法”。

⑤播种前发现料堆水分严重损失时，可用 pH 值为 7～8 的石灰水加以调节，一定不要添加生水，以免滋生杂菌，导致接种后培养料发黏发臭。

⑥水分和通气是相互矛盾的两个因素，只有在含水量适中的条件下，才能使料堆保持良好通气状况，进行正常发酵。在预定时间（24～48 h）若堆温能正常上升到 60 ℃以上，开堆可见适量白色嗜热放线菌菌丝，表示料堆含水量适中、发酵正常。如建堆后堆温迟迟不能上升到 60 ℃，说明发酵不正常。可能是培养料加水过多，或堆料过紧、过实，或未打气孔或通气孔太少等原因，造成料堆通气不良，不利于放线菌生长繁殖，培养料不能发酵升温。在此情况下应及时翻堆，将培养料摊开晾晒，或添加干料至含水量适宜，再将料抖松后重新建堆发酵。如料堆升温正常，但开堆时培养料有“白化”现象，说明培养料含水量过小，可在第一次翻堆时适当添加水分（用 80 ℃以上的热水更好），拌匀后重新建堆。

⑦发酵终止时间应根据料堆 60～70 ℃持续时间和料堆发酵均匀度而定。第一次翻堆可在 60 ℃以上保持 24 h 后翻堆；以后每次翻堆，一定要在堆温达到 65 ℃左右，保持 24 h 才能进行。一般经过 3～5 次翻堆，可以终止发酵。如果 60 ℃以上持续时间不足、堆料发酵不均匀，则中温性杂菌可能大量增殖；发酵时间过长，会使料堆中有机质大量腐解，损失养分，影响平菇产量。

⑧发酵期间，雨天料堆要覆盖塑料薄膜，防止雨淋，晴天掀掉薄膜。

【提示】发酵料栽培菇潮明显，可分次分批发酵原料，分批生产，以免出菇过于集中或过于稀疏。

（6）装袋播种　同生料栽培。

3. 熟料栽培

图 3－15　高压灭菌

熟料栽培平菇一般在高温季节或者采用特殊原料（如木屑、酒糟、木糖醇渣、食品工业废渣、污染料、菌糠等）时使用，菌袋进行高压（常压）灭菌后接种、发菌。

（1）装袋　高压灭菌一般用 17 cm×33 cm×0.05 cm 的高压聚丙烯塑料袋（一般用作菌种），常压灭菌一般用（17～22）cm×（35～40）cm×0.04 cm 的低压聚乙烯塑料袋。把拌好的料装入塑料袋内，扎紧袋口后灭菌。

（2）栽培袋灭菌　栽培袋可放入专用筐内，以免灭菌时栽培袋相互堆积，导致灭菌不彻底。然后要及时灭菌，不能放置过夜。灭菌可采用高压蒸汽灭菌法或常压蒸汽灭菌法。

①高压蒸汽灭菌法。在 126 ℃、压力 1.0～1.4 kg/cm^2（0.15 MPa）下保持 2～2.5 h（图 3－15）。

相关知识

高压灭菌过程中应注意以下几点：

1. 灭菌锅冷空气必须排尽。在开始加热灭菌时，先关闭排气阀，当压力升到 0.5 kg/cm^{2}时，打开排气阀，排出冷空气，让压力降到 0，直至大量蒸汽排出时，再关闭排气阀升压到 1.2 kg/cm^2，保持 2 h。

2. 灭菌锅内栽培袋的摆放不要过于紧密，保证蒸汽通畅，防止形成温度“死角”，否则不能彻底灭菌。

3. 灭菌结束应自然冷却。当压力降至 0.5 kg/cm^{2}左右，再打开排气阀放气，以免减压过程中，袋内外产生压力差，把塑料袋弄破。

4. 防止棉塞打湿。灭菌时，棉塞上应盖上耐高温塑料，以免锅盖下面的冷凝水流到棉塞上。灭菌结束时，让锅内的余温烘烤一段时间再将栽培袋取出来。

②常压蒸汽灭菌法。

A. 常压灭菌锅的类型。常压灭菌锅的类型较多，比较常见的有四种：简易常压蒸汽灭菌锅、圆形蒸汽灭菌灶、常压蒸汽灭菌箱、产气灭菌分离式灭菌灶。

图 3－16　简易常压蒸汽灭菌锅

a. 简易常压蒸汽灭菌锅。用一口直径 85 cm 的铁锅和砖、水泥搭建一个灶台，在灶台上方的房梁上安放一个铁挂钩，并且用大棚塑料膜制作一个周长 3m 的塑料桶，上头用绳子系好吊在铁挂钩上，下部将锅上部的灭菌物罩住并且压在灶台上即可（图 3－16）。这种类型的灭菌锅比较简单、成本低，但灭菌数量较少，适合初学者和小规模食用菌栽培户采用。

b. 圆形蒸汽灭菌灶。采用直径 110 cm 的铁锅和砖、水泥搭建灶台，在灶台上用砖和水泥砌成 120～130 cm 的正方形灭菌室，高 130～150 cm，上部用水泥封顶，在灭菌室下部预留一个加水口，并且安放一个铁管，在一侧留一个规格为宽 65 cm、高 85 cm 的进出料口，并且用木枋作木门封进出料口；也可以用铁板焊制一个圆形的铁桶，直径 130 cm，高 130 ~ 150 cm，在铁桶下部焊一个铁管做加水口，用塑料膜封锅口。这种类型的灭菌锅优点是出料方便，不易感染杂菌，适合 1 万 ~2 万袋栽培规模使用。

c. 常压蒸汽灭菌箱。一般采用铁板和角铁焊制而成，规格为长 235 cm、宽 136 cm、高 172 cm 的长方形铁箱，顶部呈圆拱形。为防止冷凝水打湿棉塞，距离底部 20 ~ 25 cm高放置一个用钢筋焊制的帘子。如果为了节省燃料也可以在帘子下焊接 4 排直径 10 cm 的铁管，管口一头在底部前端燃料燃烧处，作为进烟口；门在一头，规格为 90 cm × 70 cm，底高 20 cm，在门一头下侧安一个排水管，中间安一个放气阀，顶部安一个测温管。一般采用周转筐装出锅，可以防止菌袋扎破，并且节省劳动力成本。一般采用 2 套周转筐即可，一次可以灭菌 1300 袋左右。

d. 产气灭菌分离式灭菌灶。其结构分为蒸汽发生器和蒸汽灭菌池两部分。蒸汽发生器是用 1 个或 2 个并列卧放的柴油桶制作而成，先在油桶上方开 2 个直径 3. 5 cm 的孔洞，一个焊接一根塑料软管作为热蒸汽的连接管道，另一个焊接一根距离桶底 10 cm 的铁管作为加水管，然后用砖砌成一个简易炉灶。蒸汽发生器也可直接采用灭菌炉。蒸汽灭菌池可以在栽培场地中间建造。先向地下挖 30 cm 深泥池，然后用砖和水泥砌成一个 2m × 5m 的长方形水泥池，在池底留一个排水口，使灭菌后的冷凝水能够排出；在距池底 20 cm 高处固定一个用钢筋焊接的帘子，灭菌时将栽培袋或周转筐放在帘子上方，高度可根据灭菌数量和炉灶承受能力确定。然后用苫布和大棚塑料膜将灭菌物盖严压好，再将蒸汽软管通入灭菌池即可。

B. 常压锅灭菌过程。常压灭菌的原则是“攻头、保尾、控中间”，即在 3 ~ 4 h 内使灭菌池中、下部温度上升至 100 ℃，然后维持 8 ~ 10 h，快结束时，大火猛攻一阵，再闷5 ~ 6 h 出锅。把灭菌后的栽培袋搬到冷却室或接种室内，晾干料袋表面的水分，待袋内温度下降到 30 ℃时接种。

C. 灭菌效果的检查方法。灭菌彻底的培养基应呈现暗红色或茶褐色，有特殊的清香味；颜色变成深褐色。

常压灭菌的注意事项：

1. 要防止烧干锅。在灭菌前锅内要加足水，在灭菌过程中，如果锅内水量不足，要及时从注水口注水。加水必须加热水，保证原锅的温度；最好搭一个连体灶，谨防烧干锅。

2. 防止中途降温。中途不得停火，如锅内达不到 100 ℃，在规定的时间内达不到灭菌的目的。

3. 栽培袋堆放不要过密，可呈“井”字形排放，以利于热蒸汽的流通。

4. 灭菌时间不要延长，以免营养流失。

（3）接种　待袋料内温度降至 30 ℃时方可接种。接种前先按常规消毒方法将接种室灭菌成无菌室。接种时先用 75% 的酒精擦洗双手、接种工具及菌种袋，用石炭酸重新喷雾消毒 1 次，有条件的可在酒精灯火焰上方接种，无条件的则尽量 2 人接种：一人打开袋口，一人迅速挖出菌种，接入袋内，即刻扎紧袋口，再接另一头。菌种块的大小一般以枣核大小为宜。同时接种量尽量大些，以使菌种布满两端料面，杜绝杂菌侵染机会。

【注意】一般生料栽培的食用菌品种可以发酵料栽培，发酵料栽培的食用菌品种可以熟料栽培；反之，则不能。熟料栽培适合绝大多数食用菌的栽培，采用发酵料和熟料栽培方式的平菇菇潮明显。

六、发菌

1. 发菌时期

（1）萌发期　此期大约 3～5 天，要保持最佳生长温度，以求迅速恢复生长。菌种在掏出掰碎时，受伤失水，若遇到高温（40 ℃以上）易被烧死，若遇低温则延迟生长。一般生料栽培可控制在 20 ℃左右，经 3～4 天，接种点四周长出整齐而浓密的菌丝，即为萌发。此时管理以黑暗、保温为主。生料栽培最易出现毛霉，熟料则易出现橘红色链孢霉。所以拌料、操作过程及室内消毒很重要。

（2）定植扩展期　也叫封面生长期，约需 10 天。当菌种萌发后，要求迅速生长占领料面，成为与杂菌竞争的优胜者，此阶段菌丝生长旺盛，代谢作用增强，分解基质产生二氧化碳多，需氧量大，管理以散热、通风为主。接种后 5～7 天要倒袋，床栽要揭膜，同时检查污染情况，要及时检查，及时处理。通风散热时间最好在无风晴天进行。可预防杂菌侵入，料温不高时可免此程序。此期料温一般比袋外高 3～5 ℃，所以袋表面温度不可超过 25 ℃，一般以 20 ℃左右为宜，手摸有凉感为好，有热感则不好，烫手则表明发生了烧菌。

（3）延伸伸长期　也叫安全生长期。菌丝长满料面后，向料内继续延伸生长，直到培养料内全部长满菌丝。温度较高，则菌丝生长速度快，菌丝细弱。为获得粗壮菌丝，此期要通风降温。接种后 15～20 天，料大量散热阶段已过，平菇菌丝生长旺盛，需氧量多，通风很重要。培养好的菌丝表面洁白浓密，整齐往前伸长；稀疏细弱的菌丝，虽能出菇，但产量不高。

（4）菌丝体成熟期　此期也叫回丝期，需4～5天。当菌丝长满全部培养料后，菌丝还要继续生长，表现为进一步浓白。尤其在延伸伸长期，温度偏高、菌丝细弱时，更需要生长以便尽快成熟。回丝期结束后，菌丝停止生长并开始扭结形成原基。此期是菌丝阶段向子实体阶段转化的关键时期，管理的重点是：降低温度，增大温差；增加湿度，空气相对湿度达85%以上；增加光照，去掉遮阴物，用光抑制菌丝生长，促使菌丝扭结。以上三个条件如能及时满足，则能缩短成熟期，否则会延长成熟和推迟出菇。

2. 发菌场地

菌袋移入发菌场地前，要对发菌场地进行处理，以防杂菌污染、害虫危害。对于室外发菌场所（图3－17），在整平地面后，撒施石灰粉或喷洒石灰浆进行杀菌驱虫；对于室内（大棚）发菌场所（图3－18），则可采用气雾消毒剂、撒施石灰、喷施高效氯氰菊酯的方法杀菌、驱虫。

图3－17　室外发菌

图3－18　室内发菌

3. 发菌管理

（1）温度管理　平菇发菌期适宜菌丝生长的料温在26 ℃左右，最高不超过32 ℃，最低不低于15 ℃。若料温长时间高于35 ℃，便会造成烧菌，即菌袋内菌丝因高温而被烧坏。

【窍门】菌袋上下左右垛间应多放几支温度计，不仅要看房内或棚内温度，而且要看菌袋垛间温度。气温高时应倒垛，降低菌袋层数。当气温超过30 ℃时，菌袋最好贴地单层平铺散放，发菌场所要加强遮阳，加大通风散热的力度，必要时可在菇棚上泼洒凉水促使降温，将菌袋内部温度控制在32 ℃以下，严防烧菌现象发生。

若料温长时间低于15 ℃，则菌丝生长缓慢，会导致菌丝不能迅速长满菌袋，而菌群优势弱，易受到杂菌的污染。这时可采用火炉升温，条件稍差时，可在棚内上方吊一层黑色塑料膜或遮阳网，天气晴好时，揭去草苫，使棚内升温，但又不形成阳光直射菌袋。

（2）湿度管理　平菇发菌空气湿度要求在60%～70%，若湿度过低（如春季），易导致出菇慢、现蕾少，从而影响产量，应适当加湿；初秋或夏季发菌，如天气连续长时间阴雨，空气湿度居高不下，则应采取有力的降湿措施，以保证发菌的顺利进行。

【窍门】可在棚内放置生石灰，使之吸水，并趁天气晴好时及时通风，以降低棚内二氧化碳浓度。

（3）光照管理　发菌期间应尽量避免光照，尤其不允许强光直射。长时间的光照刺激，可导致菌袋一旦完成发菌就现蕾，根本无法控制出菇时间。正确的做法是自接种后就进行避光，除进入观察、翻袋操作外，不得有光照进入菇棚。

（4）通风管理　菌丝生长期间需要少量的氧气，少量通风即可满足。但应注意菇棚内外的温差，温差过大时，应考虑具体的通风时间。

如夏季发菌时，尽量晚间通风，低温季节则尽量安排中午时分。

（5）杂菌感染检查　平菇正常菌丝为白色，若有其他颜色物质均为杂菌。当杂菌很少时，可用注射器将75%的酒精注射在杂菌感染部位，且要用手揉搓；当杂菌多时，需将菌袋搬离或灭菌或土埋，防止孢子量大时感染其他菌袋。在条件适宜的情况下，30～40天菌袋发满，再养菌7天就可以出菇。

（6）翻堆检查　结合环境调控，进行料袋翻堆和杂菌感染检查。翻堆检查时，上下内外的料袋交换位置，使培养料发菌一致，便于管理。在保证不烧菌的情况下，开始7天不要翻堆，最好10天后翻堆，之后1周1次。

如果温度控制适宜也可不翻堆，因为玉米芯松散，翻堆易引起菌丝断裂。

4. 发菌期常见的问题及解决方法

（1）菌丝不萌发

①发生原因。料变质，滋生大量杂菌；培养料含水量过高或过低；菌种老化，生活力很弱；环境温度过高或过低，加石灰过量，pH值偏高。

②解决办法。使用新鲜无霉变的原料；使用适龄菌种（菌龄30～35天）；掌握适宜含水量，手紧握料，指缝间有水珠不滴下为度；发菌期间棚温保持在20 ℃左右，料温25 ℃左右为宜，温度宁可稍低些，切勿过高，严防烧菌。

（2）培养料酸臭

①发生原因。发菌期间遇高温未及时散热降温，细菌大量繁殖，使料发酵变酸，

腐败变臭；料中水分过多，空气不足，厌氧发酵导致料腐烂发臭。

②解决办法。将料倒出，摊开晾晒后添加适量新料再继续进行发酵，重新装袋接种；如料已腐烂变黑，只能废弃作肥料。

（3）菌丝萎缩

①发生原因。料袋堆垛太高，发菌温度高未及时倒垛散热，料温升高达35 ℃以上烧坏菌丝；料袋大，装料多；发菌场地温度过高并且通风不良；料过湿并且装得太实，透气不好，菌丝因缺氧也会出现萎缩现象。

②解决办法。改善发菌场地环境，注意通风降温；料袋堆垛发菌，气温高时，堆放2～4层，呈“井”字形交叉排放，便于散热；料袋发热期间及时倒垛散热；拌料时掌握好料水比，装袋时做到松紧适宜；装袋选用的薄膜筒折口径不应超过25 cm，避免装料过多导致发酵温度过高。

（4）袋壁布满豆渣样菌苔

①发生原因。培养料含水量大，透气性差，引发酵母菌大量滋生，在袋膜上大量聚积，料内出现发酵酸味。

②解决办法。用直径1 cm削尖的圆木棍在料袋两头往中间扎孔2～3个，深5～8 cm，以通气补氧。不久，袋内壁附着的酵母菌苔会逐渐自行消退，平菇菌丝就会继续生长。

（5）霉菌污染

①发生原因。培养料或菌种本身带杂菌；发菌场地卫生条件差或老菇房未做彻底消毒；菇棚高温高湿不通风。

②解决办法。选用新鲜、无霉变、经暴晒的培养料，发酵要彻底；避开高温期接种，加强通风，防止潮湿闷热；选用优质、抗逆，吃料快的菌种；霉菌污染发现早，面积小时，可用pH10以上的石灰水注入被污染的培养料，同时将其搬离发菌场，进行单独发菌管理。对污染严重的则清除出场，挖坑深埋处理。

（6）发菌后期吃料缓慢，迟迟长不满袋

①发生原因。袋两头扎口过紧，袋内空气不足，造成缺氧。

②解决办法。解绳松动料袋扎口或刺孔通气。

（7）软袋

①发生原因。菌种退化或老化，生活力减弱；高温伤害了菌种；添加氮源过多，料内细菌大量繁殖，抑制菌丝生长；培养料含水量大，氧气不足，影响菌丝向料内生长。

②解决办法。使用健壮、优质的菌种；适温接种，防高温伤菌；培养料添加的氮

素营养适量，切勿过量；发生软袋时，降低发菌温度，袋壁刺孔排湿透气，适当延长发菌时间，让菌丝往料内长足发透。

（8）菌丝未满袋就出菇

①发生原因。发菌场地光线过强，低温或昼夜温差过大刺激出菇。

②解决办法。注意避光和夜间保温，提高发菌温度，改善发菌环境。

九、出菇管理

1. 出菇方式

平菇袋式栽培一般有三种方式：立式栽培、泥墙式栽培和覆土栽培。

（1）立式栽培　平菇立式袋栽是国内广泛采用的栽培方式（图 3－19），该方式能根据不同的环境条件，采用不同的方式进行立式栽培，可充分利用有效空间和争取时间，提高单位时间单位面积的总产量。

图 3－19　平菇立式栽培

（2）泥墙式栽培　平菇泥墙式栽培是目前较受重视的栽培新技术，菇房、塑料大棚、室外简易菇棚、地沟菇房和林下空隙地均可用适当的方式进行墙式袋栽法。此法特点是菌墙由菌袋和肥土（或营养土）交叠堆成（图 3－20），能方便地进行水分管理，扩大出菇空间，与常规栽培方法相比，产量可提高 30%～100%。菇墙的建造及出菇管理如下：

图 3－20　平菇泥墙式栽培

①墙土选择与处理。墙土可选用菜园土，经打碎、过筛、喷湿，使含水量达 18%。也可按下述方法制备营养土：选肥沃菜园土或池塘泥，按 500 kg 培养料用 1 m^3 营养土计算，备好泥土，另加石灰粉 1%～2%，$KH_2PO_4$0.5%，草木灰 1%～2%，调整水分备用。

②垒墙。先将出菇场地整平，将菌袋底部塑料袋剥去，露出尾端的菌块，以尾端向内，平行排列在土埂上。袋与袋之间留 2～3 cm 空隙，每排完一层菌袋，铺盖一层肥土或营养土，厚 2～4 cm，在覆土上按培养料干重 0.1% 计，均匀地撒一层尿素。按上述方法，共垒 8～10 层。最上一层的顶部覆土层要厚，并在菌墙中心线上留一条浅沟，用于补充水分和施用营养液，以保持菌墙覆土呈湿润状态，用来平衡培养料内的水分和营养。

③出菇管理。菌墙垒成后，每3～5天补充一次水分，以保持覆土湿润而无积水为度，进行常规管理。3～7天出现菇蕾，一般可采4～6潮菇。

相关知识

同一行菌墙一天内垒2～3层，第二天泥墙沉降后再垒，以防倒墙；泥墙过程中上下层菌袋的摆放呈“品”字形，以扩大出菇面积，保持垛型；出菇过程中保持泥墙湿润，防止裂缝，保持泥墙内水分均匀。

一般在垒墙3天后菌丝即可进入覆土层，在整个头潮菇生长过程中，菌袋与覆土中菌丝已网联成一个整体，有利于营养积累和代谢平衡。由于覆土经常保持湿润，缓解了保湿与通风的矛盾，喷水时也不会伤害菌丝，同时提高了培养料的持水能力，可延缓菌丝衰老。菌墙能扩大出菇空间，使供氧充足，有利于子实体健壮生长；菌丝经覆土一直延伸到地层，可获得营养补充。因此，这可有效地控制平菇生理性病害，降低幼菇死亡率。且菇潮明显，出菇集中，商品菇比例大，能减少培养料的营养耗损；整体性好，菇丛肥大，菌丝活性增强，能延长出菇期。在上述因素的作用下，能达到明显的增产目的。

图3－21　平菇覆土栽培

（3）覆土栽培　平菇覆土栽培长出的菇体肥大、柄短、盖厚、色泽亮丽、口感与风味俱佳，产量较立式栽培提高50%以上，且利于稳产，是一种不需再投资的增产措施（图3－21）。立式栽培2潮后失水较重的菌袋也可采用覆土栽培继续出菇。

①全覆土栽培。在栽培棚内，每隔50 cm挖宽100～120 cm、深40 cm的畦沟，灌足底水，待水渗干后撒一层石灰粉，把菌袋全部脱去，卧排在畦内，菌袋间留2～3 cm的缝隙，用营养土填实，上覆3 cm左右的菜田土，然后往畦内灌水，等水渗下后用干土弥严土缝，防止缝间或底部出菇。全覆土栽培利于保湿，能及时补充菌袋的水分和养分，为菌袋的营养及生殖生长提供了一个有利的封闭小环境。但因在土层上面出菇，给采菇带来不便，喷水时极易溅到菇体上面。

②半脱袋半覆土栽培。将菌袋一端保留7～8 cm的塑料筒，其余部分脱去，保留塑料筒的一端朝上，袋间用营养土填实至高于留料筒部位，覆土的部分用于保水，采菇时较全覆土要干净些。双面立埋即将菌袋从中间断开，端面朝上排放在畦沟中，其他同上。

较长的菌棒采用立埋时，可一分为二、一分为三后进行立埋，以便菌棒营养得到充分利用；全覆土栽培只在菇潮间期进行灌水，其余时间不喷水、不灌水，这样菇体较干净。

2. 出菇环境调控

菌丝长满袋后经过一段时间，袋内出现大量黄褐色水珠，这是出菇的前兆，这时即可适时转入出菇管理阶段。出菇管理阶段即子实体形成阶段，是获得高产的关键期。环境调控主要有一拉（温差）、三增（湿、光、气）、一防（不出菇或死菇）等要点。

（1）拉大温差、刺激出菇　平菇是变温结实，加大温差刺激有利于出菇。利用早晚气温低加大通风量，降低温度，拉大昼夜温差至 8 ~ 10 ℃，以刺激出菇。低温季节，白天注意增温保湿，夜间加强通风降温；气温高于 20 ℃时，可采用加强通风和进行喷水降温的方法，以拉大温差，刺激出菇。

（2）加强湿度调节　出菇场所要经常喷水，使空气相对湿度保持在 85% ~95%。料面出现菇蕾后，要特别注意喷水，向空间、地面喷雾增湿，切勿向菇蕾上直接喷水。只有当菇蕾分化出菌盖和菌柄时，方可少喷、细喷、勤喷雾状水。

（3）加强通风换气　出菇场所氧气不足，平菇菌柄变长、变粗，形成菜花状菇、大脚菇等畸形菇。低温季节通风时，一般中午后进行，1 天 1 次，每次 30 min 左右；气温高时，通风换气多在早、晚进行，1 天 2 ~ 3 次，每次 20 ~ 30 min，切忌高湿环境不透气。通风换气必须缓慢进行，避免让风直接吹到菇体上，以免菇体失水，边缘卷曲而外翻。

（4）增强光照　散射光可诱导早出菇，多出菇；黑暗则不出菇；光照不足，出菇少，柄长，盖小，色淡，畸形。一般以保持菇棚内有“三分阳七分阴”的光照强度为宜，但不能有直射光，以免晒死菇体。

【窍门】出菇棚内，应按菌袋的成熟度分开堆放，以便使出菇整齐一致，有利于同步管理。菌袋进入出菇管理时，先解开两头扎口（绞口、划口），不要撑口，以防料表面失水干燥，影响正常出菇。如果采用微孔发菌时，在菌丝长至菌袋的 2/3 以上时，可在袋的两头划口，以防止袋周身出菇。

3. 出菇管理

（1）原基期　当菌丝开始扭结时，就要增光（三分阳七分阴）、增湿、降温至 15 ℃左右，拉大温差，促使原基分化形成，顺利进入桑葚期。此期如环境潮湿、温度低而缺光照，菌丝体扭结团可无休止增大，出现像菜花样畸形原基，对产量影响很大，预防措施为增光、通风。

（2）桑葚期　当原基菌丝团表面出现小米粒大小的半球体，色增深时，即进入桑葚期。为使大部分原基能形成菇片，应采取保湿措施，向空中喷雾，要勤喷、少喷，不能把水直接喷向料面，主要是增加空气湿度。

（3）珊瑚期　半球体菇蕾继续伸长，此时为菇柄形成时期。菇柄常视品种而不同，一般是丛生型长，覆瓦型短，但管理不善，会出现长柄、粗脚等畸形菇。此期管理主要是通风、增光、保湿。

【注意】珊瑚期以前严禁向子实体喷水，尤其是冬天，否则易造成死菇；必须喷水时，要把喷头朝上，使水呈雾状自由落下；也可采取菇棚内灌水的方式增湿，以防死菇。

（4）成型期　主要是菇盖生长，此期是平菇子实体发育最旺盛的时期，要求温度适宜，相对湿度连续保持在85%～90%，湿度不能忽高忽低。成型期如出现菇片翻长、菇上长菇、菇片干黄、死菇、烂菇状况，多为空气过干、过湿或风吹造成，因此要因地制宜管理。

（5）初熟期　一般从菇蕾出现到初熟期需5～8天，条件适宜2～3天。此时菇体组织紧密，质地细嫩，菇片发亮，重量最大，蛋白质含量最高，是最佳采收时期。此期是平菇子实体需水量最大时期。

（6）成熟期　商品菇一般在初熟期采收，如果采收不及时，有大量孢子散发。进菇房前，要先打开门窗，再喷水排气，促使孢子随水降落或排出。

【注意】采收前最好先用喷水带喷雾1～2 min或采收时戴口罩，一旦发生孢子引起的咳嗽、发烧等过敏病症，可服用扑尔敏、息斯敏等药物治疗。

4. 采收及转潮

当菇盖充分展开，颜色由深逐渐变浅，下凹部分白色，毛状物开始出现，孢子尚未弹射时，即可采收。采收前一天可喷一次水，以提高菇房内的空气湿度，使菌盖保持新鲜、干净，不易开裂。但喷水量不宜过大，尤其是不能向已采下的子实体喷水或泡水，以防发生菇体腐烂现象。

因平菇是丛生菇，采收时要防止将培养料带起，转动或左右摇摆，即可采下。平菇质脆易断裂，采摘时要注意保护菇体完整。高温时，菌盖薄，边沿易上卷；低温时，菌盖厚，质更脆，采摘时，要手捏菌柄转动后采下。

平菇菌盖质脆易裂，采收后要轻拿轻放，并尽量减少停放次数。采收下来的菇体要放入干净、光滑的容器内，以免造成损伤。菇体表面最好盖一湿布，可以保持菇体的水分。

采收后，平菇处于转潮期，这时要清除残留的菇根、死菇、烂菇，并停止喷水2～

3 天，可适当提高温度至 22～25 ℃，使菌丝休养生息，为下潮菇打好营养基础。温度过高要及时降温。

5. 出菇阶段常见问题及分析

（1）不出菇原因

平菇栽培过程中，发菌成熟的菌袋（菇床）迟迟不出菇，或采过 1～2 潮菇的菌袋（菇床）不再正常出菇的现象较为常见，其原因有以下几种：

①料温偏高。菌丝培养成熟的菌袋，若无较低温度的影响，其料温下降的速度很慢。若料温高于出菇温度范围，则原基不易发生，这种现象在秋栽的低温型品种中最为常见。

②环境不适。菌袋所处环境温度，高于或低于所栽品种的出菇温度范围，都会产生不出菇或转潮后不再正常出菇的现象。前者春、夏、秋季均会发生，后者多出现在冬季低温季节。

③积温不足。在低温下栽培时，菌丝长期处于缓慢生长状态，虽然发菌时间较长，但由于有效积温不足，菌丝生理成熟度不够，而迟迟不能出菇。

④水分不足。发菌期通风次数过多，覆盖不严或土壤吸湿等，会造成培养料含水量下降，或菌袋表面失水偏干；此外，产菇期菇体大量消耗培养料的水分后，水分补充过少，也会造成不出菇或转潮后不能正常出菇的现象。

⑤菌丝徒长。培养料含水量过高，菌袋表面湿度饱和，干湿差变化小，会造成菌丝徒长，在菌袋表面形成厚厚的菌皮。

⑥病虫害影响。杂菌污染菌袋后，不但与平菇菌丝争夺养分，而且能分泌有害物质，抑制平菇菌丝的正常生长；害虫侵入菌袋后，则大量咬食平菇菌丝，并使平菇菌丝断裂失水死亡。病虫危害重的菌袋，平菇菌丝的正常生理代谢和物质转换受到破坏，进而造成不出菇。这种现象在整个产菇期内均可发生。

⑦通风不良。菇房通风不良，供氧差，袋内二氧化碳浓度过高，光线太弱，均不利于出菇。这种现象在地下菇场较为常见。

（2）死菇原因及防止措施

①培养料含水量不适。平菇生长发育需水较多，对空气相对湿度要求也较高，不同季节、不同时期需水量不同。平菇子实体内水分大部分来自培养料，培养料水分不足，营养供给发生困难，子实体生长不粗壮，菌片薄、弹性小，会使幼小菇蕾失水死亡。

a. 培养料含水量适当提高。由于冬季气温低，用于栽培平菇的培养料含水量可适当提高至 65%，标准是用手抓紧拌匀后的培养料，水能滴下但不成线。

b. 采用适当的出菇方式。平菇在原基期和出菇期间应采用剪袋口或解口但不撑开的出菇方式，否则因袋口失水过多发生出菇过少或死菇现象。

②用种不当。菌种过老或用种量过大，在菌丝尚未长满或长透培养料时，在菌种部位会出现大量幼蕾，因培养料内菌丝尚未达到生理成熟，幼蕾长成幼菇时因得不到养分供应而萎缩死亡。

栽培中尽量选用长满菌袋10天左右菌龄的菌种，此时菌种回丝期已过，生活力最为旺盛。冬季采用大袋栽培平菇的用种量一般为10%～12%（4层菌种3层料），采用中袋栽培两头接种时用种量一般为8%～10%；夏季菌种用量可加大至15%。

③非定点出菇。目前栽培平菇一般采用4层菌种3层料的大袋栽培（25 cm×55 cm），发菌一般采用在菌种层微孔发菌的方式。采用大袋栽培的原基分化期会在微孔处形成菇蕾，但大部分死亡，即使不死亡其商品性也很低。

【窍门】

选用两头打透眼的方式发菌。用25 cm×55 cm规格大袋栽培平菇时，装袋、播种、扎口后采用大拇指粗、顶端尖的木棍从袋的一头捅至另一头（避开扎口部位）进行发菌，出菇时菇蕾大都集中在透眼处并且菇柄短。也可采用两头接种、17 cm×45 cm规格的中袋栽培。

菌袋两端划口。采用大袋微气孔发菌时，在平菇菌丝封住菌袋两端并生长4～5 cm时，可在菌袋两端的袋面上用小刀划几个小口，菌丝很快便会封住划口。这种做法一来可以促进菌丝的生长，二来出菇时首先在划口处形成菇蕾（可不解口出菇），进而有效防止菌袋周身出菇。

④装袋不紧。冬季栽培平菇，菇农一般采用生料或发酵料栽培，装袋不紧，加上翻堆检查对栽培袋的触动，造成菌袋和培养料局部分离。在平菇子实体生长期分离的部位长出菇蕾，但由于不是定点出菇部位，氧气不足，造成菇蕾死亡。

平菇装袋时要求培养料外紧内松，光滑、饱满、充实，不可出现褶皱或者疙瘩，否则发菌不良，出菇时亦会在褶皱处出现菇蕾，消耗养分、感染杂菌。

⑤菇蕾过密。冷暖交替季节的温度很适合平菇子实体原基形成期的要求，温差长期适宜形成过多的菇蕾，使培养料养分供应分散，不能集结利用。其症状为子实体紧密丛生，成堆集结，不能发育成商品菇。

因菇蕾过密而发生死菇的可采取以下措施防治：选用低温对子实体形成相对不敏感的品种；加强平菇生长期的温湿度管理，防止温度周期性波动，尤其是秋、冬冷暖交替变化季节；发病初期提高管理温度，或打重水，控制病害发展。

⑥冬季喷水过勤、通气不良。冬季菇农在平菇出菇期喷水过勤并注重保持菇房温度，喷水后环境过于密闭，尤其是喷“关门水”导致菇蕾、幼菇长时间处于低温、高湿、高二氧化碳浓度的环境下，影响菇体的正常蒸腾作用，致使菇蕾、幼菇水肿死亡。其显著特点是先出现部分菇体畸形，进而发黄死亡。

【注意】冬季由于气温低，菇体蒸腾作用小而需水少，可在出菇期采用隔行向地面灌水的方式增加空气湿度。必须喷水时，要在喷水后及时通风至菇体上的水膜消失。

⑦农药危害。原基发生前，菌袋或菇场内喷洒了平菇极为敏感的敌敌畏等农药，或菇场中含有浓度过高的农药气味，造成子实体死亡或呈不规则的团块组织。其症状是菌盖停止生长，边缘部分产生一条蓝中带黑色的边，向上翻卷。

出菇期不允许使用农药，转潮期间可采用2%甲醛液或1∶500倍多菌灵进行杀菌，采用高效氯氰菊酯烟剂防治害虫。但要避免长菇环境残留农药气味，一般于用药后16 h进行通风、降湿干燥处理，提高菌袋的透气性，延缓转潮菇的发生速度。

（3）畸形菇

①花菜型畸形。在菇柄的顶部长出多个较小的菌柄，并可继续分叉，无菌盖或者极小（图3－22）。此症状是由于二氧化碳浓度过高和光线太弱造成的。防治方法是子实体原基形成后，每天通风2次以上，改善光照条件。

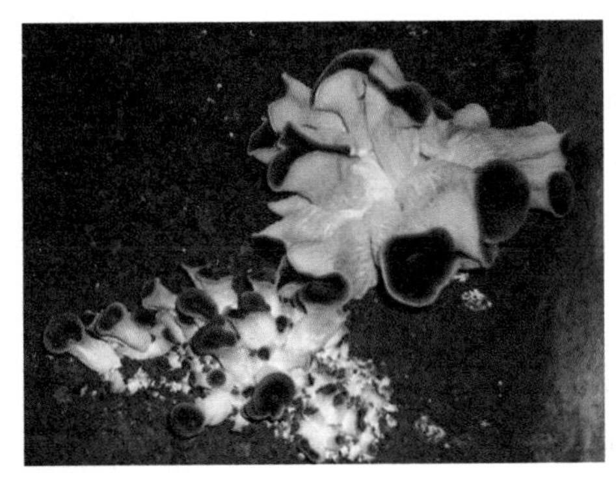

图3－22　花菜型畸形

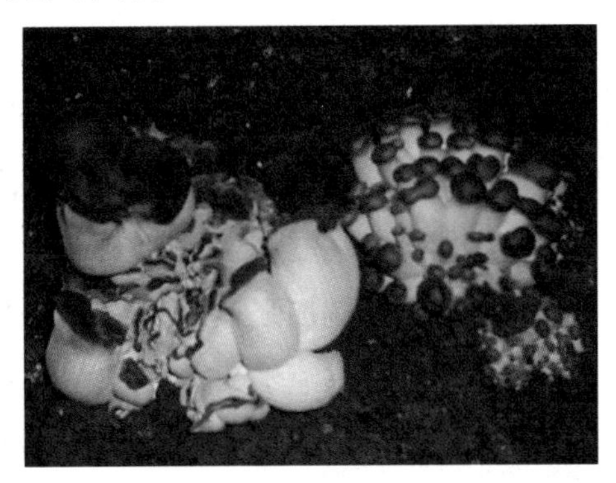

图3－23　粗柄状畸形

②粗柄状畸形。平菇菌柄粗长呈水肿状，菌盖畸形，很小或没有（图3－23）。这是平菇子实体分化期遇高温、光照偏强和二氧化碳浓度过高，物质代谢受干扰，引起菌柄疯长所致，应通风降温，改善光照条件。

③高脚菇。菌盖小，分化较差，菇柄较长。发生的原因是在原基形成并分化期，由于菇房缺氧，光照不足，同时温度偏高，影响了菌盖的正常分化和发育。防治方法是加强通风，调节光照和温度。

④形状不规则。平菇原基形成后，不分化形成菌柄和菌盖，而长成不规则的菌块，

后期菌盖扭曲开裂并露出菌肉。这是敌敌畏、速灭杀丁等农药用量过多所致，应少用或不用。

⑤瘤盖菇。菌盖表现主要是边缘有许多颗粒状突起、色浅、菇盖僵硬，生长迟缓。严重时菇盖分化较差，形状不规则。原因是菇体发育温度过低，持续时间较长，致使内外层细胞生长失调。防治方法是调节菇房温度在平菇生长最低温以上，并有一定温差，促进菇体生长、发育、分化。

图 3－24　萎缩菇

⑥萎缩菇。菇体初期正常，在膨大期即泛黄或呈干缩状，而停止生长，最后变软腐烂（图 3－24）。干缩状是因为空气相对湿度较小，通风过强，风直接吹在菇体上，使平菇失水而死亡；或者培养基营养失调，形成大量原基后，有部分迅速生长，其余由于营养供应不足而停止生长。

⑦蓝色菇。菌盖边缘产生蓝色的晕圈，有的菇体表面全部为蓝色覆盖，原因是菇房内采用煤灶加温，或者菇房紧靠厨房，由于煤炭燃烧时产生二氧化硫、一氧化碳等毒害气体，加上通风换气较差，造成菇体中毒，进而发生变色反应。冬季菇场增温措施宜采用太阳能、暖气、电热等方法，如采用煤火、柴火等方法加温，应设置封闭式传热的烟火管道，防止二氧化硫等有毒气体进入菇房。

⑧水肿菇。平菇现蕾后菌柄变粗变长，菇盖小而软，逐渐发亮或发黄，最后水肿腐烂。发生原因是湿度过大或有较多的水直接喷在幼小菇体上，使菇组织吸水，影响呼吸及代谢。出菇期应加强通风，增加菇体温差刺激；菇蕾期尽量避免直接向菇体喷水，采取向地面和墙壁喷水的方式，以保持菇房空气湿度。

⑨光杆菇。平菇菌柄细长，菌盖极小或无菌盖，是由出菇期间低温引起的。平菇菌盖的形成要求的温度较高，当菌柄在较低温度下伸长到一定高度时，气温仍在 0 ℃左右，并维持较长时间不回升，菌柄表面有冰冻现象，虽不死亡，但菌盖不能分化。在子实体生长发育阶段，如遇 0 ℃左右气温，要采取增温保暖措施，提高菇房温度。

十、平菇孢子过敏症

据调查，我国北方长期栽培平菇的菇农在不同程度上患有支气管炎或咽炎，发生疲劳、头痛、咳嗽、胸闷气喘、多痰等现象，严重者会出现发烧、喉部红肿甚至咯血等类似重感冒症状，反应迟钝，肢体和关节疼痛，如不及时处理病情会加重。这种由平菇孢子引发的现象在医学上称为“超敏反应”，菇农称为“蘑菇病”。现将该病的防治方法介绍如下。

1. 适时采收

为使上市的鲜菇有较高的品质，要及时采收。当菌盖刚趋平展，颜色稍变浅，边缘初显波浪状，菌柄中实，手握有弹性，孢子刚进入弹射阶段，子实体八九成熟时应及时采收，这样还有利于提高产量和促进转潮。

2. 加强通风换气

在采收前，先打开门窗通风换气 10 ~ 20 min，使菇房内大量孢子排出菇房。

3. 提高菇房湿度

出菇阶段要保持菇房内足够的湿度，这样既有利于平菇的生长，又能防止孢子的四处散发。采收前用喷雾器（喷水带）喷水降尘，可大大减少空气中孢子的悬浮量。

4. 戴防尘面具

采收前，可戴口罩进行操作。

5. 治蘑菇肺验方

【处方】人参 6 g（或党参 18 g），麦冬、石膏、甘草各 12 g，阿胶、炙枇杷叶、杏仁、炒胡麻、桑叶各 9 g。

【用法】每日 1 剂，水煎服，连服 10 天为一疗程。服 2 个疗程后观察疗效。

【疗效】蘑菇肺患者有种植蘑菇职业史，当患者出现以咳嗽、气喘为主的临床症状，体检听诊两肺底有少许湿罗音，X 线主要表现为肺纹理粗乱增多，中下肺叶点状阴影，实验室检查排除了呼吸道其他疾患，即可诊断为蘑菇肺。

第四章 金针菇

第一节 概述

金针菇［Flammulina velutipes（Curtis ex Fr.）Sing］属于担子菌纲、伞菌目、口蘑科、金钱菌属。我国金针菇产业从20世纪80年代起步，近几年随着农业结构调整的深入推进，面积不断扩大，产量逐年增加，已成为农村经济最具活力的增长点。金针菇生产投资少，见效快，成本低，方法简便，经济效益高，适合农村基地化规模发展。

金针菇经历了栽培品种从黄色品系发展到白色品系、生产工艺从玻璃瓶栽发展到塑料袋栽、生产模式从家庭手工操作发展到工厂化的过程。我国金针菇工厂化生产经过近20年的探索，正在逐步走向成熟，各地涌现出一批工厂化栽培白色金针菇的企业，主要分布在上海、福建、山东、北京、浙江、江苏等地。金针菇工厂化生产作为食用菌生产的一种新模式，在我国前景良好并且有巨大的发展空间。

一、形态特征

1. 菌丝体

母种菌丝浓密，有短绒毛状气生菌丝，低温保存时，在培养基表面易形成子实体。黄色品种常在培养后期出现黄褐色色素，使菌丝不再洁白而稍具污黄，同时培养基中也有褐色分泌物；浅黄色品种菌丝较白；白色品种的菌丝纯白色，且气生菌丝更旺盛。

2. 子实体

金针菇子实体丛生，由菌盖、菌褶、菌柄三部分组成（图4－1）。菌盖直径1～7 cm，大的可达 10 cm 左右。幼时呈球形，最后边缘反卷成波状，菌盖表面有一层胶质物质，湿时有黏性，干燥时有光泽；菌肉白色，中央厚，色浅黄或黄褐，边缘薄，呈淡黄色。菌褶白色或淡黄色，稍密。菌柄离生或弯生，长 5 ~ 20 cm，直径 12 ~ 18 mm，柄上部稍细，呈白色或淡黄色，基部暗褐色，初期菌柄内部实心，后期中空。

图 4－1 金针菇子实体

二、生长发育条件

1. 营养条件

金针菇和其他生物一样，都要摄取一定的营养物质。在自然条件下，金针菇是一种腐生菌，只有通过酶的作用从天然培养料中吸收营养物。在人工栽培条件下，它要从基质中摄取碳源、氮源、无机盐和维生素营养，所以栽培中培养料的选择对产量和品质都有很大影响。

（1）碳源　在自然界中，金针菇能利用木材、棉籽壳、玉米芯中的单糖、纤维素、木质素等化合物。

金针菇分解木材的能力较弱，不能利用活木的木屑，栽培金针菇的木屑经堆积 6 个月左右分解后才适合生产。

（2）氮源　金针菇菌丝可利用多种氮源，其中以有机氮为最好。氮源不足影响菌丝生长，在生产栽培中通常加麦麸、米糠、玉米粉、棉籽粉、豆饼粉等以增补氮源。在营养生长阶段，碳氮比 20:1 为好；在生殖生长阶段，以（30 ~ 40）:1 为宜。

（3）无机盐和维生素　金针菇需要一定量的无机盐类物质，特别是镁离子、磷酸根离子，是金针菇子实体分化不可缺少的。金针菇是维生素 B_1 和 B_2 天然缺陷型，必须由外界添加才能良好生长，故习惯上在培养料中加点玉米粉、米糠等。

2. 环境条件

（1）温度　金针菇属低温型菌类，菌丝耐低温能力很强。据试验，在 －21 ℃时经过 138 天菌丝仍能生存；超过 34 ℃菌丝便会死掉。菌丝体生长的温度范围是 3 ~ 34 ℃，最适温度 23 ℃左右；子实体分化，要求的温度为 10 ~ 15 ℃，最适宜温度为 12 ~ 13 ℃；原基可在 10 ~ 20 ℃范围内生长，超过 23 ℃形成的原基会萎缩消失。子实体正常生长所需的温度为5～20 ℃，最适温度为8～12 ℃，子实体发生后在4 ℃下以冷风短期抑制处理，可使金针菇发生整齐，菇形圆整。

（2）湿度　金针菇菌丝生长阶段，要求培养料的含水量在60%～68%。实践证明，根据培养料质地不同，适当增加培养料的含水量，能起到一定的增产作用。培养料水分如低于50%，菌丝生长稀疏，结构性不好；水分高于75%，则通气不良，菌丝生长缓慢或停止生长。

子实体形成时培养料最适含水量为65%，低于50%子实体不会形成。原基分化时空气相对湿度保持在80%～85%；子实体发育阶段，要求较高的空气相对湿度，除依靠本身的水分来满足菇体生长发育外，空气相对湿度应提高到85%～95%。

（3）空气　金针菇是好气性真菌，必须有足够的氧供应才能正常生长，因此菌丝体生长阶段和子实体发育阶段，要注意通风换气，保持空气新鲜。在菌丝体生长阶段，对氧的要求不严格；但在子实体形成阶段，需要有足够的氧，否则菇的生长缓慢，菌柄纤细，不形成菌盖，成针尖菇。金针菇的子实体对空气中二氧化碳浓度很敏感，当二氧化碳含量超过1%时就抑制菌盖的发育；超过5%时，便不能形成子实体。

适当提高二氧化碳浓度至3%以内会促进菌柄的伸长，而且菇的总重量会增加，菌盖生长却受到抑制，这样更能培养出高产优质的商品菇。据此特性，当金针菇的子实体从袋口长出原基时，适当减少通风量、增加二氧化碳浓度，可以抑制菌盖生长，促进菌柄的生长，培养出菌柄长而脆嫩、菌盖小、食用价值高的商品菇。

（4）光线　金针菇基本上属厌光性的菌类，菌丝在黑暗条件下生长正常，日光暴晒即会死亡。金针菇原基在黑暗条件下也能形成，菌柄在黑暗条件下也能生长。但是，光线对子实体形成有促进作用，是子实体形成所必需的。

金针菇在较强的光线下，菌柄短，菌盖开伞快，色泽深，不符合商品要求。为了得到优质商品菇，必须在暗室中栽培。

在光线微弱或黑暗条件下培植的金针菇，色泽变浅，呈黄白色至乳白色。同时，这种环境还可以抑制菌柄基部绒毛的发生，再适当提高二氧化碳浓度，可使菌柄伸长，菌盖小，商品价值高。

（5）酸碱度　金针菇需要弱酸性的培养基，在pH值3～8.4范围内菌丝皆可生长。菌丝体生长阶段，培养料的pH最适值是4～7。在一定的pH值范围内，培养料偏碱会延迟子实体的发生，微酸性的培养料，菌丝体生长旺盛。子实体在 pH 值 5 ~6 时产生最多最快，培养料中的 pH 值低于 3 或高于 8，菌丝停止生长或不发生子实体。所以，一般是采用自然的 pH 值，但若在培养基中加入适量的磷酸根离子和硫酸镁，菌丝生长更旺盛。

第二节　金针菇生产技术

一、传统栽培技术

1. 栽培季节

利用自然季节栽培金针菇应安排在 9 ~11 月份，栽培时间过早气温高，杂菌污染率高；时间过晚，气温低，发菌慢，影响产量，一般 4 ~5 月份结束出菇。

2. 栽培场所

根据金针菇是低温品种及需要微弱光线的特性，可建地沟棚、大弓棚等，利用闲置的窑洞、塑料大棚、房屋、养鸡棚、蚕棚等均可，有林地条件的可建地沟棚。

3. 栽培配方

（1）木屑 70%、米糠或麦麸 27%、蔗糖 1%、石膏粉 1.5%、石灰粉 0.5%。

（2）棉籽壳 75%、米糠或麦麸 22%、蔗糖 1%、过磷酸钙 1%、石膏粉 1%。

（3）玉米芯 70%、米糠或麦麸 25%、蔗糖 1%、石膏粉 2%、过磷酸钙 1%、石灰粉 1%。

（4）甘蔗渣 75%、米糠或麦麸 20%、玉米粉 3%、蔗糖 1%、石膏粉 1%。

【注意】在配料时，注意以下四个方面：①不论是以棉籽壳、废棉、玉米芯、杂木屑为主料，还是以酒糟、蔗渣、谷壳等作栽培金针菇的主料，都要无霉变且应添加一定的有机氮源物质，如米糠、麦麸、玉米粉等；②以酒糟、稻草、木屑、谷壳等为主料的，要对其进行一定的处理，如谷壳、稻草要进行浸泡软化处理，新鲜阔叶木屑要经过半年以上时间的日晒雨淋进行陈旧处理；③培养料的水分含量均应在 60% ~65%，水分宜略偏干，但不能过干；④玉米芯及豆秸需粉碎，粒度为 2 cm 左右。

4. 装袋及灭菌

（1）装袋　培养料拌好后应立即装袋。栽培袋规格一般为 17 cm×（30 ~33）cm，如果用的不是成品袋，应提前把筒袋的一头扎好，使之不透气。装袋时边提袋边压实，扎口要系活扣，一般每袋可装干料0.30～0.35 kg。装袋松紧适宜，过紧透气不良，影响菌丝生长；过松薄膜间有空隙，容易被杂菌污染。拌料装袋必须当天完成，以防酸败。

（2）灭菌　栽培袋装进灭菌灶后，要用猛火烧，使料温在4 h内达到100 ℃后稳火保持10～12 h。停火后闷8～10 h，卸出栽培袋，搬入棚内（冷却室或接种室）冷却。在搬运过程中要轻拿轻放，以免袋子扎孔、杂菌污染，如发现破裂袋子要及时挑出。

5. 地沟棚栽培技术要点

（1）地沟棚的建造

①棚口上宽1.7 m，底宽1.4 m，下挖0.6 m，上筑0.5 m墙，长度一般为20 m。取土筑墙时用棚内土，这样自然形成了地沟。

图4－2　地沟棚建造

②建好地沟，插弓架，竹片3 m长，间隔0.3～0.5 m，然后再用细竹竿顺次将竹片连接起来（图4－2）。

③棚顶先覆盖一层塑料薄膜，然后覆盖麦秸草或稻草，草的厚度以棚内无光线为准，然后再覆上一层薄膜以防雨雪，棚的两侧各留3～5个通风口，以备通风。棚与棚之间留好排水沟。

图4－3　地沟棚外观

④棚两头各做一个草门，草门不能透光。建好棚后，棚内基本处于黑暗状态（图4－3）。

（2）消毒　在灭好菌的料袋进棚前2天，密闭棚进行消毒，每个棚用甲醛2 kg。一种方法是用炉子加热甲醛使其挥发，一种方法是用高锰酸钾与甲醛（1∶2）密闭熏蒸。

（3）接种　当料袋温度降至25 ℃以下时接种，接种前2 h消毒，如果用甲醛消毒要提前12 h进行。消毒前把菌种及接种工具放入棚内，接种时如果有强烈的甲醛味，可加适量的氨水或碳酸氢铵，利用挥发出的氨气中和甲醛。

接种时一般3～4人一组，1人接种，2～3人扎口，每棚2～3组。接种人员穿戴要干净卫生，手、工具要用75%的酒精擦洗消毒，接触菌种的工具要用酒精灯火焰灼烧冷却后使用。一般500 g瓶装菌种接25～30袋。

（4）发菌期管理　接种完毕后，自然温度发菌。一般棚内自然温度在15～20 ℃，菌丝体生长范围3～34 ℃，最适温度23 ℃左右，按正常情况30天左右菌丝全部吃透料。若接种时间偏早、气温高，此时要注意防止高温烧菌。将温度表放入袋与袋中间，若发现温度超过28 ℃，应立即通风并翻袋。若接种时间晚，棚内温度低，则可采取将菌袋集中发菌，每天除去棚上麦草利用阳光增温等措施。

（5）出菇期管理及采收　待菌丝吃透料的一半时即可排袋，4～5天后解口，待菌丝发至料袋的2/3时撑口，盖上地膜并向棚内灌水，增加湿度。若棚内温度在15 ℃以上，早晚需通风降温。正常情况下，每天早晚各通风一次，每次20 min左右。根据金针菇的生长情况可适当增减通风时间。若菌柄细，菇盖小，为氧气不足所致，此时应适当延长通风时间；若菇盖大，菌柄短粗，要减少通风次数或不通风，直至长出适合市场需求的金针菇（图4－4）。若温度适宜，开口后7天左右袋口就出现大量菇蕾，再过7天左右即可采收。金针菇子实体生长温度范围4～20 ℃，最适温度8～15 ℃。

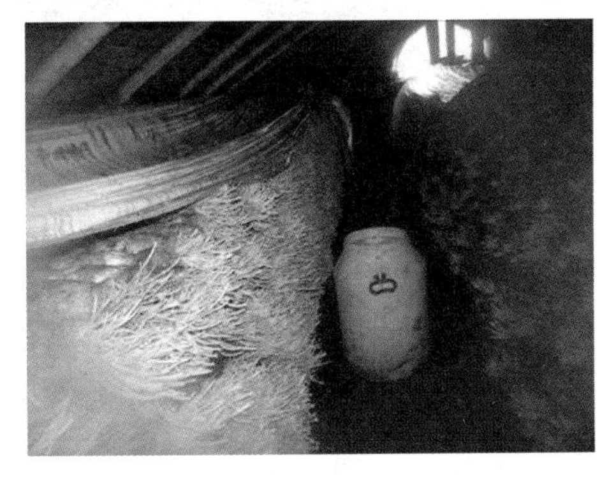

图4－4　地沟棚金针菇

一般在菇柄长12～18 cm，菇盖直径0.5～1.5 cm时即可采收。金针菇生长过程中不需要喷水，只要在棚内灌水，保持棚内湿度即可。

每采完一茬菇，需加大通风量，向料面喷水2天，每天2次，并向棚内灌水，然后按正常管理，大约10天左右又长出大批菇蕾。一般可采收4～6茬。

二、金针菇工厂化生产技术要点

近年来，金针菇工厂化生产（图4－5）在各地迅速发展，据生产的先进程度可分为两类：一是机械化、自动化程度高，栽培条件完全可控；二是一定程度的机械化，自动化程度低，以控制温度为主。目前国内主要以第二类为主，其主要特征为：投资少（仅为前者的1/20～1/30），见效快，且以人工管理为主要手段。

图4－5　金针菇工厂化生产

图4－6 金针菇工厂化生产菇房

1. 库房结构及制冷设备配置

（1）库房结构　库房要求相对独立，各冷库排列于两侧，中间为过道（图4－6），库门开于过道，过道自然形成缓冲间，减小空气交换时外界与栽培冷库内的温差。菌丝培养库面积以60 ㎡为宜，出菇库面积以40 ㎡为宜，培养出菇库比例为2∶1。

（2）制冷设备配制　240 m^3培养库，160 m^3出菇库，每库配7.5 kW制冷机，冷风机2台。

2. 主要生产设施

包括栽培架、锅炉、灭菌筐、常压灶、破碎机、拌料机、高压锅等。

（1）栽培架　培养库栽培架8层，层间距40 cm；出菇库栽培架7层，层间距45 cm，第一层离地50 cm以上。

（2）灭菌筐、推车　灭菌筐可装菌袋16袋，推车可装菌筐10筐。

（3）常压灶、锅炉　常压灶由锅炉提供蒸汽，每灶可装菌筐250筐（即4000袋），锅炉0.3吨以上为宜。

（4）拌料机、破碎机　拌料机以每次150袋为宜，颗粒粗的培养料需预先用破碎机进行破碎。

3. 制袋

栽培袋采用17.5 cm×40 cm×0.05 cm聚丙烯塑料袋，中间插入直径2 cm的接种棒后，以套环和棉花塞封口，高压灭菌后接种。

4. 接种

料温度降至30 ℃以下时，拔出接种棒，将菌种拨入孔中并盖满料面后封口，接种完成后及时搬入培养室。

5. 菌丝培养、催蕾

培养室温度控制在24 ℃左右，暗光培养，菌丝生长后期每天适当进行通风。菌丝基本长满菌袋后进行催蕾；培养库温度降至12～15 ℃左右，每天适当开灯，约7天即可长出针尖菇，菌柄1～2 cm时转入抑制室管理。

6. 抑制

抑制室温度3～5 ℃，湿度80%，每天换气4次，每次30～40 min。经7～10天抑制，菌柄长至3～5 cm长时转入出菇室管理。

7. 出菇管理

出菇库温度控制在5～8 ℃，待5～7天，针尖菇倒伏。一般倒伏后第3天，可明显看到从菇柄的基部重新长出密集的菇蕾，且长度一致。如果3～4天后仍无新的菇蕾出现，手触摸已萎蔫的菇蕾有刺感，则可轻喷水一次，并覆盖塑料膜保湿。再生菇蕾长至5～6 cm及时套袋（图4－7）或拉袋口（图4－8）。

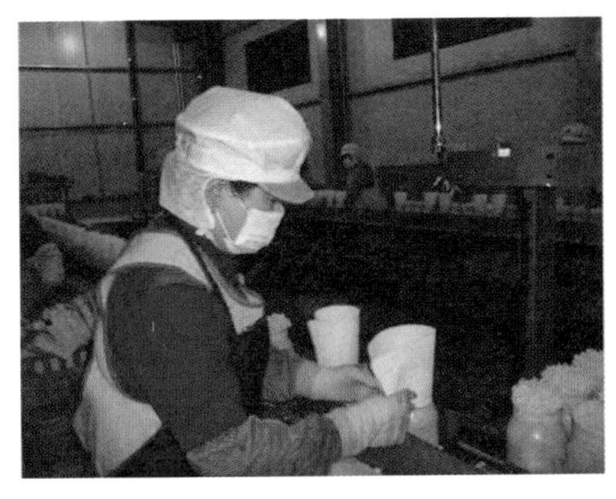

图4－7　套袋

图4－8　拉袋口

抑蕾结束后，子实体逐步进入快速生长期，应加强温、湿、氧、光等诸方面的综合管理，温度控制在12～18 ℃，空气相对湿度80%～90%。为了抑制菌盖生长，促进菌柄伸长，可适当提高袋内二氧化碳浓度，一般每天通风1～2次，每次约20～30 min。光线主要是进行弱光培养。

8. 采收

子实体长至17 cm左右，菌盖1～1.5 cm时即可采收。根据市场要求进行分级包装，包装时切去菇根，用2.5 kg装食品袋排放整齐，后装入泡沫箱，移至保藏库（4～6 ℃）保鲜。

9. 工厂化栽培易出现的问题

（1）出菇不整齐且量少，出菇有早有晚，大小不一

①主要原因：接种量过大或菌种块大；发菌温度偏低，特别是低于15 ℃；菌袋膨胀。

②解决方法：接种量控制在3%左右，菌种块1 cm左右；适温发菌，温度控制在20～22 ℃；采取搔菌措施，即当菌丝长满培养料时，用镊子和铁丝钩将表面老化的菌丝和接种块去掉，搔菌不能太重，否则推迟出菇；将灭菌后料袋膨胀的重新装袋。

（2）产量低、品质差（商品率低）

①当出菇室内通风不良、二氧化碳浓度过高时，便会出现子实体纤细、顶部纤细、中下部稍粗，而且东倒西歪现象。若继续缺氧会停止生长，甚至死亡。

②若出菇室内经常改变光线方向，则出现子实体菌柄弯曲或扭曲，且子实体个体多，幼菇弱小且发育不良现象。

③子实体过早开伞，失去商品价值。形成原因很多，温度、湿度、空气、光线管理不当和出现病虫害均可导致子实体过早开伞。

（3）不能出二茬菇或产量低，品质差

①主要原因：培养料营养及水分不足或料面污染。

②解决办法：采收一潮菇后及时清理料面，避免污染；及时补肥，如1%葡萄糖水、煮菇水或0.3%～0.5%尿素液；低价处理菌袋给菇农，让其分散出菇。

要培养柄长、色正、盖小的优质金针菇，必须控制好温度、湿度、光照、二氧化碳浓度这四个因素之间的关系。温度控制在8～15 ℃；空气相对湿度85%～90%；光照为极弱光，光源位置不能改变，否则子实体散乱；二氧化碳浓度达到0.11%～0.15%，可促使菌柄伸长，超过1%抑制菌盖发育，达到3%抑制菌盖生长而不抑制菌柄生长，达到5%就不会形成子实体。一般通过控制通风量维持高二氧化碳浓度。

第五章 香菇

第一节 概述

香菇［lentinus edodes（Berk.）Sing］属担子菌纲、伞菌目、口蘑科、香菇属，是一种大型的食用菌，原产于亚洲，在世界菇类产量中居第二位，仅次于双孢蘑菇。中国的浙江省龙泉市、景宁县、庆元县三市县交界地带是世界最早人工栽培香菇的发源地，其香菇人工栽培技术史称砍花法，据传最早发明这项技术的是南宋龙泉县龙溪乡龙岩村人（今浙江庆元人）吴三公（真名吴煜）。中国是世界上认识栽培香菇最早、产量最高、优质花菇最多、栽培形式多样、生产成本较低的国家，已有一千多年的历史，因此香菇又称中国蘑菇。

一、生态习性

冬、春季生于阔叶树倒木上，群生、散生或单生。

二、形态特征

1. 菌丝体

菌丝洁白、舒展、均匀，生长边缘整齐，不易产生菌被。在高温条件下，培养基表面易出现分泌物，这些分泌物常由无色透明逐渐变为黄色至褐色，其色泽的深浅与品质有关。

香菇菌种在有光和低温刺激下，其表面或贴壁处常有菌丝聚集的头状物出现，这是早熟品种和易出菇的标志。

2. 子实体

香菇子实体单生、丛生或群生，子实体中等大至稍大（图5-1）。菌盖直径5~12 cm，有时可达20 cm，幼时半球形，后呈扁平至稍扁平，表面菱色、浅褐色、深褐色至深肉桂色，中部往往有深色鳞片，而边缘常有污白色毛状或絮状鳞片。菌肉白色，稍厚或厚，细密，具香味。幼时边缘内卷，有白色或黄白色的绒毛，随着生长而消失。菌盖下面有菌幕，后破裂，形成不完整的菌环。老熟后盖缘反卷，开裂。菌褶白色，密，弯生，不等长。菌柄常偏生，白色，弯曲，长3~8 cm，粗0.5~1.5 cm，菌环以下有纤毛状鳞片，纤维质，内部实心。菌环易消失，白色。孢子印白色。孢子光滑，无色，椭圆形至卵圆形，(4.5~7) μm×(3~4) μm，双核菌丝有锁状联合。

图5-1 香菇

三、生长发育条件

1. 营养条件

香菇发育所需的营养物质可分为碳源、氮源、无机盐及生长素等物质。

（1）碳源 香菇菌丝能利用广泛的碳源，包括木屑、棉籽壳、甘蔗渣、棉柴秆、玉米芯、野草（类芦、芦苇、芒萁、班茅、五节芒等）等。

（2）氮源 香菇菌丝能利用有机氮和铵态氮，不能利用硝态氮和亚硝态氮。在香菇菌丝营养生长阶段，碳源和氮源的比例以（25~40）:1为好，高浓度的氮会抑制香菇原基分化；在生殖生长阶段，要求较高的碳，最适合碳氮比是73:1。

（3）矿质元素 除了镁、硫、磷、钾之外，铁、锌、锰同时存在能促进香菇菌丝的生长，并有相辅相成的效果。钙和硼能抑制香菇菌丝生长。

（4）维生素类 香菇菌丝的生长必须吸收维生素B_1，其他维生素则不需要。适合香菇生长的维生素B_1浓度大约是每升培养基100 μm。在段木栽培中，香菇菌丝分泌多种酶类分解木质素、纤维素、淀粉等大分子，从菇木的韧皮部和木质部吸收碳源、氮源和矿质元素。

2. 环境条件

（1）温度

①温度对孢子萌发的影响。香菇孢子萌发最适宜的温度是 22 ~ 26 ℃，以 24 ℃萌发最好，其中 16 ℃经过 24 h，24 ℃经过 16 h 就萌发。在干燥状态下在 70 ℃经过 5 h，80 ℃经过 10 min 孢子就会死亡。在各种培养基上香菇孢子在 15 ~ 30 ℃均可萌发，但在蒸馏水中只萌发不生长，在太阳下暴晒 30 min 就被杀死。

②温度对菌丝的影响。香菇菌丝发育温度范围在 5 ~ 32 ℃之间，最适温度是 24 ~ 27 ℃，在 10 ℃以下 32 ℃以上均生长不良，35 ℃停止生长，38 ℃以上死亡。

③温度对香菇原基分化和子实体质量的影响。香菇原基在 8 ~ 21 ℃均可分化，但在 10 ~ 12 ℃分化最好；子实体在 5 ~ 24 ℃范围内发育，从原基长到子实体的温度 8 ~ 18 ℃为最适。低温条件下子实体生长慢，肉质厚，柄短，不易开伞，厚菇多，易产生优质花菇。温度偏高时，香菇生长快，肉质疏松，柄长而细，易开伞，质量差。低温、恒温下易形成原基，子实体长势良好。

（2）水分和相对湿度　在木屑培养基中菌丝的最适含水量在 60% ~65%（因木屑结构、质量不同而异）；子实体生长阶段的木屑含水量需要在 50% ~80%。菌丝生长阶段空气相对湿度一般为 60% 左右，而子实体发育阶段空气相对湿度为 85% ~90%。

（3）空气　香菇是好气性菌类。菌丝生长阶段在较低的氧分压下也能较好地生长，在通气较好的条件下菌丝生长加快；当子实体形成以后，其呼吸作用旺盛，对氧的需求量急剧增加。因此，菇场菇房及塑料棚、地下工程内栽培香菇时应调节空气，使其顺畅流通。

（4）光照　香菇在菌丝生长阶段完全不需要光线，菌丝在明亮的光线下会形成茶褐色的菌膜和瘤状突起，随着光照的增加菌丝生长速度下降；相反，在黑暗的条件下菌丝生长最快。在生殖生长阶段，香菇菌棒需要光线的刺激，在完全黑暗条件下香菇培养基表面不转色，不转色就形不成子实体。光照不足，出菇量和品质都受到不同程度的影响。子实体发育的最适光照强度为 300 ~ 800 lx，光照在 1000 ~ 1300 lx 的强度下花菇发育良好，1500 lx 以上白色纹理增深，花菇生育的后期光照强度可增加到 2000 lx，干燥条件下裂纹更深更白。

（5）酸碱度　适于香菇菌丝生长的培养液的 pH 值是 5 ~ 6。pH 值在 3.5 ~ 4.5 适于香菇原基的形成和子实体的发育。在段木腐化过程中，菇木的 pH 值不断下降，从而促进子实体的形成。

第二节　香菇生产技术

一、栽培原料选择

1. 主料

（1）木屑类　以硬质阔叶木为主，可利用木厂产生的锯末，也可利用粉碎过的树木枝条。收集的木屑中常夹杂有松、杉、樟等的木屑，应堆积发酵后再使用才能获得高产。粉碎的木屑和收集的木屑均用孔径 4 mm 筛网过筛，其中粗细程度以 0.8 mm 以下木屑颗粒占 20%，0.8 ~ 1.69 mm 木屑颗粒占 60%，1.7 mm 以上木屑颗粒占 20% 为宜。

（2）秸秆类

①棉柴秆。经晒干粉碎后备用。

②甘蔗渣。要求新鲜，干燥后白色或黄白色，有糖的芳香味。凡是没有充分晒干、结块、发黑、有霉味的均不能用。带皮的粗渣要粉碎过筛。

由于甘蔗渣中的木质素较低，以甘蔗渣为主料时以加入 30% 的木屑为宜。

③玉米芯。脱去玉米粒的穗轴，也称玉米芯。使用前将玉米芯晒干，粉碎成大米粒大小的颗粒，不必粉碎成粉状，以免影响通气造成发菌不良。

④其他秸秆。木薯秆、大豆秸、葵花秆、高粱秸、小麦草、稻草均可使用，要求不霉烂，粉碎后使用。

（3）野草类　现有 30 多种野草用于栽培香菇成功，如芒萁、类芦、斑茅、五芦芒、芦苇等草本植物，晒干后粉碎作为栽培香菇的代用料，香菇产量和质量均与木屑培养相近。

2. 辅料

（1）麸皮　由小麦加工而得，又称麦皮，含粗蛋白 11.4%，粗脂肪 4.8%，粗纤维 8.8%，钙 0.15%，磷 0.62%，每公斤内含维生素 B_1 17.9 mg。麸皮是目前香菇培养料中常用的配料，它对改变培养基中的碳氮比、促进原料的充分利用、提高单产起着重要作用，其用量占培养基的 20% 左右。麸皮要求新鲜时（加工后不超过 3 个月）使用，不霉变的麸皮香菇产量高。

（2）米糠　是稻糠的一种，去外包的砻糠后，稻谷在加工精制大米时剥落的糠皮，其中有外胚乳和糊粉层等混合物。米糠中含有粗蛋白 11.8%，粗脂肪 14.5%，粗纤维 7.2%，钙 0.39%，磷 0.03%。从营养成分来看，其蛋白质、脂肪含量均高于麸皮，在培养基中使用时可代替麸皮，要求新鲜不霉不含砻糠，因为砻糠营养成分低。当设计配方用麸皮 20% 时，可减去 1/3 的麸皮，用 1/3 的米糠代替，对香菇后期增产非常明显。

（3）石膏　即硫酸钙，在培养基中石膏用量为 1% ~2%，可调节 pH 值，具有不使碱性偏高的作用，还可以给香菇提供钙、硫等元素。选用石膏时要求过 100 目筛。

3. 其他材料

（1）栽培袋　目前栽培香菇以采用聚丙烯（PP）袋、低压聚乙烯（HDPE）袋为主要容器。

①聚丙烯袋。透明度 45% ~55%，耐热 160 ~170 ℃，抗拉强度 300 ~385 kg/cm^2，抗张模数 1170 ~1600 kg/cm^2，100μm 厚度分别可透过二氧化碳 2300 $cm^3/m \cdot 24h$，氢气 5600 $cm^3/m \cdot 24h$，氨气 165 $cm^3/m \cdot 24h$，氧气 590 $cm^3/m \cdot 24h$，透明性高，抗热性强，强度与刚性好。其优良的特性适合于原种、栽培种使用，但在高温和低温下抗冲击性差，质地较脆，装料后袋与料不紧密，吻合性差，有一定空隙，要引起注意。

②低压聚乙烯袋。半透明，100μm 厚度时通气量分别是二氧化碳 2800 $cm^3/m \cdot 24h$，氢气 2000 $cm^3/m \cdot 24h$，氨气 200 $cm^3/m \cdot 24h$，氧气 730 $cm^3/m \cdot 24h$，外观呈白色蜡状，能耐 115 ~135 ℃高温，柔而韧，抗拉强度好，抗折率高，抗拉强度为 217 ~1385 kg/cm^2，抗张模数 4200 ~10500 kg/cm^2，在栽培香菇时属常用的、理想的塑料袋。

（2）栽培袋的规格及质量

①聚丙烯塑料袋的规格常为筒径平扁，双层宽度为 12 cm、15 cm、17 cm、25 cm，厚度为 0.04 cm、0.05 cm，主要在气温 15 ℃以上时使用，用于原种、栽培种和小袋栽培。

②低压聚乙烯塑料袋的规格常为筒径平扁，双层宽度为 15 cm、17 cm、25 cm，厚度为 0.04 mm、0.05 mm、0.06 mm，装袋灭菌 1.2 kg/cm^2 保持 4 h 不熔化变形。

以上两种塑料薄膜袋均要求厚薄均匀，筒径平扁，宽度大小一致，料面密度好，观察无针孔，无凹凸不平，装填培养料时不变形，耐拉强度高，在额定的温度下灭菌不变形。

（3）覆盖膜　一般采用高压聚乙烯塑料薄膜，透明度 30% ~60%，100μm 厚度透气性分别是二氧化碳 6800 $cm^3/m \cdot 24h$，氢气 5600 $cm^3/m \cdot 24h$，氨气 530 $cm^3/m \cdot 24h$，氧气 1700 $cm^3/m \cdot 24h$，呈半透明状，规格有 3 m、6 m、8 m 不等，厚度分 0.06 cm、0.07 cm、0.08 cm。

（4）胶布　又称橡皮膏，医院外科常用，用于香菇接种穴封口，保护菌种块免于感染杂菌，避免水分散失，有利于菌丝在短期内生长定植。市售香菇专用胶布，规格为 3.5 cm × 3.25 cm，每卷胶布 1000 cm，每筒装 4 卷，每箱装 25 筒，每 10000 个 15 cm × 55 cm 塑料袋需胶布 48 筒。

二、高效栽培技术

1. 参考配方

（1）生产常用配方

①阔叶树木屑 79%，麸皮 20%，石膏 1%。

②阔叶树木屑 64%，麸皮 15%，棉籽壳 20%，石膏 1%。

③阔叶树木屑 78%，麸皮 14%，米糠 7%，石膏 1%。

④棉柴粉 60%，麸皮 20%，木屑 19%，石膏 1%。

⑤阔叶树木屑 60%，甘蔗渣 19%，麸皮 20%，石膏 1%。

⑥玉米芯 78%，麸皮 20%，石膏 1.5%，过磷酸钙 0.5%。

⑦稻草或麦草 50%，木屑 28%，麸皮 20%，石膏 1.5%，过磷酸钙 0.32%，柠檬 0.1%，磷酸二氢钾 0.08%。

⑧类芦 63%，木屑 30%，麸皮 16%，石膏 1%。

⑨芒萁 20%，芦苇 63%，麸皮 16%，石膏 1%。

（2）配方注意事项

①凡是含有香菇生长发育所需的碳氮源、矿物质、维生素的材料，无论是人工合成、半合成还是天然的，进行合理的搭配，在适宜的条件下栽培均可出菇；当配方不合理时，产量降低，质量下降。

②一些含有妨碍香菇菌丝生长和抑制出菇的天然培养料，经过阳光暴晒、建堆发酵、加温蒸煮等处理除去影响香菇生长的有害物质，可以代替主料使用，用量在 20% ~50% 之间，不影响产量和质量。

③在配方中碳氮比例不合适，主要是氮的比例高时栽培效果受到一定的影响，一般会出现转色难，并推迟出菇时间，即使长出子实体，其表面色浅；相反，氮源不足，菌丝生长不旺盛，菌丝培养时间短，总产量也降低。

④传统的配方中添加 1% 蔗糖，其污染率增加，产量与不加蔗糖配方相近，从减少污染和成本角度考虑不加为宜。

⑤香菇属天然营养保健食品，从安全角度出发不应加化肥农药。

⑥在提高香菇质量方面要精心选料和加强管理，选质地较硬的杂木屑或其他硬质草本植物为主料，适当降低培养基中的碳氮比例。培养料装袋要紧密，装填度以偏紧为好；含水量以偏低为宜（根据原料的质量决定）；菌丝培养温度偏低，适当延长培养时间，转色、原基形成及出菇要求温湿度先高后低；光线先暗后亮，这些均有利于提高香菇的产量和质量。

2. 培养料配制

（1）备料

根据香菇的生产季节，按照比例计算各种材料的使用数量，在香菇接种前2个月备足到场，并进行处理。

①首先从木厂收集木屑，这样成本比较低。收集时尽量选用硬质阔叶的木屑，并及时晒干备用。当木屑不够用时挑选符合香菇栽培的木材切片粉碎，加工成木屑备用。

②从加工厂收集含水量在10%左右的麸皮，并存放在20 ℃以下通风干燥的仓库中存放，防止底层麸皮变质成块，霉变的麸皮影响产量。

③石膏、过磷酸钙要求防潮，防止结块，并进行含量测定，防止含量不足影响栽培效果。

④水质要求无污染，达到饮用标准。

（2）配制方法

①过筛。先将原料过筛，剔除针棒和有角棱的硬物，以防刺破塑料袋。

②混合。手工拌料时应事先清理好拌料场，将1/3量的木屑堆成山形，再一层木屑、一层麸皮、一层石膏，共分5次上堆，并翻拌3遍，均是山形状，使培养料混合均匀。

③搅拌。将山形干料堆从顶部向四周摊开加入清水，用铁锨翻动，用扫帚将湿团打碎，使水分被材料吸收，并湿拌3遍。

④拌料后再堆成山形，30 min后检查含水量。用手握法比较方便，即用手用力握，指缝间有水迹，则含水量在60%左右。

⑤pH值测定。香菇培养基的pH值5.5～6为宜，测定时取广泛试纸条一小段插入培养料堆中，1 min后取出对照色板，从而查出相应的pH值。如果太酸可用石灰调节。

（3）配料中的注意事项

培养料配制是香菇生产中的重要环节，常因培养料配制失误，造成基质酸败、杂菌污染、成品率下降，有的菌丝虽然也能缓慢地长到袋底，但菌丝不健壮，出菇晚，产量极低，影响经济效益。在培养料配制过程中应注意以下问题：

①拌料和装袋场地最好用水泥地，并有1%的坡度，以便洗刷水自然流掉。每天作

业后，用清水冲洗，并将剩余的培养料清扫干净不再使用，以免余料中的微生物进入新拌的培养料中，加快培养料酸败的速度，增加污染机会。

②培养料要边拌料边装袋边灭菌，自拌料到灭菌不得超过 4 h，在装锅灭菌时要猛火提温，使培养料尽早进入无菌状态。

③由于原料含水量和物理性状的不同，配料时的气温、相对湿度有别，所以调水必须灵活掌握。当培养料偏干、颗粒偏细、酸性强时，水分可调节得偏多一些；培养料含水量较多、颗粒粗硬、吸水性差时，水分应调得少一些。晴天，装袋时间长，调水偏多一些或是中间再调一次；阴天，空气相对湿度大，水分不易蒸发，调水偏少一些。甘蔗渣、玉米芯、棉籽壳等原料颗粒松、大、易吸水，应适当增加调水量。

④拌料力求均匀，拌料不均时有的菌袋不出菇或迟出菇，有的产量和质量很差，主要是碳氮比不均匀。配料要求各种原料要先干拌，再湿拌，做到主要原料和辅助原料拌均匀，水和培养料拌均匀，pH 值均匀。

⑤温度偏高时，拌料装袋时间不能太长，要求组织人力争分夺秒地抢时间完成，以防培养料酸败，营养减少。

⑥在培养料配制中，为避免污染，在选用好的原料基础上，拌料选择晴天上午，装料争取在气温较低的上午完成并进入无菌工序，减少杂菌污染的机会。

3. 香菇袋式栽培

（1）栽培季节　香菇袋式栽培的季节安排应根据菌种的特性和当地的气候因素进行选择，我国北方一般选择在秋季和越夏栽培。秋季栽培一般在 8 月份即可制袋，10 月下旬至翌年 4 月出菇；越夏栽培一般在 2 月份制袋，5 至 10 月出菇。

（2）栽培袋选择　秋季栽培一般采用大袋，大袋规格为 17 cm×65 cm，可装干料 1.75 kg；越夏栽培可采用小袋，小袋规格为 17 cm×33 cm，可装干料 0.5 kg。

（3）装袋　加入 50%～55% 的水分，用人工或拌料机把原、辅材料和料水拌匀后即可装袋（图 5－2）。装袋要做到上部紧，下部松；料面平整，无散料；袋面光滑，无褶。

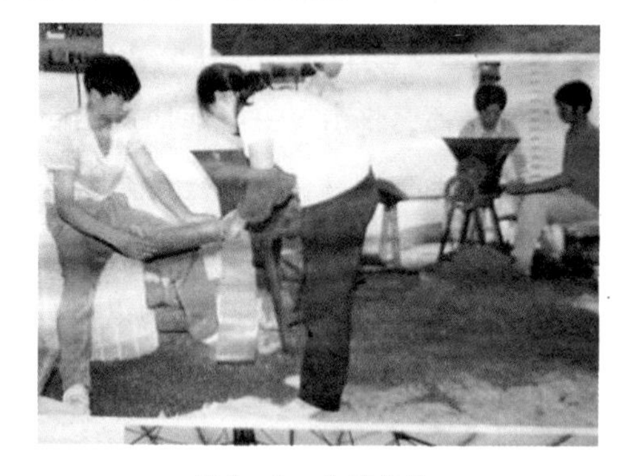

图 5－2　香菇装袋

1. 不宜装得过松或过紧，过紧易产生破裂，过松培养基与薄膜之间有空隙，易造成断袋而感染杂菌。一般每袋装干料 1.75 kg 为宜。

2. 装袋后马上进行扎口。扎口时将料袋口朝上，用线绳在紧贴培养料处扎紧，反折后再扎一次。

3. 装袋时间安排在早晨和傍晚，尽量避开中午高温时，以减少培养料酸败的机会。

4. 从拌料、装袋到装锅灭菌，力求在较短的时间内完成。

（4）灭菌　栽培袋可放入专用筐内，以免灭菌时栽培袋相互堆积，造成灭菌不彻底。然后要及时灭菌，不能放置过夜。灭菌可采用高压蒸汽灭菌法或常压蒸汽灭菌法。

其方法参考平菇熟料栽培。

（5）接种与培养

①接种。接种室要求干净、密闭性好，接种前每立方米用36%甲醛17 mL、14 g高锰酸钾熏蒸10 h。熏蒸前将接种需要的菌种、接种工具、鞋、料袋等装入接种室内一起消毒，或用烟雾剂进行空间消毒。接种应在料袋降温到28 ℃后马上进行，并选择在低温时间内快速完成，动作要快，1000袋要力求在3～4 h内完成。接种时三人一组：一人负责搬料筒并排放到操作台上；另一人消毒扎口，即将料袋接种处擦上75%酒精，用锥形棒打穴，每筒在同一面上打穴3个（图5－3），每穴深度2～3 cm；第三人负责接种，即将菌种掰成长锥形，将其快速填入穴孔中，菌种要填满高出料筒，然后迅速套上套袋（图5－4）。接种时应注意菌种瓶和工具、用具要用75%的酒精消毒，以减少污染。菌袋要轻拿轻放，以减少破损。

【提示】如果接种室、发菌场所洁净，保湿性能好，接种后也可不套袋。

图5－3　打孔

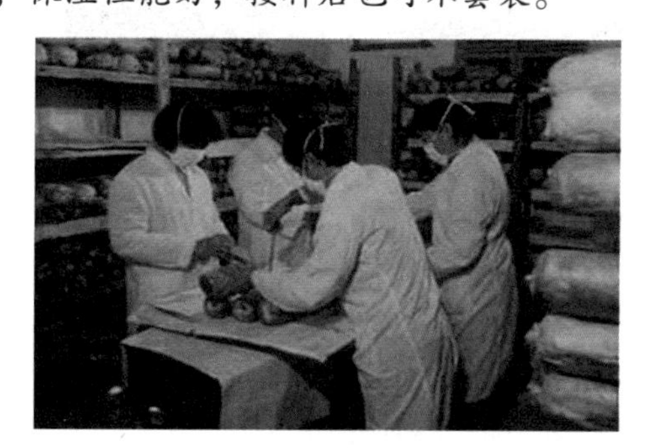

图5－4　接种

②培养。菌袋进入培养室前要对培养室进行消毒灭菌，提前3天可采用气雾熏蒸和药剂喷洒，分3次进行。接种后菌袋摆放以“井”字形排列，每层4袋，叠放8～10层高。每堆间留一工作道，摆放结束后应通风3～4 h排湿，并调控温度在22～25 ℃之间，10天内每天通风调控温度，不要搬动菌筒，促使菌丝定

图5－5　发菌初期

植并快速生长（图5－5）。当接种口菌丝长到2 cm左右时，便可进行第1次翻堆，每层3筒，高8层为宜，播种口朝向侧边不要受压，各堆之间留工作道，一是方便工作，二是通风散热。第2次翻堆菌丝长至4 cm，将堆高降为6层，每层排3筒，堆堆连成行，行行有通道，这样更有利于通风散热。第3次翻堆在菌丝基本上长满1/2筒时进行，主要是检查杂菌，若有污染要及时清除。第4次翻堆是全部长满菌丝时，每层2筒，高度3～4层，并给予一定的光照刺激，有利于转色。

③刺孔增氧。接种穴菌丝直径至6～10 cm时（图5－6），要进行刺孔增氧。第1次刺孔与第2次翻堆同时进行。首先将菌筒上的胶布揭去，距菌丝尖端2 cm处每穴各刺3～4个孔（图5－7），孔深比菌丝稍浅一点，不要刺到培养料上以防感染杂菌。刺孔一是增加氧气，二是激活局部的菌丝，加快菌丝的生长速度。第2次扎在菌丝长满袋后10天，每袋各扎20～40个孔，孔深以菌筒的半径为宜。刺孔后48 h，菌丝呼吸明显加强，菌筒内渐渐排出热量，堆温逐渐升高3～5 ℃。所以扎孔后培养室要通风降温，防止温度超过30 ℃，同时增加光照促进转色。

图5－6　刺孔增氧期

图5－7　刺孔增氧

香菇菌袋成品率低的原因：

1. 基质酸败。常因取料不好，木屑、麦麸结团、霉烂、变质、质量差、营养成分低；有的因配料含水量过高，拌料、装袋时间过长，引起发酵酸败。

2. 料袋破漏。常因木屑加工过程中混杂粗条而未过筛；拌料、装料场地含砂粒等，导致装袋时刺破料袋；袋头扎口不牢而漏气；灭菌卸袋检查不严，袋头纱线松脱没扎，气压膨胀破袋没贴封，引起杂菌侵染。

3. 灭菌不彻底。目前农村普遍采取大型常压灭菌灶，一次灭菌3000～4000袋，数量较多，体积大，料袋排列紧密，互相挤压，缝隙不通，蒸汽无法上下循环运行，导致料袋受热不均匀和形成“死角”。有的灭菌灶结构不合理，从点火到100 ℃时间超过

6 h，由于适温袋料加快发酵，养分被破坏；有的中途停火，加冷水，突然降温；有的灭菌时间没达标就卸袋等等，这些都会导致灭菌难以彻底。

4. 菌种不纯。常因菌种老化、抗逆力弱、萌发率低、吃料困难，而造成接种口容易感染；有的菌种本身带有杂菌，接种到袋内，杂菌迅速萌发为害。

5. 接种把关不严。常因接种箱（室）密封性不好，加之药物掺杂假或失效，有的接种人员身手没消毒，杂菌被带进无菌室内；有的菇农不用接种器，而是用手抓菌种接种；有的接种后没有清场，又没做到开窗通换空气，造成病从“口”入。

6. 菌室环境不良。培养室不卫生，有的排袋场所简陋，空气不对流，室内二氧化碳浓度高；有的培养场地潮湿或雨水漏淋；有的翻堆捡杂捡出污染袋，没严格处理，到处乱扔。

7. 菌袋管理失控。菌袋排放过高，袋温增高，致使菌丝受到挫伤，变黄、变红，严重的致死。有的因光线太强，袋内水分蒸发，基质含水量下降。

8. 检杂处理不认真。翻袋检查工作马虎，虽发现斑点感染或怀疑被虫鼠咬破，不作处理，以至蔓延。

（6）排场　当菌筒在培养室内发菌 40 ~ 50 天，营养生长已趋向高峰，菌丝内积累了丰富的养分，即可进入生殖生长阶段。这时每天给予 30 lx 以上的光照，再培养 10 ~ 20 天，总培养时间达到 60 ~ 100 天，培养基与塑料筒交界处就开始形成间隙并逐渐形成菌膜，接着隆起有波皱、柔软的瘤状物并开始分泌由黄色到褐色的色素。这时菌丝已基本成熟，隆起的瘤状物达到 50% 就可以脱去塑料袋进行排场（图 5 – 8）。

图 5 – 8　排场

脱袋后的香菇菌丝体，称为菌筒。菌筒不能平放在畦床上，而应采用竖立的斜堆法，因此就必须在菇床上搭好排筒的架子。架子的搭法是：先沿菇床的两边每隔 2.5 m 打一根木桩，桩的粗细为 5 ~ 7 cm，长 50 cm，打入土中 20 cm。然后用木条或竹竿，顺着菇床架在木桩上形成两根平行杆。在杆上每隔 20 cm 处，钉上一支铁钉，钉头露出木杆 2 cm。最后靠钉头处，排放上直径 2 ~ 3 cm、长度比菇床宽 10 cm 的木条或竹竿作为横枕，供排放菇筒用。

搭架后，再在菇床两旁每隔 1.5m 处插上横跨床面的弓形竹片或木条，作为拱膜架，供罩盖塑料薄膜用（图 5 – 9）。

图5－9　覆膜

菌筒脱去塑料袋时，应选择阴天（不下雨）无干热风的天气进行。用小刀将塑料袋割破，菌筒的两头各留一点薄膜作为“帽子”，以免排场时触地感染杂菌。排场时棒距5 cm，与地面成70°～80°的倾斜角。要求一边排场一边用塑料薄膜盖严畦床；排场后3～5天，不要掀起薄膜，以形成床畦内高湿的小气候，促进菌丝生长并形成一层薄菌膜。

（7）转色管理

①转色的作用。香菇菌丝袋满后，有部分菌袋形成瘤状突起，表明菌丝将要进入转色期。转色的目的是在菌棒表面形成一层褐色菌皮，它能起到类似树皮的作用，保护内部菌丝、防止断筒，提高对不良环境和病虫害的抵抗力。

②转色管理。香菇菌棒排场后，由于光线增强、氧气充足、温湿差增大，4～7天内菌棒表面渐长出白色绒毛状菌丝并接着倒伏形成菌膜，同时开始转色。

a. 温度调控。完全发满菌的菌袋，即可进行转色管理。自然温度最高在12 ℃以下时，按“井”字形排列，码高6～8层，每垛4～6排，上覆塑料膜但底边敞开，以利通风。晚间加覆盖物保温，可按间隔1天掀开覆盖物1天的办法，加强对菌袋的刺激，迫使其表面的气生菌丝倒伏，加速转色。最高气温在13～20 ℃时，如按“井”字形排列，则可码高6层，每垛3～4排；气温在21～25 ℃时，则应采取三角形排列法，码高4～6层，每垛2～4排；气温在26 ℃以上时，待地面浇透水后，菌袋应呈斜立式、单层排列，上面架起一层覆盖物适当遮阴。

b. 湿度调控。自然气温在20 ℃以下时，基本不必管理，可任其自然生长；但当温度较高时，则应进行湿度调控，以防气温过高或菌袋失水过多，可向地面洒水或者往覆盖物上喷水。

湿度管理的标准以转色后的菌袋失水比例为判定依据：转色完成后，一般菌袋的失水比例为20%左右（其中亦包括发菌期间的失水），或者说转色后的菌袋重量只有接种时的80%左右为宜。

c. 通风管理。通风一是可以排除二氧化碳，使菌丝吸收新鲜氧气，增强其活力；二是不断的通风可调控垛内温度使之均匀，并防止烧菌的发生；三是适当的通风可迫使菌袋表面的白色菌丝集体倒伏，向转色方向发展；四是通风可以调控垛内水分及湿度，尤其连续 20 ℃以上高温时，通风更显出其必要性。

【窍门】通过调整覆盖物来保持垛内的通风量；当转色进入一周左右时，进行 1 ~ 2 次倒垛和菌袋换位排放，这时最好采取大通风措施，配合较强光照刺激，效果很好。

d. 光照管理。对于转色过程而言，光照的作用同样重要，没有相应的光照进入，菌袋的转色无法正常进行。而光照的管理又很简单：揭开覆盖物进行倒垛，菌袋换位；大风天气时将菌袋直接裸露，任其风吹日晒；即使日常的观察也有光照进入，所以该项管理相对比较简单。

③转色的检验。完成正常转色的菌袋色泽为棕褐色，具有较强的弹性，但原料的颗粒仍较清晰，只是色泽发生变化，手拍有类似空心木的响声，基质基本脱离塑料袋，割开塑料膜，菌柱表面手感粗糙、硬实、干燥，硬度明显增加，此为转色合格。有棕褐与白色相间或基本是白色，塑料袋与基料仍紧紧接触等表现的菌袋，为未转色或转色不成功，应根据情况予以继续转色处理，否则尽量不使其进入出菇阶段。

【注意】

1. 菌袋发满菌丝后，室内气温低时，增加刺孔数量，使料温升高到 18 ~ 23 ℃。

2. 转色期内若有棕色水珠产生，要及时刺孔排除。

3. 加强通风，勤翻堆，促进转色均匀一致。

④转色不正常的原因及防治措施。

a. 表现。转色不正常或一直不转色，菌袋表层为黄褐色或灰白色，加杂白点。

b. 原因。脱袋过早，菌丝未达到生理成熟，没有按照脱袋的标准综合掌握；菇棚或转色场所保湿条件差，偏干，再生菌丝长不出来；脱袋后连续数天高温，没及时喷水或 12 ℃以下低温。

c. 影响。多数出菇少，质量差，后期易染杂菌，易散团。

d. 防治措施。喷水保湿，连续 2 ~ 3 天，结合通风 1 次/天；罩严薄膜，并向空中和地面洒水、喷雾，提高空间湿度达 85%；可将菌袋卧倒地面，利用地温、地湿促使一面转色后，再翻另一面；如因低温造成可引光增温，利用中午高温时通风，也可人工加温；如因高温造成，在保证温度的前提下，加大通风或喷冷水降温；气温低时采用不脱袋转色。

（8）催蕾　香菇菌棒转色后，给予一定的干湿差、温差和光照的刺激，迫使菌丝从营养生长转入生殖生长。将温度调控到 15 ~ 17 ℃时，菌丝开始相互交织扭结，形成原基并长出第一批菇蕾，即秋菇发生。

（9）出菇管理

①秋菇管理。秋季空气干燥，气温逐渐下降，故管理以保湿保温为主。菇畦内要

求有50 lx 以上的光照，白天紧盖薄膜增温，早上5：00～6：00 掀开薄膜换气，并喷冷水降温形成温差和干湿差，这样有利于提高菌棒菌丝的活力和子实体的质量。当第一批菇长至7～8 成熟时，应及时采收。

采收后增加通风并减少湿度，养菌5～7 天使菌棒干燥，7 天后采菇部位发白说明菌丝内又积累了一定的养分，再在干湿交替的环境中培养3～5 天，白天提高温湿度并盖严薄膜，早上揭开薄膜，创造较大的干湿差和温度差，促使第二批菇蕾形成。由原基到菇蕾发生空气相对湿度应调整在90%～95%。菇蕾长到2 cm 大时，可调整空气相对湿度在85%～90%；如果需要花菇就将空气相对湿度调整到70%～74%；若菌棒无塑料膜保护，空气相对湿度低于70%，则水分散发太快，影响产量。

②冬菇管理。经过秋季出菇后，菌棒养分、水分消耗很大，入冬后温度下降也很快，主要是做好保温喷水工作。一般不要揭膜通风，使畦内温度提高到12～15 ℃，并且保持空气相对湿度在80%～95%，促使冬菇形成。由于冬菇生长在低温条件下，为保温每天换气应在中午进行，换气后严盖薄膜保湿，畦床干燥时可喷轻水。菇体成熟后要及时采收，采收后可轻喷水1 次，再盖好薄膜休养菌丝20 天左右，当菌丝恢复后可再催蕾出菇。

③春菇管理。

a. 补水。经过秋冬季2～3 批采收，菌棒含水量随着出菇数量增加、管理期拉长、营养消耗而逐渐减小。至开春时，菌棒含水量仅为30%～35%，菌丝呈半休眠状态，故必须进行补水，以满足原基形成时对水分的需求。春季气温稳定在10 ℃以上就可以进行补水。

b. 出菇。春季气压较低，为满足香菇发育对氧的需求，可将畦靠架上竹片弯拱提高0.3m，阴雨天甚至可将膜罩全部打开，以加强通风。惊蛰后，雷雨频繁，要防止菇体淋水过度，给烘烤带来困难。盖膜时，注意两旁或两头通风，不可盖严，天晴后马上打开。晚熟品种大量香菇均在开春后发生，3～4 月份更是进入出菇高峰期。香菇每采收一批结束后，让菌丝恢复7～10 天，再按照上述方法补水、催蕾、出菇，周而复始。晚春气温变化波动较大，要以防高温、高湿，进行降温工作为主。可加厚顶棚遮阳，拆稀四周遮阳挂帘。低海拔菇场4 月底或5 月初（视各地气温）结束春香菇的管理，清场后改栽毛木耳等其他食用菌，使菇棚周年得到利用。高海拔山区栽培香菇常延续到6 月，但后期因菌棒收缩严重而产量很低。

④香菇菌棒补水。

A. 补水测定标准。当菌棒含水量比原来减少1/3 时即说明失水，应补水。发菌后的菌棒一般为1.9～2.0 kg，而当其重量只有1.3～1.4 kg 时，即菌棒含水量减小30%左右，此时就可补水。

【注意】通过补水达到原重95%即可，补水“宁少勿多”。

B. 补水时期。补水要掌握最佳时期，补早了易长畸形菇；还要防止过量，过量会引起菌丝自溶或衰老，严重的会解体，导致减产。每一潮菇采完后，必须停止喷水，并揭膜通风，降低菇棚湿度，人为创造一次使菌棒干燥的条件。让菌丝充分休养7～10天，以利于积累储藏丰富的营养，为下一潮菇打下基础。当菌棒采菇后留下的凹陷处发白时，说明菌丝已经复壮，此时补水加喷水、盖紧薄膜、提高湿度、增加通风，使菇棚内有较大温差和干湿差。每天早晚通风半小时或一小时，通过3～6天干湿交替、冷热刺激后，又一批子实体迅速形成。

【提示】气温低时宜选择晴天9：00～16：00补水，有条件最好用晾晒的水。气温高时宜选择早晚补水，且用新抽上来的井水，因为井水温度低，注入菌棒内，温湿差刺激可诱发大量菇蕾形成。每一潮菇都依此管理。

C. 补水补营养相结合。菌棒出过3潮菇以后，基内养分逐步分解消耗，出菇量相应减少，菇质也差。为此，当最后两次补水时，可在桶内加入尿素、过磷酸钙、生长素等营养物质，用量为100 L水中加尿素0.2%、过磷酸钙0.3%、柠檬酸20 mg/kg，补充养分和调节酸碱度。这样可提前出菇3～5天，且出菇整齐，质量也好，可提高产量20%～30%。

D. 补水方法。香菇菌棒补水的方法很多，有直接浸泡法、捏棒喷水法、注射法、分流滴灌法等。近年来大规模生产多采用补水器注水，该法简单、易行、效率高，不易烂棒。

a. 注水器补水法。菇畦中的菌棒就地不动，用直径2 cm的塑料管沿着畦向安装，菇畦中间设总水管，总水管上分支出小水管，小水管长度在50 cm左右，上面安装12号针头控制水流。由总水管提供水源，另一端密封。装水容器高于菌棒2 m左右，使水流有一落差的压力。在注水时菌棒中心用直径6 mm的铁棒插孔1个，孔深约菌棒高度的3/4。不能插到底，以免注水流失。由于流量受到针头的控制，滴下的水菌棒既能吸收又不至于溢出（图5－10）。补水后盖上薄膜，控制温度在20～22 ℃发菌，每天换气1～2次，每次1 h。注水给菌棒提供了充足的水分，并同时增加了干湿差和温度差。6天后开始出现菇蕾而且菇潮明显，子实体分布均匀。当温度升到23 ℃以上时原基形成受到抑制，要利用早上低温时喷冷水降温，刺激菌棒形成原基再出一批菇。由于温度的升高再加上菌棒养分也所剩无几，菌丝衰弱，并且无活力，这时菌棒栽培结束。

图5－10　香菇菌袋补水

b. 浸水法。将菌棒用铁钉扎若干孔，码入水池（沟）中浸泡，至含水量达到要求后捞出。此为传统方法，浸水均匀透心，吸水快，出菇集中，但劳动强度大，菌棒易断裂或解体。

颠倒菌棒增产

规模生产菌棒多采用斜立在地上的地栽式出菇方式。补水后，水分会沿菌棒自然向下渗透，再加上菌棒直接接触地面，地面湿度大，所以菌棒下半部相对水分偏高，上半部偏低。在补水后3~5天菇蕾刚出现时将菌棒倒过来，上面挨地、下面朝上，这样水分会慢慢向下渗透，使菌棒周身水分均匀。颠倒时如发现出菇少或不出菇的，用手轻轻拍打两下或两袋相互撞击两下，通过人为振动诱发原基形成。如果整个生产周期不颠倒，长达数月下部总是挨地、湿度大，时间长了菌棒下部会滋生杂菌和病虫害。如果颠倒2~3次，可使菌棒周身出菇，利于养分充分释放出来。

（10）袋栽香菇烂菇的防治　袋栽香菇在子实体分化、现蕾时，常发生烂菇现象。其原因主要有：长菇期间连续降雨，特别是在高温高湿的环境下，菇房湿度过大，杂菌易侵入，造成烂菇；有的属病毒性病害，使菌丝退化，子实体腐烂；有时因管理不善，秋季喷水过多，湿度高达95%以上，加上菇床薄膜封盖通风不良，二氧化碳积累过多，使菇蕾无法正常发育而霉烂。防止烂菇的主要措施有：

①调节好出菇阶段所需的温度。出菇期菇床温度最好不超过23 ℃，子实体大量生长时控制在10~18 ℃。若温度过高，可揭膜通风，也可向菇棚空间喷水降低温度。每批菇蕾形成期间，若天气晴暖，要在夜间打开薄膜，白天再覆盖，以扩大昼夜温差，这样既可以防止烂菇发生，又能刺激菇蕾产生。

②控制好湿度。出菇阶段，菇床湿度宜在90%左右，菌棒含水量在60%左右，此时不必喷水；若超过这个标准，应及时通风，降低湿度，并且经常翻动覆盖在菌棒上的薄膜，使空气通畅，抑制杂菌，避免烂菇现象发生。

③经常检查出菇状况。一旦发现烂菇，应及时清除，并局部涂抹石灰水、克霉王或0.1%的新洁尔灭等。

三、香菇越夏地栽生产技术

香菇越夏地栽于11月下旬至翌年3月制袋，翌年5~10月出菇。

1. 场地选择

在遮阴度好的林地、室外搭建菇棚，出菇场地要求地势平坦、水源充足、日照少、气温低、排灌方便、交通便利。地势较高的应做低畦，地势低洼的应做平畦或高畦。

2. 栽培袋规格

香菇越夏地栽可选择高密度聚乙烯袋，其规格为（15～17）cm×（40～45）cm。

3. 制袋

按选定的配方将培养料拌均匀，含水量50%～55%。装袋机装料通常2～3人轮换操作，一人装料，一人装袋。操作时一人将筒袋套入出料口，进料时一手托住袋底，另一只手用力抓住料口处的菌袋，慢慢地使其往后退，直至一个菌袋装满，然后将袋口用细绳扎紧。

4. 灭菌

一般常压灭菌，温度达到100 ℃保持12 h以上，停火，再闷6 h，移入接菌室。

5. 接种

料温降至30 ℃以下时消毒，一般用烟雾消毒剂消毒，消毒后保持6 h，然后开始接种，无菌操作。

6. 菌丝培养

香菇菌丝生长温度范围4～35 ℃，最适宜温度22～25 ℃；菌丝长至料袋1/3时，逐渐加大通风量，每隔两天通一次风，每次1 h。适宜温度下，50～60天菌袋发好菌。

7. 建棚

对出菇场所进行除草、松土等工作后，用竹竿沿树行建宽2.5 m、长20 m左右的菇棚，用塑料布覆盖，在棚上方覆盖遮阳网予以遮光、降温。每棚平整2个菇畦，每畦宽0.8 m，中间为宽60 cm的走道。

8. 转色脱袋覆土

菌丝满袋后，通风增光使其尽快转色，约30～40天，菌袋2/3有瘤状物凸起、颜色变为红褐色，即可脱袋排场覆土。脱袋最好选择在阴天或气温相对较低的天气进行，排袋前浇一次水，然后洒上石灰粉消毒，再喷杀虫药杀虫；边脱袋边排，菌袋间隔3 cm。最后覆土，覆土厚度以盖住菌袋为宜（图5－11）。浇一次重水，弓起竹弓，盖上遮阳网或塑料薄膜。

图5－11　脱袋排袋

9. 出菇管理

香菇越夏地栽管理的关键是降温、通风、喷水保湿三项工作。

（1）催菇　为保护菌袋促进多产优质菇，这时应在畦面干裂处填充土壤（弥土缝），否则会出劣质菇或底部出菇破坏畦面（图 5－12）。菌袋排袋后采用干湿交替和拉大温差的方法催蕾，或在菌筒面上浇水 2～3 次，即可产生大量的菇蕾。浇水后立即用土壤填实畦面上的缝隙。

图 5－12　菌棒底面出菇

（2）前期管理　地栽香菇第 1 批菇一般在 5～6 月上旬，此期气温由低变高，夜间气温较低，昼夜温差大，对子实体分化有利。由于气温逐渐升高，应加强通风，把薄膜挂高，不让雨水淋菌袋。

图 5－13　转茬香菇

当第 1 批香菇采收结束之后，应及时清除残留的菇柄、死菇、烂菇，用土填实畦面上所有的缝隙并停止浇水，降低菇床湿度，让菌丝恢复生长，积累养分。待采菇穴处的菌丝已恢复浓白，可拉大昼夜温差、加强浇水，刺激下一批子实体迅速形成（图 5－13）。

（3）中期管理　这期间为 6 月下旬至 8 月中旬，为全年气温最高的季节，出菇较少。中期管理以降低菇床的温度为主，促进子实体的发生。一般加大水的使用量，并增加通风量，防止高温烧菌。

（4）后期管理　这期间为 8 月下旬至 10 月底，气温有所下降，菌袋经前期、中期出菇的营养消耗，菌丝不如前期生长那么旺盛，因此这阶段的菌袋管理主要是注意防止烂筒和烂菇。

10. 采收

气温高时，香菇子实体生长很快，要及时采收，不要待菌盖边缘完全展开，以免影响商品价值。采收时，不要带起培养料，捏住菇柄轻轻扭转采下，保护好小菇蕾，将残留的菇柄清理干净。

第六章 蘑菇

第一节 概述

双孢蘑菇［Agaricus bisporus（lange）Sing.］，也称蘑菇、洋蘑菇、白蘑菇，属担子菌纲、伞菌目、伞菌科、蘑菇属。双孢蘑菇属草腐菌，中低温性菇类，是世界第一大宗食用菌。目前，全世界已有80多个国家和地区栽培，其中荷兰、美国等国家已经实现了工厂化生产。

双孢蘑菇也是我国食用菌栽培中栽培面积较大、出口创汇最多的拳头品种。我国稻草、麦草等农作物秸秆和畜禽粪便等资源丰富，比较适合双孢蘑菇的生长，目前在福建、河南、山东、河北、浙江、上海等省市栽培较多，福建、山东、河南等省也实现了双孢蘑菇的工厂化生产。

双孢蘑菇味道鲜美，营养极其丰富。双孢蘑菇中的蛋白质含量不仅大大高于所有蔬菜，且与牛奶及某些肉类相当，而且双孢蘑菇中的蛋白质都是植物蛋白，容易被人体吸收。双孢蘑菇具有抑制癌细胞与病毒、降低血压、治疗消化不良、增加产妇乳汁的疗效，经常食用能起预防消化道疾病的作用，并可使脂肪沉淀，有益于人体减肥，对人体保健十分有益。

一、生物学特性

1. 生态习性

双孢蘑菇一般在春、秋季于草地、路旁、田野、堆肥场、林间空地等处生长，单生及群生。

2. 形态特征

（1）菌丝体　菌丝体是双孢蘑菇生长的营养体，为白色绒毛状（图6－1）。双孢蘑菇菌丝体适时覆土调水后，经培养表面陆续形成白色菌蕾，即子实体。

（2）子实体　子实体是双孢蘑菇的繁殖部分，由菌盖、菌柄、菌环三部分组成（图6－2）。菌盖初期呈球形，后发育为半球形，老熟时展开呈伞形，采收时不能开伞，否则影响商品价值。优质的双孢蘑菇菌盖圆整，肉肥厚而脆嫩、结实、色白、光洁，耐运输。

图6－1　双孢蘑菇菌丝体

图6－2　双孢蘑菇子实体

3. 生长发育条件

（1）营养条件

双孢蘑菇是一种粪草腐生菌，配料时在作物秸秆（麦草、稻草、玉米秸等）（图6－3）中须加入适量的粪肥（如牛、羊、马、猪、鸡粪和人的粪尿等）。

图6－3　栽培双孢蘑菇所用的秸秆

培养料堆制前碳氮比以（30～35）∶1为宜，堆制发酵后，由于在发酵过程中微生物的呼吸作用消耗了一定量的碳源以及多种固氮菌的生长，培养料的碳氮比降至21∶1，子实体生长发育的适宜碳氮比为（17～18）∶1。

【提示】在农作物如小麦收获时，在收割机上安装秸秆打包机或单独使用秸秆打包机（图6－4），可以为双孢蘑菇或造纸业、工业提供充足的原材料，与各级政府的秸秆综合利用项目相结合，可有效破解秸秆焚烧的难题。

图6－4　秸秆打包机

秸秆打包机的生产和使用可纳入国家农业

机械补贴目录，必要时可强制推行。

（2）环境条件

①温度　菌丝体在5～33 ℃均能生长，最适为20～26 ℃；子实体生长范围为7～25 ℃，最适13～18 ℃。

②水分　培养料含水量一般在65%～70%；覆土的含水量一般在40%～50%，具体以“用水调至用铁锹可以撒开的程度”的标准来衡量（水分再多，就成泥了）。开放式发菌的空气相对湿度在80%～85%，薄膜覆盖发菌空气相对湿度在75%以下，子实体时期空气湿度保持在85%～90%。

③空气　双孢蘑菇是好气（氧）性真菌。菌丝体生长最适的二氧化碳浓度为0.1～0.5%；子实体最适为0.03%～0.2%，超过0.2%，菇体菌盖变小，菇柄细长，畸形菇和死菇增多，产量明显降低。

④光照　双孢蘑菇属厌光性菌类。菌丝体和子实体能在完全黑暗的条件下生长，此时子实体朵形圆正、色白、肉厚、品质好。

⑤酸碱度　菌丝生长的pH值范围是5～8，最适7～8，进棚前培养料的pH值应调至7.5～8，土粒的pH值应在8～8.5。每采完一潮菇喷水时适当加点石灰，以保持较高的pH值，抑制杂菌滋生。

⑥土壤　双孢蘑菇子实体的形成不但需要适宜的温度、湿度、通风等环境条件，还需要土壤中某些化学和生物因子的刺激，因此，出菇前需要覆土。

食用菌栽培过程中，绝大部分品种可以进行覆土栽培，如平菇、草菇、大球盖菇、香菇、木耳、灵芝等，但覆土不是必要条件，不覆土也可出菇；双孢蘑菇、鸡腿菇、羊肚菌、猪肚菇、金福菇、长根菇（商品名为黑皮鸡枞）等品种具有不覆土不出菇的特点。

二、双孢蘑菇种类

1. 按子实体色泽分

（1）白色　白色双孢菇的子实体圆整，色泽纯白美观，肉质脆嫩，适宜于鲜食或加工罐头（图6－5）。但管理不善，易出现菌柄中空现象。因该品种子实体富含酪氨酸，在采收或运输中常因受损伤而变色。

图6－5　双孢蘑菇白色品种

（2）奶油色　奶油色双孢菇的菌盖发达，菇体呈奶油色。出菇集中，产量高，但菌盖不圆整，菌肉薄，品质较差。

（3）棕色　棕色双孢菇具有柄粗肉厚、菇香味浓、生长旺盛、抗性强、产量高、栽培粗放的优点（图6－6）。但菇体呈棕色，菌盖有棕色鳞片，菇体质地粗硬，在采收或运输中受损伤不会变色。

图6－6　双孢蘑菇棕色品种

2. 按子实体生长最适温度分

按子实体生长最适温度可分为中低温型（如As2796）、中高温型（如四孢菇）及高温型（如夏秀2000）三种。

大部分双孢菇菌株属于中低温型，最佳菇温是13～18 ℃，产菇期多在10月至次年4月份。

第二节　高效栽培技术

一、原料选择

双孢蘑菇原始配料中的碳氮比以（30～33）∶1为宜，发酵后以（17～20）∶1为宜。碳源主要有植物的秸秆，如稻、麦、玉米、地瓜、花生等的茎叶；氮源主要有菜籽饼、花生饼、麸皮、米糠、玉米粉及禽畜粪便等。另外棉籽壳、玉米芯及牛马粪等原料中碳及氮的含量也都很丰富。

双孢蘑菇不能同化硝态氮，但能同化铵态氮。此外，在生产上还要用石膏、石灰等作为钙肥。

我们提倡粪肥混合搭配使用。据测定，马粪含磷较高，猪粪含钾较多，而牛粪则含钙丰富。粪肥混合使用时，可使培养料营养成分更为丰富、全面，有利于高产。同理，也提倡不同秸秆的混合使用。

二、高产栽培配方

1. 干牛粪1800，稻草1500，麦草500，菜籽饼100，尿素20，石膏粉70，过磷酸钙40，石灰50。

2. 干牛粪1300，稻草2000，饼肥80，尿素30，碳酸氢铵30，碳酸钙40，石膏粉50，过磷酸钙30，石灰100。

3. 麦秸2200，干牛粪2000（或干鸡粪800），石膏100，石灰70，过磷酸钙40，硫铵20，尿素20。

4. 干牛、猪粪1500，麦草1400，稻草800，菜籽饼150，尿素30，碳酸氢铵30，石膏80，用石灰调pH值。

5. 稻草或麦草3000，菜籽饼200，石膏粉25，石灰50，过磷酸钙50，尿素20，硫酸铵50。

6. 棉秆2500，牛粪1500，鸡粪250，饼肥50，硫酸铵15，尿素15，碳酸氢铵10，石膏50，轻质碳酸钙50，氯化钾7.5，石灰97.5，过磷酸钙17.5。

以上配方单位均是按照每100 m^2计算，单位为kg。

①若粪肥含土过多，应酌情增加数量；粪肥不足，就用适量饼肥或尿素代替；湿粪可按含水量折算后代替干粪。

②北方秋栽每平方米菇床投料总重量应达30 kg左右，8月份发酵可适当少些，9月份可适当多些。如配方中鸡粪多，应适当增加麦草量；如牛马粪多，应酌减，以保证料床厚度在25 ~30 cm，辅料相应变动即可。

③棉秆作为一种栽培双孢菇的新型材料，不像麦秸及稻草那样可直接利用。棉秆加工技术与标准、栽培料的配方以及发酵工艺都与麦秸和稻草料有很大区别。采用专用破碎设备，将棉秆破碎成4 ~8 cm的丝条状。加工的时间以12月为宜，因这时棉秆比较潮湿，内部含水量在40%左右，加工的棉秆合格率在98%以上；否则干燥加工时会有大量粉尘、颗粒、棒状出现，需要喷湿后再加工。

三、栽培季节

自然条件下，北方大棚（温室、菇房等）栽培双孢蘑菇大都选择在秋季进行，提倡适时早播。8月份气温高，日平均气温在24 ~28 ℃，利于培养料的堆积发酵；8月底至9月上旬，大部分地区月平均气温在22 ℃左右，正有利于播种后的发菌工作；而到10月份，大部分地区月平均气温为15 ℃左右，又正好进入出菇管理阶段。这样一来，省时省工，管理方便，且产量高、质量好。南方地区可参考当地平均气温灵活选择栽培季节。

一般情况下，8月上、中旬进行建堆发酵，前发酵期为20天左右，后发酵期7天左右；从播种到覆土的发菌期约需18天，覆土到出菇也需18天左右，所以秋菇管理应集中在10、11、12月份。1～2月份的某段时间，北方大部分地区气温降至-4 ℃左右，可进入越冬管理。保温条件差的菇棚可封棚停止出菇；保温性能好的应及时做好拉帘升温与放帘保温工作，注重温度、通风、光线、调水之间的协调，争取在春节前保持正常出菇，以争取好的市场价格。翌年2月底便开始春菇管理，3、4、5月份采收，5月份整个生产周期结束。

近几年来秋菇大量上市，供大于求而“菇贱伤农”的现象时有发生，在实际栽培中可根据市场行情适当提前、推迟双孢蘑菇的播种时期，例如山东及其周边地区可延迟至12月中旬以前在温室播种。适当晚播的双孢蘑菇在春天传统出菇少的时间大量出菇，经济效益反而比春节前还要高。

四、高效栽培模式的选择

根据双孢蘑菇的品种特性、当地气候特点及出菇过程中不需要光线的特点，栽培模式可灵活选择，不可千篇一律，生搬硬套，以免造成不必要的损失。

1. 南方

具有气温高、湿度大等特点，双孢蘑菇生产周期较短，栽培场所一般可选择草房（图6-7）、大拱棚（图6-8）。

图6-7　双孢蘑菇草房栽培

图6-8　双孢蘑菇大拱棚栽培

2. 北方

具有气温低、干燥等特点，栽培场所一般可选择塑料大棚（图6－9）、双屋面日光温室的阴面（图6－10）、层架式菇房（图6－11）、土质菇房等（图6－12）。

图6－9　双孢蘑菇大棚栽培

图6－10　双孢蘑菇双屋面日光温室阴面栽培

图6－11　双孢蘑菇层架式菇房栽培

图6－12　双孢蘑菇土质菇房栽培

【提示】土质菇房棚宽10 m，长60 m，总投资4万元左右，其内部结构见示意图6－13。

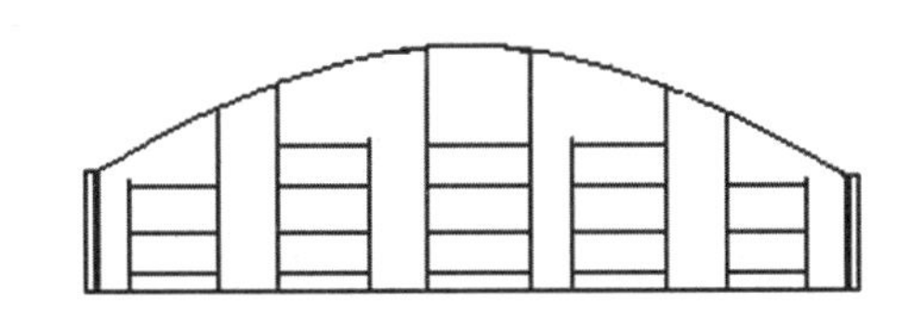

图6－13　土质菇房内部示意图

3. 其他方式

当然闲置的土洞（图6－14）、窑洞、房屋、养鸡棚、地沟棚（图6－15）、果林（图6－16）、养蚕棚等场所也可用于双孢蘑菇的栽培。

图6－14　土洞栽培双孢蘑菇

图6－15　地沟棚栽培双孢蘑菇

图6－16　果林地栽培双孢蘑菇

4. 几种设施基本建造参数

（1）双孢菇夏节栽培设施

设施基本建造参数：地面下挖1.5～1.9 m，跨度8 m，后墙高1 m、厚1 m，前墙高0.1 m、厚0.6 m，屋面为琴弦结构，在前墙处每隔5 m挖0.3 m×0.3 m的通风口，距离棚内地面0.4 m，后墙距离棚内地面0.3 m每隔5 m与前墙错开挖0.3 m×0.3 m的通风口，棚内两排立柱（图6－17、图6－18）。

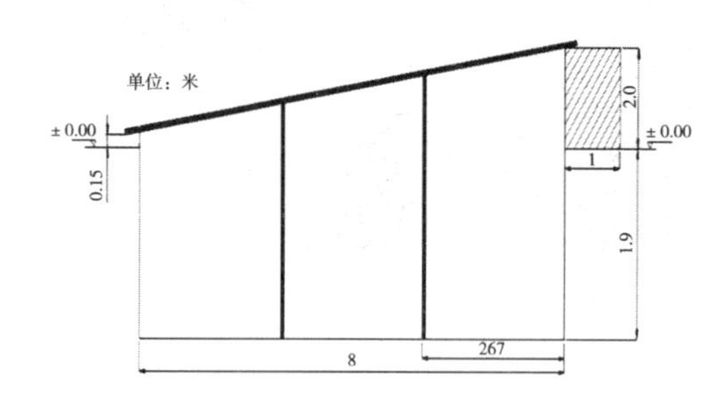

图6－17 夏季反季节栽培双孢蘑菇半地下棚示意图

图6－18 夏季反季节栽培双孢蘑菇半地下棚外观

（2）双孢菇秋冬栽培设施

设施基本建造参数：前后墙高5 m、跨度8 m、脊高6.5 m。在前后墙每隔2 m“品”字形错开挖0.24 m×0.24 m的通风口3排。棚内3排立柱，立体栽培床架（图6－19、图6－20）。

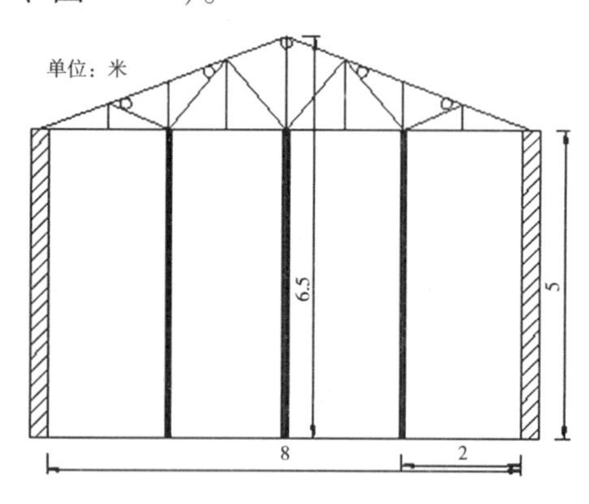

图6－19 秋冬栽培双孢蘑菇设施示意图

图6－20 秋冬栽培双孢蘑菇设施外观

【提示】各地可根据当地的气候、土壤等条件建造适合双孢蘑菇栽培的设施，不可照搬照抄，以免引起不必要的损失。

五、培养料的堆制发酵

由于双孢蘑菇菌丝不能利用未经发酵分解的培养料，因此培养料必须经过发酵腐熟，发酵的质量直接关系到栽培的成败和产量。

培养料的堆制发酵是双孢蘑菇栽培中最重要而又最难把握的工艺。发酵是双孢蘑菇栽培中的关键技术，准备了好的原材料，选择了合理的配方后，还要经过科学而严格的发酵工艺，才能制作出优质的培养基，为高产创造基础条件。这三个要素，缺一不可。同时，发酵中建堆及翻堆过程是整个双孢蘑菇栽培中劳动量最大的环节，但技术简单易行。

培养料一般采用二次发酵，也称前发酵和后发酵。前发酵在棚外进行，后发酵在消毒后的棚内进行。前发酵大约需要20天左右，后发酵需要5天左右。全部过程大约需要22～28天。

二次发酵的目的是进一步改善培养料的理化性质，增加可溶性养分，彻底杀灭病虫杂菌，特别是在搬运过程中进入培养料的杂菌及害虫。因此二次发酵也是关键的一个环节。

在后发酵（料进菇房）前，要对出菇场所进行一次彻底消毒杀虫。用水浇灌一次，通风，当地面不黏时，把生石灰粉均匀撒于地面，每平方米0.5 kg并划锄。进料前3天，再用甲醛消毒（按每立方米10 mL的量）。进料前通风，保证棚内空气新鲜，以利于操作。

1. 发酵方法

双孢蘑菇培养料堆制发酵过程中温度、水分的控制，翻堆的方法，时机的把握决定着发酵的质量。

（1）培养料预湿

有条件时可浸泡培养料1～2天，捞出后控去多余水分直接按要求建堆。浸泡水中要放入适量石灰粉，每立方水放石灰粉15 kg。也可利用洒水设施进行预湿（图6－21）。

图6－21 培养料预湿

在浸稻、麦草时，可先挖一个坑，大小根据稻、麦草量决定。坑内铺上一层塑料薄膜，抽入水，放入石灰粉。边捞边建堆，建好堆后，每天在堆的顶部浇水，以堆底有水溢出为标准。3～4天麦秸（稻草）基本吸足水分。

【提示】棉柴因组织致密、吸水慢和吃水量小等原因，水分过少极易发生烧堆，所以棉秆、粪肥要提前2～3天预湿。预湿的方法是：开挖一沟槽，内衬塑料薄膜，然后往沟里放水，添加水量1%的石灰。把棉柴放入沟内水中，并不断拍打，使之浸泡在水中1～2 h，待其吸足水后捞出。检查棉柴吃透水的方法是抽出几根长棉柴用手掰断，以无白芯为宜。

（2）建堆

料堆要求宽2 m，高1.5 m，长度可根据栽培料的多少决定。建堆时每隔1米竖一根直径10 cm左右，长1.5 m以上的木棒，建好堆后拔出，自然形成一个透气孔，以增加料内氧气，有利于微生物的繁殖和均匀发酵（图6－22、图6－23）。

图6－22　稻草堆制发酵

图6－23　麦秸堆制发酵

堆料时先铺一层麦草或稻草（大约25 cm厚），再铺一层粪，边铺边踏实。粪要撒均匀。照此法一层草一层粪地堆叠上去，堆高至1.5 m，顶部再用粪肥覆盖。配方中含有尿素时，将尿素的1/2均匀撒在堆中部。

相关知识

1. 为防止辅料一次加入后造成流失或相互反应失效，提倡分次添加。石膏与过磷酸钙能改善培养料的结构，加速有机质的分解，故应在第1次建堆时加入；石灰粉在每次翻堆时根据料的酸碱度适量加入。

2. 粪肥在建堆前晒干、打碎、过筛。若用的是鲜粪，来不及晒干，可用水搅匀，建堆时分层泼入，不能有粪块。

3. 堆制时每层要浇水，要做到底层少浇、上部多浇，以次日堆周围有水溢出为宜。建堆时要注意料堆的四周边缘尽量陡直，料堆的底部和顶部的宽度相差不大，这样堆内的温度才能保持得较好。料堆不能堆成三角形或近于三角形的梯形，因为这样不利于保温。在建堆过程中，必须把料堆边缘的麦草、稻草收拾干净整齐，不要让这些草秆参差不齐地露在料堆外面。这些暴露在外面的麦秸草很快就会风干，完全没有进行发酵。

4. 第1次翻堆时将剩余的石膏、过磷酸钙、尿素均匀撒入培养料堆中。

5. 建堆可以用建堆机、翻堆机进行（图 6－24）。

图 6－24　建堆机建堆

图 6－25　翻堆

（3）翻堆（前发酵）

翻堆的目的是为了使培养料发酵均匀，改善堆内空气条件，调节水分，散发废气，促进微生物的继续生长和繁殖，便于培养料得到良好的分解、转化，使培养料腐熟程度一致。

在正常情况下，建堆后第 2 天料堆开始升温，大约第 3 天料温升至 70 ℃以上，大约 3 天后料温开始下降，这时进行第 1 次翻堆（图 6－25），将剩余的石灰、石膏粉、磷肥、尿素等，边翻堆边撒入，要撒匀。重新建好堆后，待料温升到 70 ℃以上时，保持 3 天，进行第 2 次翻堆。每次翻堆方法相同，一般翻堆 3 次即可。

【提示】翻堆时不要流于形式，否则达不到翻堆的目的。应把料堆最里层和最外层翻到中间，把中间的料翻到里边和外层。翻堆时发现整团的稻、麦草或粪团要打碎抖松，使整个料堆中的粪和草掺匀，绝不能原封不动堆积起来，否则达不到翻堆的目的。

1. 从第 2 次翻堆开始，在水分的掌握上只能调节，干的地方浇水，湿的地方不浇水，防止水分过多或过少。每次建好堆若遇晴天，要用草帘或玉米秸遮阴，雨天要盖塑料薄膜，以防雨淋；晴天后再掀掉塑料薄膜，否则影响料的自然通气。

2. 在实际操作中，以上天数只能做参考。如果只按天数，料温达不到 70 ℃以上，同样也达不到发酵的目的。每次翻堆后长时间不升温，要检查原因，看看水分是过大还是过小，透气孔是否堵塞。如果水分过大，建堆时面积大一些，让其挥发多余水分；如果水分过小，建堆时要适当补水。若发现料堆周围有鬼伞，翻堆时要把这些料抖松弄碎掺入料中，经过高温发酵杀死杂菌。

3. 每次翻堆要检查料的酸碱度，若偏酸结合浇水撒入适量石灰粉，pH 值保持在 8 左右。发酵好的料呈浅咖啡色，无臭味和氨味，质地松软，有弹性。

4. 培养料进棚前最后一次翻堆时不要再浇水，否则影响发酵温度及效果。

（4）后发酵（二次发酵）

后发酵是双孢蘑菇栽培中防治病虫害的最后一道屏障，目的是最大限度地降低病菌及虫口基数，起到事半功倍的效果，否则后患无穷。同时，要完成培养料的进一步转化，适当保持高温，使放线菌和腐殖霉菌等嗜热性微生物利用前发酵留下的氮、酰胺及三废为氮源进行大量繁殖，最终转化成可被蘑菇利用的菌体蛋白，完成无机氮向有机氮的转化。此外，微生物增殖、代谢过程中产生的代谢产物、激素、生物素均能很好地被双孢蘑菇菌丝体所利用，同时创造的高温环境可使培养料及菇棚内的病虫害得以彻底消灭。

图 6－26　双孢菇后发酵

后发酵可通过人为空间加温（层架栽培），使料加快升温速度。如用塑料大棚栽培，通过光照自然升温就可以了（图 6－26）。后发酵可分三个阶段：

①升温阶段　在前发酵第 3 次翻堆完毕的第 2～4 天内，趁热入棚，建成与菇棚同向的长堆，堆高、宽分别为 1.3 m、1.6 m 左右。选一个光照充足的日子，把菇棚草帘全部拉开，使料温快速达到 60～63 ℃、气温 55 ℃左右，保持 6～10 h，这一过程又称为巴氏灭菌。10 月份后，如温度达不到指标，则需用炉子或蒸汽等手段强制升温。

②保温阶段　控制料温在 50～52 ℃，维持 4～5 天，此时，每天揭开棚角小通风 1～2 h，补充新鲜空气，促进有益微生物繁殖。

③降温阶段　当料温降至 40 ℃左右时，打开门窗通风降温，排出有害气体，后发酵结束。

（5）优质发酵料的标准

①质地疏松、柔软、有弹性，手握成团，一抖即散，腐熟均匀。

②草形完整，一拉即断，为棕褐色（咖啡色）至暗褐色，表面有一层白色放线菌，料内可见灰白色嗜热性纤维素分解霉、淡灰色绵状腐殖霉等微生物菌落。

③无病虫杂菌，无粪块、粪臭、酸味、氨味，原材料混合均匀，具蘑菇培养料所特有的料香，手握料时不粘手，取小部分培养料在清水中揉搓后，浸提液应为透明状。

④培养料 pH 值为 7.2～8，含水量 63%～65%，手紧握指缝间有水印，欲滴下的状况为佳。

⑤培养料上床后温度不回升。

六、播种、发菌与覆土

1. 菇房消毒

不管新菇房还是老菇房，在培养料进房前还是进房后都要进行消毒杀菌处理。用0.5%浓度的敌敌畏溶液喷床架和墙壁，栽培面积111 m^2的菇房用量在2.5 kg，然后紧闭门窗24 h。

2. 铺料

后发酵结束后，把料堆按畦床大体摊平，把料抖松，将粪块及杂物拣出，通风降温，排出废气，使料温降至28 ℃左右。铺料时提倡小畦铺厚料，以改善畦床通气状况，增加出菇面积，提高单产。一般床面宽1～1.2m，料厚30～40 cm。为防止铺料不均匀或过薄（图6－27），可用宽1.2 m、高40 cm的挡板进行铺料（图6－28）。

图6－27　铺料过薄

图6－28　用挡板铺料

3. 播种

按每平方米2瓶（500 mL/瓶）的播种量（一般为麦粒菌种），把总量的3/4先与培养料混匀（底部8 cm尽量不播种），用木板将料面整平，轻轻拍压，使料松紧适宜，用手压时有弹力感，料面呈弧形或梯形，以利覆土；后把剩余的1/4菌种均匀撒到料床上，用手或耙子扒一下，使菌种稍漏进表层，或在菌种上盖一层薄麦草，以利定植吃料，使菌种不至受到过干或过湿的伤害。

4. 覆盖

播种结束，应在料床上面覆一层用稀甲醛消过毒的薄膜，以保温保湿，且使料面与外界隔绝，阻止杂菌和虫害的入侵（图6－29）。2～3天后，薄膜的近料面会布满冷凝水，此时应在外面喷稀甲醛后翻过来，使菌种继续在消毒的保护之中，而冷凝水被蒸发掉，如此循环。我国传统的覆盖方法是用报纸调湿覆盖（图6－30），这种方法需经常喷水，很容易造成表层干燥。

图 6－29　薄膜覆盖保湿

图 6－30　报纸覆盖保湿

5. 发菌

此时应采取一切措施创造菌丝生长的适宜条件，促进菌丝快速、健壮生长，使其尽快占领整个料床，封住料面，缩短发菌期，尽量减少病虫害的侵染，这是发菌期管理的原则。播种后 2～3 天内，菇房以保温保湿为主，以促进菌种萌发定植。3 天左右菌丝开始萌发，这时应加强通风，使料面菌丝向料内生长。

发菌期间要避免表层菌种因过干或过湿而死亡。菇棚干燥时，可向空中、墙壁、走道洒水，以增加空气湿度，减少料内水分挥发。

6. 覆土

(1) 理想的覆土材料　应具有喷水不板结、湿时不发黏、干时不结块、表面不形成硬皮和龟裂、蓄水力强等特点，有机质含量高的偏黏性壤土，林下草炭土最好。生产中一般多用稻田土、池糖土、麦田土、豆地土、河泥土等，不用菜园土，因其含氮量高，易造成菌丝徒长，结菇少，而且易藏有大量病菌和虫卵。

图 6－31　覆土

覆土可取表面 15 cm 以下的土，并经过烈日暴晒，以杀灭虫卵及病菌，而且可使土中一些还原性物质转化为对菌丝有利的氧化性物质。覆土最好呈颗粒状，细粒 0.5～0.8 cm，粗粒 1.5～2.0 cm，掺入 1% 的石灰粉，喷水调湿，上的湿度以用手捏不碎、

不黏为宜。

(2) 覆土　菌丝基本长满料层厚度的2/3，这时应及时覆土（图6－31）。常规的覆土方法分覆粗土和细土两次进行。粗土对理化性状的要求是手能捏扁但不碎，不黏手，没有白心为合适。有白心、易碎为过干，黏手为过湿。覆盖在床面的粗土不宜太厚，以不使菌丝裸露为度，然后用木板轻轻拍平。覆粗土后要及时调整水分，喷水时要做到勤、轻、少，每天喷4～6次，2～3天把粗土含水量调到适宜湿度，但水不能渗到料里。覆粗土后的5～6天，当土粒间开始有菌丝上窜，即可覆细土。细土不用调湿，直接把半干细土覆盖在粗土上，然后再调水分。细土含水量要比粗土稍干，这有利于菌丝在土层间横向发展，提高产量。

【提示】从图6－32中可以看出，双孢蘑菇原基在覆土层内产生，所以覆土层不能太薄，否则土层持水量太小，易出现死菇、长脚菇、薄皮开伞菇等生理病害；过厚容易出现畸形菇和地雷菇等生理病害。覆土层厚度一般为3～4 cm，草炭土可为4 cm。

图6－32　双孢蘑菇生长示意图

7. 覆土后管理

覆土以后管理的重点是水分管理，覆土后的水分管理称为“调水”，调水采取促、控结合的方法，目的是使菇房内的生态环境满足菌丝生长和子实体形成。

(1) 粗土调水　粗土调水是一项综合管理技术。管理上既要促使双孢蘑菇菌丝从料面向粗土生长，同时又要控制菌丝生长，防止土面菌丝生长过旺，包围粗土造成板结。因此，粗土调水应掌握“先干后湿”这一原则。粗土调水工艺为：粗土调水（2～3天）—通风壮菌（1天）—保湿吊菌（2～3天）—换气促菌（1～2天）—覆细土。

(2) 细土调水　细土调水的原则与粗土调水的原则是完全相反的。细土调水的原则是“先湿后干，控促结合”。其目的是使粗土中菌丝生长粗壮，增加菌丝营养积蓄，提高出菇潜力。其调水工艺是：第1次覆细土后即进行调水，1～2天内使细土含水量达18%～20%，其含水量应略低于粗土含水量。喷水时通大风，停水时通小风，然后关闭门窗2～3天。当菌丝普遍串上第一层细土时，再覆第2次干细土或半干湿细土，不喷水，小通风，使土层呈上部干、中部湿的状态，迫使菌丝在偏湿处横向生长。

8. 扒平

覆土后第8天左右，因大量调水导致覆土层板结，要采取“扒平”工艺：用几根粗铁丝拧在一起，一端分开，弯成小耙状，松动畦床的覆土层，改善其通气及水分状况，且使覆土层混匀，使断裂的菌丝体遍布整个覆土层。

七、出菇管理

覆土后 15～18 天，经适当的调水，原基开始形成，这些小菌蕾经过管理开始长大、成熟（图 6－33），这个阶段的管理就是出菇管理。按照双孢蘑菇出菇的季节又可分为秋菇管理、冬菇管理和春菇管理。

图 6－33　双孢蘑菇出菇

1. 秋菇管理

双孢蘑菇从播种、覆土到采收，大约需要 40 天左右的时间。秋菇生长过程中，气候适宜，产量集中，一般占总产量的 70%。其管理要点是在保证出菇适宜温度的前提下，加强通风。调水工作是决定产量的关键所在。既要多出菇、出好菇，又要保护好菌丝，为春菇生产打下基础。

（1）水分管理

当床面的菌丝洁白旺盛，布满床面时要喷重水，让菌丝倒伏，这时喷水也称“出菇水”，以刺激子实体的形成。此后停水 2～3 天，加大通风量，当菌丝扭结成小白点时，开始喷水，增大湿度。随着菇量的增加和菇体的发育而加大喷水量，喷水的同时要加强通风。

当双孢蘑菇长到黄豆大小时，须喷 1～2 次较重的出菇水，每天 1 次，以促进幼菇生长（图 6－34）。之后，停水 2 天，再随菇的长大逐渐增加喷水量，一直保持到即将进入菇潮高峰期（图 6－35），再随着菇的采收而逐渐减小喷水量。

图 6－34　双孢蘑菇幼菇期

图 6－35　双孢蘑菇菇潮高峰期

相关知识

水分管理技术是一项细致、灵活的工作，为整个秋菇管理中最重要的环节，有“一斤水，一斤菇”的说法。调水要注重“九看”和“八忌”。

调水的“九看”：

①看菌株：贴生型菌株耐湿性强，出菇密，需水量大，同等条件下，调水量比气生型菌株多。

②看气候：气温适宜时应当多调水；偏高或偏低时，要少调水、不调水或择时调水。如棚温达22 ℃以上，应在夜间或早晚凉爽时调水；棚温在10 ℃以下，宜在中午或午后气温较高时调水；晴天要多喷水，阴天少喷。

③看菇房：菇房或菇棚透风严重，保湿性差，要多调水，少通风。

④看覆土：覆土材料偏干，黏性小，沙性重，持水性差，调水次数和调水量要多些。

⑤看土层厚度：覆土层较厚，可用间歇重调的方法；土层较薄，应分次轻调。

⑥看菌丝强弱：若覆土层和培养料中的菌丝生长旺盛，可多调水。其中结菇水、出菇水或转潮水要重调；反之，菌丝生长细弱无力，要少调、轻调或调维持水。

⑦看蘑菇的生长情况：菇多、菇大的地方要多调水，菇少、菇小的地方要少调水。

⑧看菇床位置：靠近门、窗处的菇床，通风强、水分散失快，应多调水；四角及靠墙的菌床，少调水。

⑨看不同的生长期：结菇水要狠，出菇水要稳，养菌期要轻，转潮水要重。

调水的“八忌”：

①忌调关门水：调水时和调水后，不可马上关闭门窗，避免菌床菌丝缺氧窒息衰退；防止菇体表面水滞留时间过长，产生斑点或死亡。

②忌高温时调水：发菌期棚温在25 ℃以上，出菇期在20 ℃以上时，不宜过多调水。高温高湿，易造成菌丝萎缩、菇蕾死亡、死菇增多，诱发病害等。

③忌采菇前调水：进行2 h以上的通风后，方能采菇；否则，易使菇体变红或产生色斑。

④忌寒流来时调重水：避免菌床降温过快、温差过大，导致死菇或硬开伞。气温下降后，菇的生长速度与需水量随之下降，水分蒸发也减少，多余水分易产生“漏料”和退菌。

⑤忌阴雨天调重水：避免菇房因高湿状态而导致病害发生或菇体发育不良。

⑥忌施过浓的肥水、药水和石灰水：防止产生肥害、药害，避免渗透作用使菌丝细胞出现生理脱水而萎缩，造成菇体死亡或发红变色。

⑦忌菌丝衰弱时调重水：防止损害菌丝，菌床产生退菌。

⑧忌不按季节与气温变化调水：秋菇要随气温的下降和菇的生长量灵活调水，冬菇要控水，春菇要随气温的升高而逐渐加大调水量。

（2）温度管理

秋菇前期气温高，当菇房内温度在 18 ℃以上时，要采取措施降低棚内温度，如夜间通风降温、向棚四周喷水降温、向棚内排水沟灌水降温等。秋菇后期气温偏低，当棚内温度在 12 ℃以下时，要采取措施提高棚内温度。一般提高棚内温度的方法有采取中午通风提高温度，夜间加厚草苫保持棚内温度，或用黑膜、白膜双层膜提高棚内温度等措施。

（3）通风管理

双孢蘑菇是一种好气性真菌，因此菇房内要经常通风换气，不断排除有害气体，增加新鲜氧气，这样有利于双孢蘑菇的生长。菇房内的二氧化碳浓度为 0.03% ~0.1% 时，可诱发原基形成；当二氧化碳浓度达到 0.5% 时，就会抑制子实体分化；超过 1% 时，菌盖变小，菌柄细长，就会出现开伞和硬开伞现象。

秋菇前期气温偏高，此时菇房内如果通风不好，将会导致子实体生长不良，甚至出现幼菇萎缩死亡的现象。此时菇房通风的原则应考虑以下两个方面：一是通风不提高菇房内的温度，二是通风不降低菇房内的空气湿度。因此，菇房的通风应在夜间和雨天进行，无风的天气南北窗可全部打开，有风的天气只开背风窗。为解决通风与保湿的矛盾，门窗要挂草帘，并在草帘上喷水，这样在通风的同时也能保持菇房内的湿度，还可避免热风直接吹到菇床上，使双孢蘑菇发黄而影响产品质量。

秋菇后期气温下降，双孢蘑菇子实体减少，此时可适当减少通风次数。菇房内空气是否新鲜，主要以二氧化碳的含量为指标，也可从双孢蘑菇的子实体生长情况和形态变化确定出氧气是否充足。如通风差的菇房，会出现柄长盖小的畸形菇，这说明菇房内二氧化碳超标，需及时进行通风管理。

（4）采收

出菇阶段，每天都要采菇，根据市场需要的大小采，但不能开伞。采菇时要轻轻扭转，尽量不要带出培养料。随采随切除菇柄基部的泥根，要轻拿轻放，否则碰伤处极易变色，影响商品价值。

（5）采后管理

每次采菇后，应及时将遗留在床面上的干瘪、变黄的老根和死菇剔除，否则它们会发霉、腐烂，易引起绿色木霉和其他杂菌的侵染和害虫的滋生。采过菇的坑洼处再用土填平，保持料面平整、洁净，以免喷水时水渗透到培养料内影响菌丝生长。

2. 冬菇管理

双孢蘑菇冬季管理的主要目的，是保持和恢复培养料和土层内菌丝的生长活力，并为春菇打下良好的基础。长江以北诸省，12月底到翌年2月底，气候寒冷，构造好、升温快、保温性能强或有增温设施的菇棚可使其继续出菇，以获丰厚回报；但在控温、调水和通风等方面与秋菇、春菇管理有较大差异，要根据具体的气温灵活掌握，不可生搬硬套。升温、保温性能差的简易棚，棚内温度一般在5 ℃以下，菌丝体已处于休眠状态，子实体也失去应有的养分供给而停止生长，此时应采取越冬管理，否则会入不敷出，且影响春菇产量。

（1）水分管理

随着气温的逐渐降低，出菇越来越少，双孢蘑菇的新陈代谢过程也随之减慢，对水分的消耗减少，土面水分的蒸发量也在减少。为保持土层内有良好的透气条件，必须减少床面用水量，改善土层内透气状况，保持土层内菌丝的生活力。

冬季气温虽低，但北方气候干燥，床面蒸发依然很大，必须适当喷水。一般5～7天喷1次水，水温25～30 ℃为宜。不能重喷，以细土不发白、捏得扁、搓得碎为佳，含水量保持在15%左右。要防止床土过湿，避免低温结冰，冻坏新发菌丝。

若菌丝生长弱，可喷施1%葡萄糖水1～2次；喷水应在晴天中午进行。寒潮期间和0 ℃以下时不要喷水，室内温度最好控制在4 ℃以上。室内空气相对湿度可保持自然状态，结合喷水管理，越冬期间还应喷1～2次2%的清石灰水。

（2）通风管理

冬季要加强菇房保暖工作（图6－36），同时还要有一定的换气时间，保持菇房、出菇场所空气新鲜（图6－37、图6－38）。菇房北面窗户及通风气洞要用草帘等封闭，仅留小孔。一般每天中午开南窗通风2～3 h；气温特别低时，通风暂停2～3天，使菇房内保持2～3 ℃。

图6－36　双孢蘑菇棚口搭建拱棚保温

图6－37　冬季双孢蘑菇棚中午通风

图6－38　冬季双孢蘑菇林下栽培模式

（3）松土、除老根

松土可改善培养料表面及覆土层通气状况，减少有害代谢物，同时清除衰老的菌丝和死菇，有利于菌丝生长。菌丝生长较好的菌床，冬季进行松土和除老根，对促进来年春菇生产有良好作用。

松土、除老根后，需及时补充水分以利于发菌。发菌水应选择在温度开始回升以后喷洒，以便在有适当水分和适宜的温度下，促使菌丝萌发、生长。发菌水要一次用够，用量要保证恰到好处，即用 2 ~ 3 天时间，每天 1 ~ 2 次喷湿覆土层而又不渗入料内，防止用量不足或过多，导致菌丝不能正常生长。喷水后应适当进行通风。菌丝萌发后，千万要防止西南风袭击床面，以免引起土层水分的大量蒸发和菌丝干瘪后萎缩。

3. 春菇管理

2 月底 ~ 3 月初，日平均气温回升到 10 ℃左右，此时进入春菇管理期。

（1）水分管理

春菇前期调水应勤喷轻喷，忌用重水。随着气温的升高，双孢蘑菇陆续出菇后，可逐渐增加用水量。一般气温稳定在 12 ℃左右，调节出菇水就能正常出菇。出菇后期，菌床会变为酸性，可定期喷施石灰水进行调节。

（2）温、湿、气的调节

春菇管理前期应以保温保湿为主，通风宜在中午进行，防止昼夜温差过大。使菇房保持在一个较为稳定的温湿环境，有利于双孢蘑菇生长。春菇管理后期防高温、干燥，通风宜在早、晚进行。通风时严防干燥的西南风吹进菇房，以免引起土层菌丝变黄萎缩，失去结菇能力。

八、出菇期的病害

1. 出菇过密且小

菌丝扭结形成的原基多，子实体大量集中形成，菇密而小（图 6 – 39）。

（1）主要原因　出菇重水使用过迟，菌丝生长部位过高，子实体在细土表面形成；出菇重水用量不足；菇房通风不够。

（2）防治措施　出菇水一定要及时和充足；在出菇前就要加强通风。

图 6 – 39　双孢蘑菇出菇过密

图 6－40　双孢蘑菇出菇过密

2. 死菇

双孢蘑菇在出菇阶段，由于环境条件的不适，在菇床上经常发生小菇蕾萎缩、变黄直至死亡的现象，严重时床面的小菇蕾会大面积死亡（图 6－40）。

（1）主要原因　出菇密度大，营养供应不足；高温高湿，二氧化碳积累过量，幼菇缺氧窒息；机械损伤，在采菇时，周围小菇受到碰撞；培养基过干，覆土含水量过小；幼菇期或低温季节喷水量过大，导致菇体水肿黄化，溃烂死亡；用药不当，产生药害；秋菇时遇寒流侵袭，或春菇棚温上升过快，而料温上升缓慢，造成温差过大，导致死菇；秋末温度过高（超过 25 ℃），春菇气温回升过快，连续几天超过 20 ℃，此时温度适合菌丝体生长，菌丝体逐渐恢复活性，吸收大量养分，易导致已形成的菇蕾发生养分倒流，小菇因养分供应不足而成片死亡；严冬棚温长时间在 0 ℃以下，造成冻害而成片死亡；病原微生物侵染，发生虫害，螨、跳虫、菇蚊等泛滥。

（2）防治措施　根据当地气温变化特点，科学地安排播种季节，防止高温时出菇；春菇后期加强菇房降温措施，防止高温袭击；土层调水阶段，防止菌丝长出土面，压低出菇部位，以免出菇过密；防治病虫杂菌时，避免用药过量造成药害。

3. 畸形菇

常见的畸形菇有菌盖不规则、菌柄异常、草帽菇、无盖菇等情况（图 6－41）。

（1）主要原因　覆土过厚、过干，土粒偏大，对菇体产生机械压迫；通风不良，二氧化碳浓度大，出现柄长、盖小、易开伞的畸形菇；冬季室内用煤加温，一氧化碳中毒产生瘤状突起；药害导致畸形；调水与温度变化不协调而诱发菌柄开裂，裂片卷起；料内、覆土层含水量不足或空气湿度偏低，出现平顶、凹心或鳞片。

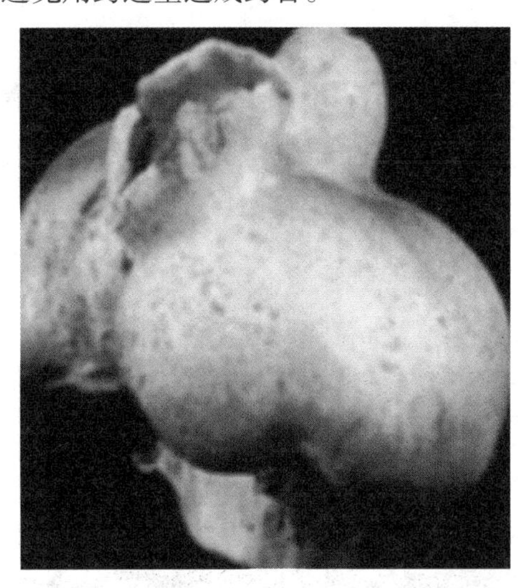

图 6－41　双孢菇畸形菇

（2）防治措施　为防止畸形菇发生，土粒不要太大，土质不要过硬；出菇期间要注意菇房通风；冬季加温火炉应放置在菇房外，利用火道送暖。

4. 薄皮菇

薄皮菇症状为菌盖薄，开伞早，质量差（图6－42）。

图6－42 双孢蘑菇薄皮菇

图6－43 双孢蘑菇硬开伞

（1）主要原因　培养料过生、过薄、过干；覆土过薄，覆土后调水轻，土层含水量不足；出菇期遇到高温、低湿、调水后通风不良；出菇密度大，温度高，湿度大，子实体生长快，成熟早，营养供应不上。

（2）防治措施　控制出菇数量，菇房通气，降低温度，能有效地防止薄皮早开伞现象发生。

5. 硬开伞

症状为提前开伞，甚至菇盖和菇柄脱离（图6－43）。

（1）主要原因　气温骤变，菇房出现10 ℃以上温差及较大干湿差；空气湿度高而土层湿度低；培养基养分供应不足；菌种老化；出菇太密，调水不当。

（2）防治措施　加强秋菇后期保温措施，减少菇房温度的变幅；增加空气湿度，促进菇体均衡生长。

6. 地雷菇

结菇部位深，甚至在覆土层以下，往往在长大时才被发现（图6－44）。

图6－44 双孢蘑菇地雷菇

（1）主要原因　培养基过湿、过厚或培养基内混有泥土；覆土后温度过低，菌丝未长满土层便开始扭结；调水量过大，产生“漏料”，土层与料层产生无菌丝的夹层，只能在夹层下结菇；通风过多，土层过干。

（2）防治措施　培养料不能过湿、不能混进泥土，避免料温和土温差别太大；合理调控水分，适当降低通风量，保持一定的空气相对湿度，避免表层覆土太干燥，促使菌丝向土面生长。

7. 红根菇

菌盖颜色正常，菇脚发红或微绿（图 6－45）。

（1）主要原因　用水过量，通风不足；肥害和药害；培养料偏酸；采收前喷水；运输中受潮、积压。

（2）防治措施　出菇期间土层不能过湿，加强菇房通风。

图 6－45　双孢蘑菇红根菇

8. 水锈病

表现为子实体上有锈色斑点，甚至斑点连片（图 6－46）。

（1）主要原因　床面喷水后没有及时通风，出菇环境湿度大；温度过低，子实体上水滴滞留时间过长。

（2）防治措施　喷水后，菇房应适当通风，以蒸发掉菇体表面的水分。

图 6－46　双孢蘑菇水锈病

9. 空心菇

症状为菇柄切削后有中空或白心现象（图 6－47）。

（1）主要原因　气温超过 20 ℃时，子实体生长速度快，出菇密度大；空气相对湿度在 90% 以下，覆土偏干。菇盖表面水分蒸发量大，迅速生长的子实体得不到水分的补充，就会在菇柄产生白色疏松的髓部，甚至菌柄中空，形成空心菇。

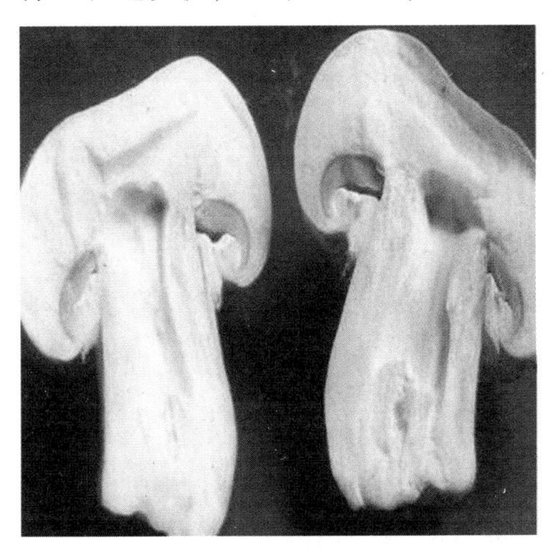

图 6－47　双孢蘑菇空心病

（2）防治措施　盛产期应加强水分管理，提高空气相对湿度，土面应及时喷水，不使土层过干；喷水时应轻而细，避免重喷。

10. 鳞片菇

（1）产生原因　气温偏低，前期菇房湿度小，空气干，后期湿度突然拉大，菌盖便容易

图 6－48　双孢蘑菇鳞片菇

产生鳞片（图 6－48）；有时鳞片是某些品种的固有特性。

（2）防治措施　提高菇房内的空气相对湿度，尽量避免干热风吹进菇房或直吹出菇床面。

11. 群菇

许多子实体参差不齐地密集成群菇（图 6－49），既不能增加产量，又浪费养分且不便于采菇。

（1）主要原因　使用老化菌种；采用穴播方式。

（2）防治措施　可采用混播法；在覆土前把穴播的老种块挖出，用培养料补平。

图 6－49　双孢蘑菇群菇

12. 胡桃肉状菌

（1）产生原因　胡桃肉状菌菇农形象地称之为“菜花菌”（图 6－50），它存在于旧菇房土壤中，病菌孢子随感病培养料、菌种等进入菇房，可随气流、人、工具等在棚内传播蔓延。子囊孢子耐高温，抗干旱，对化学药品抵抗力强，存活时间长。高温、高湿、通风不良以及培养料偏酸性的菇棚发生严重。

图 6－50　双孢蘑菇胡桃肉状菌

（2）防治措施　培养料需经过严格发酵，最好进行 2 次发酵，以消灭潜存在培养料内的病菌。培养料不宜过熟、过湿、偏酸；培养料进房前半个月，菇房、床架、墙壁及四周要用水冲洗，并喷洒 1% 的漂白粉溶液消毒。栽培 2 年以上的老菇房，床架要用 1∶2∶200 波尔多液洗刷，再用 10% 石灰水粉刷墙壁。覆土应取菜园 20 cm 以下的红壤土，暴晒后，每 100 m^2 栽培面积的覆土用 2. 5 kg 甲醛进行消毒。

发生此菌后应立即停止喷水，使土面干燥，并挑起胡桃肉状菌的子实体，用喷灯烧掉，再换上新土。小面积发生时可用柴油或煤油浇灌，或及早将受污染的培养料和覆土挖除，然后用2%的甲醛溶液或1%的漂白粉液喷洒，并喷石灰水，以提高培养料的pH值。已大面积发生时，应去除培养料，将培养料深埋或烧毁；然后消毒菇房，以免污染环境，预防来年发病。

九、双孢菇腌渍

双孢菇在收获季节由于上市集中，数量较大，难以储存，往往被低价处理，这极大地挫伤了菇农的种植积极性。在实际生产中可采用腌渍的方法来解决上述问题（图6－51、图6－52）。双孢菇经过脱盐处理后可用来加工罐头，在国际市场上非常畅销。

图6－51　双孢蘑菇杀青

图6－52　双孢蘑菇腌渍

第三节　工厂化高效栽培

在荷兰、美国等国家双孢蘑菇生产的特点是高度专业化，生产工业化，菌种、培养料、发酵和栽培等工序分别由专业的公司和菇场完成，各工序的参数控制非常严格，各菇场蘑菇的单产水平均较高。目前，国内一些蘑菇工厂引进和借鉴国外蘑菇工业化生产技术，在培养料发酵和蘑菇栽培等环节精确按参数控制，使蘑菇单产水平接近了国外的标准，并摆脱了季节性束缚，实现了周年生产（图6－53）。

图6－63　双孢蘑菇工厂生产车间

一、生产工序

从工艺技术方面看，我国现有双孢蘑菇工厂化栽培企业的工艺流程、主要生产设施、设备各有不同，根据工艺流程顺序、工序特点归纳，基本情况见表6－1。

表6－1 双孢蘑菇工厂化生产工序及特点

主要工序	生产方式及主要设备	主要特点
混合预湿	1. 用大型混料机械混料预湿（图6－54）	投资大，效率高，对原料有要求
	2. 用铲车、泡料池混料预湿	投资小，需要有一定的预湿场地
一次发酵	1. 用翻堆机在发酵棚内发酵	简单节能，占地大，质量不均
	2. 用一次发酵隧道发酵（图6－55）	发酵质量好，占地小，投资较大
二次发酵	1. 在菇房内通蒸汽消毒和后发酵	能耗高，消毒和后发酵不均，菇房利用率低，菇房损害大
	2. 在二次发酵隧道内消毒发酵（图6－56）	节能，消毒和后发酵质量好
三次发酵	1. 传送带入料，拉网出料	需要空调设备、通风设备、加湿设备，投资大
	2. 隧道布料机布料和播种，铲车出料	需要空调设备、通风设备、加湿设备，投资较小，铲车出料浪费部分培养料
上料、卸料方式及菇床架	1. 拉布式机械化上料、卸料，需要配备高标准的菇床架	铺料均匀，效率高，不易污染，投资大，生产成本高
	2. 压块打包后人工上料、卸料，可配一般结构的菇床架	铺料均匀，效率高，不易污染，打包投资大，热缩膜成本高
	3. 传送带上料、卸料，人工铺平压实，可配一般结构菇床架	效率较高，投资较小，生产成本较低，人工铺平压实有不匀现象
	4. 人工搬运上料、卸料，可配一般结构菇床架	投资小，效率低，劳动强度大，人工铺平压实有不匀现象
菇房空气调节系统	1. 水冷却（加热）方式，集中制冷（热）水，每个菇房安装风机盘管	安全可靠，便于维护，夏季菇房湿度不易控制
	2. 单体式水源冷（热）空调机组，每个菇房一台，可分别制冷制热	结构简单，造价适中，每个菇房可按工艺要求，灵活转换制冷制热模式，夏季菇房除湿效果好
	3. 单体式制冷机组，每个菇房一台，只能制冷，冬季取暖需另配热源	结构简单，造价低，夏季菇房除湿效果好，冬季需要另配供热系统

图6-54　真空预湿机

图6-55　一次发酵隧道

图6-56　二次发酵隧道

二、工厂化生产的主要环节

1. 通风管道式发酵隧道

这种隧道地下通风是采用塑料管加喇叭口气嘴（图6-57至图6-61），优点是结构简单便于维护，通风均匀，进出料方便；缺点是要求风机的送风压力较大，电耗较高（图6-62至图6-64）。

图6-57　通风管道式隧道初建

图6-58　通风管道式隧道钢筋架

图6-59　通风管道式隧道通过喇叭嘴

图6-60　通风管道式隧道铺设水泥

图 6-61　通风管道式隧道表面

图 6-62　通风管道式隧道通风管

图 6-63　通风管道式隧道通风管安装系统

图 6-64　通风管道式隧道通风风机

2. 上料方式

对于上料方式，目前主要有拉布式机械上料、压块打包式上料、传送带式上料、人工上料等四种：

（1）拉布式机械上料　通过上料设备把播好菌种的培养料均匀铺平压实在尼龙网布上，并将其拉到菇床架的床面上。这种上料方式的优点是料面平整、压实均匀，上料速度快，不易污染，卸料容易；缺点是要有专用的上料设备，对菇床架的要求比较高，投资很大，适合大型栽培企业。

（2）压块打包式上料　将二次发酵好的培养料播好菌种后，通过压块打包设备加工成菌包，用机械或人工摆放到菇床架上。这种上料方式的优点是菌包运输方便、便于上料不易污染，对菇床架的要求不高；缺点是要有专用的压块打包设备，要消耗大量热缩膜，投资大，生产成本高。只适用于大型培养料生产基地与出菇房距离较远或出菇房分散且周边硬化场地空间不大的情况。

（3）传送带式上料　将二次发酵好的培养料播好菌种后，通过传送带把散料送到菇床架上，用人工铺平并压实（也可用压实设备）。这种上料方式的优点是对菇床架要求不高，投资较小，生产成本较低；缺点是人工铺平、压实有不匀现象。

（4）人工上料　人工搬运上料、卸料，投资小，效率低，容易污染，劳动强度大，人工铺平、压实有不匀现象。

3. 菇房空气调节控制系统

对于菇房的空气调节控制系统，工厂化栽培的出菇房一定要有能够制冷和供热的空调设备，同时还要有能够调节室内空气成分（二氧化碳含量）和湿度（夏季比较重要）的调控设备（图 6－65）。在我国应用比较成功的主要有以下三种：

图 6－65　空气调节控制系统

（1）水冷却式中央空调系统　采用集中制冷（热）水，通过管道送到各个菇房的风机盘管内，各个房间分别调节。这种空调系统的优点是安全可靠，便于维护，房间较多时投资相对减少；缺点是夏季菇房湿度不易控制，蘑菇的含水量偏高，不易保鲜。适用于菇房较多，不以鲜销为主的大型双孢蘑菇栽培企业。

（2）单体式水源冷（热）空调机组　每个菇房一套，可分别制冷制热。这种空调系统的优点是安全可靠，节能效率高，便于控制，夏季菇房除湿效果好，蘑菇的含水量容易控制，易于保鲜，特别适合以鲜销为主的双孢蘑菇栽培企业；缺点是菇房多时投资会增加。

（3）单体式制冷空调机组　每个菇房一套，只能制冷。这种空调系统的优点是安全可靠，便于控制，夏季菇房除湿效果好，蘑菇易于保鲜，适合以鲜销为主的双孢蘑菇栽培；缺点是只能夏季使用，且菇房多时投资也会增加。

三、双孢蘑菇工厂化生产技术要点

1. 培养料的配比

（1）常用培养料　工厂化的双孢菇生产常用的原料有麦草、稻草、鸡粪、牛粪、饼肥、石膏、磷肥等。原料的选择，既要考虑营养，又要考虑培养料的通透性。麦草和鸡粪是首选原材料。

（2）培养料要求　新鲜无霉变，麦草含水量 18%～20%，含氮量 0.4%～0.6%，黄白色草茎长者为佳。鸡粪要尽量得干，不能有结块，含水量 30% 左右，含氮量 4%～5%，以雏鸡粪最好，蛋鸡粪次之。石灰、石膏等辅料，要求无杂质，不含没有必要的重金属，特别是镁含量不宜过高，氧化镁含量控制在 1% 以下。

（3）培养料配制原则　培养料配制时，首先要计算初始含氮量，然后确定粪草比，最后确认培养料中碳和氮的比例。以粪草培养料配方为主的初始含氮量控制在 1.5%～

1.7%之间。合成培养料配方为主的初始含氮量控制在2%左右。培养料配制的粪草比不能超过5:5，否则游离氨气将很难排尽。

关于培养料配制中碳和氮的比例，国内资料一致推荐碳氮比为（30～33）:1，这种比例是基于国内相应的生产条件所给出的，在工厂化生产的培养料配制中碳氮比应为（23～27）:1，这种碳氮比的配制将在料仓和隧道系统中发挥优势。培养料配制中碳氮比在生理作用层面上，碳源主要供应微生物生长所需的能量，氮源主要参与微生物蛋白质合成，合成微生物内部的构造物质。对微生物生长发育来讲，培养基中碳氮比是极其重要的，对双孢菇而言尤其关键。碳氮比例（23～27）:1的培养料，在料仓和隧道系统中，有利于促进培养料发酵的有益微生物的生长发育，促进培养料的腐熟分解。在料仓中，培养料中的碳氮比逐渐降到（21～26）:1；在隧道中培养料中的碳氮比逐渐降到(14～16）:1，此时的碳氮比有利于蘑菇菌丝的生长发育，而菌丝的良好生长为以后蘑菇的高产打下必要的基础。在培养料的堆制过程中，含氮量过低，会减弱微生物的活动，堆温低，延长发酵时间；含氮量偏高时，将会造成氨气在培养料中的积累，抑制蘑菇菌丝的生长。因此，在配制培养料时，主料和辅料的用量必须按一定比例进行。

（4）推荐配方　麦草1000 kg，鸡粪1400 kg，石膏110 kg。其中麦草水分18%，含氮量0.48%；鸡粪水分45%，含氮量3.0%。培养料中初始含氮量1.6%，碳氮比为23:1。

2. 培养料的堆制发酵

（1）场地要求　工厂化双孢菇生产的培养料发酵在菌料厂内完成，菌料厂封闭运行，分原料储备区、预湿混料区、一次发酵区和二次发酵区四个部分。对场地的要求是地势高，排水畅通，水源充足，菌料厂的地面都应采取水泥硬化，并根据生产需求设计合理的给排水系统。菌料厂的布局细节暂不作论述。

（2）发酵用水　符合饮用水的卫生标准，用自来水或深井水，同时排水系统要有防污染设置，对排水要充分净化。发酵用水的质量控制指标是pH7～8，氮含量尽量低，浸料池水的含氮量每批料都需要测量。

（3）堆制发酵　双区制的双孢菇工厂，采取二次发酵技术，用料仓进行为期16天的一次发酵，用隧道进行为期7～9天的二次发酵。双区制双孢菇培养料堆制发酵流程为：

原料预处理→培养料预湿处理→混料调制→一次发酵→隧道二次发酵→降温上料

播种。

相关知识

三种发酵方式

1. 室外自然发酵　是最早经历的阶段，目前在国内大部分采用的是室外自然发酵堆肥方法，花费的时间较长，堆肥混合不均匀，受外界因素的影响很大，堆肥发酵阶段温度很难控制。

2. 仓式发酵　是对室外自然发酵的大改进，由室外转移至室内进行发酵，可以是封闭也可以是半封闭的状态。进料跟传统的种植模式一样，也是由装载机来完成。主要是通过控制进入堆肥的空气来控制整个发酵进程，人工控制进入整个堆肥的空气流量来调整发酵速度。仓式发酵的最大进步是在发酵仓内的地板下装入管道式通风系统，通风面积达30%，由外界送风可以直接通过地板自下而上垂直加压进入堆肥，从而保证堆肥发酵温度的均一，进而可以使全部堆肥完全、充分并且均匀进行发酵。

图6－66　培养料隧道发酵

3. 隧道发酵　是对仓式发酵的更进一步改进，全封闭式结构。对地板进行改进，使地面形成一种网状结构。地板为条形镂空式，总体通风面积占地板总面积的50%左右，进出料完全实现机械化。通过网状地面的设计，自然风按照设计的流向充分进入堆肥，在一个封闭的空间内进行充分的发酵，这样比较节省能源；厌氧发酵（促进碳水化合物的分解）与有氧发酵（促进蛋白质—氮的转化）交替进行，使秸秆充分分解、转化，并使部分氨离子（NH_4^+）固化，变成菌丝可以利用的氮源。从实际使用效果来看，没有大量的氨气排放，同时也缩短了一次发酵的时间。目前在荷兰双孢菇堆肥生产公司，大多采用这种隧道式发酵模式（图6－66）。

3. 栽培设施条件

控温菇房车间采用钢塑结构或砖混结构建造，封闭性、保温性及节能性好，利于控温、保湿、通风、光照和防控病虫害（图6－67）。单库菇房大小以10 m×6 m×4 m为宜，中架宽1.3 m，边架宽0.9 m，层间距0.5 m，底层离地面0.2 m以上，架间走道0.7 m。按冷库标准要求进行建造，制冷设备与冷库大小相匹配，配置制冷机及制冷系统、风机及通风系统和自动控制系统；应有健全的消防安全设施，备足消防器材；排水系统畅通，地面平整。

国内有的企业开发了节能菇房（图6－68），该菇房造价较低，产量接近于工厂化出菇房。

图6－67　工厂化菇房外观

图6－68　节能菇房外观

工厂化生产区与生活区分隔开，生产区应合理布局，堆料场、拌料装料车间、制种车间、发酵车间、接种室、发菌室与控温菇房、包装车间、成品仓库、下脚料处理场各自隔离又合理衔接，防止各生产环节间交叉污染。

4. 上料、发菌

（1）准备　上料前结合上一个养殖周期用蒸汽将菇房加热至70～80 ℃维持12 h，撤料并清洗菇房。上料前控制菇房温度在20～25 ℃，要求操作时开风机保持正压。

（2）上料　用上料设备将培养料均匀地铺到床架上，同时把菌种均匀地播在培养料里（图6－69），每平方米大约0.6 L（占总播种量的75%），料厚22～25 cm。上完料后立即封门，床面整理平整并压实，将剩余的25%菌种均匀地撒在料面上，盖好地膜。地面清理干净，用杀菌剂和杀虫剂或二合一的烟雾剂消毒一次。

图6－69　自动播种上料设备

（3）发菌　料温控制在24～28 ℃，相对湿度控制在90%，根据温度调整通风量。每隔7天用杀虫杀菌剂消毒一次。14天左右菌丝即可长好，覆土前2天揭去地膜，消毒一次。菇房内二氧化碳含量在1200 mg/kg左右。

（4）病虫害防治　此期间病虫害很少发生，如果出现病害要及时将培养料清除出菇房做无害化处理；对于虫害（主要为菇蝇、菇蚊），在菇房外部设立紫外灯或黑光灯进行诱杀。菇房内定期杀菌，用烟雾剂熏蒸杀虫即可。

5. 覆土及覆土期发菌管理

（1）覆土的准备　草炭土粉碎后加25%左右的河沙，用福尔马林、石灰等拌土，同时调整含水量在55%～60%，pH值在7.8～8.2，覆膜闷土2～5天，覆土前3～5天揭掉覆盖物，摊晾。

（2）覆土　把覆土材料均匀铺到床面上，厚度4 cm。环境条件同发菌期一致；菌丝爬土后连续3天加水，加到覆土的最大持水量。

（3）搔菌　菌丝基本长满覆土后进行搔菌，2天后将室温降到15～18 ℃，进入出菇阶段。

6. 出菇

（1）降温　进入出菇阶段后，24 h内将料温降到17～19 ℃，室温降到15～18 ℃，空气湿度在92%，二氧化碳含量低于800 mg/kg。

（2）出菇　保持上述环境到菇蕾至黄豆粒大小，降低湿度至80%～85%，其他环境条件不变；当双孢蘑菇长到花生粒大小后增加加水量（图6－70、图6－71）。

图6－70　双孢蘑菇工厂化出菇

图6－71　工厂化箱式出菇

图6－72　机械化采菇

（3）采摘　蘑菇大小达到客户要求后即可采摘，每潮菇采摘3～4天，第4天清床，将所有的蘑菇不分大小一律采完（图6－72），采后清理好床面的死菇、菇脚等。清床后根据覆土干湿和菇蕾情况加水2～3次，二潮菇后的管理同第一潮菇。

【提示】用机械采的双孢蘑菇，一般用于

加工，鲜销的一般手工采摘。

（4）清料　三潮菇结束后，及时清理废菌料，并开展菌糠生物质资源的无害化循环利用。对生产场地及周围环境定期冲刷、消毒，菇房通入蒸汽使温度达到 70～80 ℃，维持 12 h，降温后撤料，开始下一周期的生产。

【注意】工厂化生产的双孢蘑菇应推行产品包装标识上市，建立质量安全追溯制度及生产技术档案，生产记录档案应保留 3 年以上。生产技术档案内容包括以下几个方面：

1. 产地环境条件：空气质量，水源质量，菇房设施材料、结构及配套设备、器具等。

2. 生产投入品（包括栽培料配方中原辅材料、肥料、农药及添加剂、所用菌种、拌料及出菇管理用水等）使用情况：包括名称，来源，用法和用量，使用和停用的日期等。

3. 生产管理过程中（从备料、预湿、一次发酵、二次发酵、播种、发菌、出菇到采收）双孢蘑菇病虫害的发生和用药防治情况。

4. 双孢蘑菇采收日期、采收数量，商品菇等级，包装，加工。

5. 生产场所（菇棚、菇房）名称、栽培数量、记录人、入档日期。

第七章 猴头菇

第一节 概述

猴头菇（Hericium erinaceus）又名猴头菌、猴头、猴头蘑、刺猬菌、花菜菌、山伏菌、猬菌，属真菌界、担子菌亚门、多孔菌目、猴头菇属。猴头与鱼翅、熊掌、燕窝被誉为四大名菜。猴头菌的营养成分很高，是名副其实的高蛋白、低脂肪食品，菌肉鲜嫩，香醇可口，有“素中荤”之称，明清时期被列为贡品。

猴头菇性平、味甘，利五脏，助消化；具有健胃，补虚，抗癌，益肾精之功效。在抗癌药物筛选中，人们发现其对皮肤、肌肉癌肿有明显抗癌功效。所以常吃猴头菇，无病可以增强抗病能力，有病则可以治疗疾病。

一、形态特征

1. 菌丝体

猴头菇母种在PDA培养基上菌丝生长不均匀，紧贴于培养基表面，气生菌丝短、稀、细，基内菌丝发达。在培养基上极易形成珊瑚状子实体原基，外观形似小疙瘩。原种、栽培种、栽培袋猴头菇菌丝洁白、浓密、粗壮，生长快，上下分布均匀。

2. 子实体

猴头菇子实体呈块状、扁半球形或头形，肉质，直径5～15 cm，不分枝（图7－1），新

图7－1　猴头菇

鲜时呈白色，干燥时变成褐色或淡棕色。子实体基部狭窄或略有短柄。菌刺密集下垂，覆盖整个子实体，肉刺圆筒形，刺长 1 ~5 cm，粗 1 ~2 mm。

二、生长发育条件

1. 营养条件

猴头菇属木腐菌，分解木材的能力很强，能广泛利用碳源、氮源、矿质元素及维生素等。人工栽培时，适宜树种的木屑、甘蔗渣、棉籽壳等是理想的碳源；麸皮和米糠是良好的氮源，其他能利用的氮源还有蛋白胨、铵盐、硝酸盐等。

生长发育过程中需要适宜的碳氮比，菌丝生长阶段以 25∶1 为宜，子实体生育阶段以（35 ~45）∶1 最适宜。此外，猴头菇在生长中还要吸收一定数量的磷、钾、镁及钙等矿质离子。

2. 环境条件

（1）温度　猴头菇菌丝生长温度范围为 6 ~34 ℃，最适温度为 25 ℃左右。低于 6 ℃，菌丝代谢作用停止；高于 30 ℃时菌丝生长缓慢易老化，35 ℃时停止生长。子实体生长的温度范围为 12 ~24 ℃，以 18 ~20 ℃最适宜。当温度高于 25 ℃时，子实体生长缓慢或不形成子实体；温度低于 10 ℃时，子实体开始发红，随着温度的下降，其色泽加深，无食用价值。

（2）水分　培养基质的适宜含水量为 60% ~70%，当含水量低于 50% 或高于 80%，猴头菇原基分化数量显著减少，子实体晚熟，产量降低。对相对湿度的要求，菌丝培养发育阶段以 70% 为宜；子实体形成阶段则需要达到 85% ~90%，此时子实体生长迅速而洁白。若低于 70%，则子实体表面失水严重，菇体干缩，变黄色，菌刺短，伸长不开，导致减产；反之空气相对湿度高于 95%，则菌刺长而粗，菇体球心小，分枝状，形成“花菇”。一个直径 5 ~10 cm 的猴头菇子实体，每日水分蒸发量达 2 ~6 g。

（3）空气　猴头菇属好气性菌类，对二氧化碳浓度反应非常敏感，当空气中二氧化碳浓度高于 0.1% 时，就会刺激菌柄不断分枝，形成珊瑚状的畸形菇，因此菇房保持新鲜的空气极为重要。

（4）光照　猴头菇菌丝生长阶段基本上不需要光，但在无光条件下不能形成原基，需要有 50 lx 的散射光才能刺激原基分化。子实体生长阶段则需要充足的散射光，光强度在 200 ~400 lx 时，菇体生长充实而洁白；但光强高于 1000 lx 时，菇体发红，质量差，产量下降。

猴头菇子实体的菌刺生长具有明显的向地性，因此在管理中不宜过多地改变容器的摆设方向，否则会形成菌刺卷曲的畸形菇。

（5）酸碱度　猴头菇属喜酸性菌类，菌丝生长阶段在 pH2.4～5 的范围内均可生长，但以 pH 值为 4 最适宜。当 pH 值在 7 以上时，菌丝生长不良，菌落呈不规则状。子实体生长阶段以 pH4～5 最适宜。

第二节　猴头菇生产技术

一、栽培季节

猴头菇的栽培季节，应根据其子实体生长温度以 16～20 ℃为最适宜的特点和当地的气候条件确定，一般春秋两季均可栽培。

二、栽培配方

1. 棉籽壳 50%，木屑 30%，麦麸 16%，石膏或碳酸钙 2%，糖 1%，过磷酸钙 1%。

2. 草粉 50%，木屑 26%，麦麸 20%，石膏或碳酸钙 2%，糖 1%，过磷酸钙 1%。

3. 木屑 69.5%，麦麸 25%，黄豆粉 2%，石膏或碳酸钙 2%，糖 1%，尿素 0.5%。

三、装袋、灭菌

目前猴头菇栽培以 15 cm×55 cm 的低压聚乙烯塑料袋常用，每袋可装干料 0.4～0.5 kg。装料前先将袋口一头用线绳扎好，装料时将料压实，上下松紧度要一致，且袋口要擦干净，以免杂菌从袋口侵入。装满料后，从中央打上通气接种孔，再用线绳将另一口扎紧。

装袋后采用常压灭菌。

四、接种、发菌

待料温降至 30 ℃以下时，在无菌条件下进行接种。接种后，将菌筒搬入培养室，按“井”字形堆叠发菌。培养室内温度维持在 20～25 ℃，空气湿度在 65% 左右，遮光培养。在菌丝生长旺盛期（接种后 15 天左右），将温度降低至 20 ℃左右。经 20～28

天培养，菌筒的菌丝基本长满，应及时将菌筒搬入菇棚进行催蕾出菇。

五、排袋、开口

在菇畦底部垫一层砖，将菌袋横放在砖上，码4～6层为宜。为防止子实体长出瓶、袋口后相互连生在一起，上层与下层的瓶、袋口应反方向放置（图7-2），去除袋口包扎物（颈圈），袋口自然收拢不撑开。袋上用塑料薄膜覆盖，每2～3天将薄膜掀动一次，促使菇蕾形成。当菇蕾直径2～3 cm时，揭去薄膜。

图7-2　猴头菇排袋出菇

六、出菇期管理

1. 调节温度

子实体形成后，温度应调节在14～20 ℃，以利其迅速生长。温度过高时，应早、晚开窗及时通风降温，以防子实体生长缓慢；温度过低时应适当增加温度，促进其生长（图7-3）。

图7-3　猴头菇出菇期

2. 保持湿度

喷水应掌握“勤喷、少喷”的原则，空气相对湿度要求在90%左右。湿度过大，会引起子实体早熟，质量差；湿度过低，子实体生长缓慢，易变黄干缩。

3. 加强通风换气

保持空气新鲜是促进子实体形成的主要条件之一。如果通气不良，二氧化碳过多，易出现珊瑚状畸形菇。因此，应注意菇房的通风换气，每天定时打开通气口。高温时，多在早、晚通风，每次30 min左右；低温时，可在中午通风，经常保持菇房的空气新鲜。

4. 掌握适宜光线

猴头菇子实体生长阶段需要一定的散射光，若光线不足，子实体原基不易形成，甚至对已形成的子实体造成畸形菇。但要防止阳光直晒，一般以光照200～300 lx为宜，菇房有一定的散射光即可。

猴头菇的食用方法

食用猴头菇要经过洗涤、涨发、漂洗和烹制四个阶段，直至软烂如豆腐时其营养成分才完全析出。另外霉烂变质的猴头菇不可食用，以防中毒。

干猴头菇适宜用水泡发而不宜用醋泡发。泡发时先将猴头菇洗净，然后将其放在冷水中浸泡一会儿，再加沸水入笼蒸制或入锅焖煮，或放在热水中浸泡 3 个小时以上（泡发至没有白色硬芯即可。如果泡发不充分，烹调的时候由于蛋白质变性，很难将猴头菇煮软）。另外需要注意的是，即使将猴头菇泡发好了，在烹制前也要先把它放在容器内，加入姜、葱、料酒、高汤等上笼蒸或煮制，这样做可以中和一部分猴头菇本身带有的苦味；然后再进行烹制。

第八章 鸡腿菇

第一节 概述

鸡腿菇［Coprinus comatus（Mull. ex Fr.）S. F. Gray］又名鸡腿蘑、毛头鬼伞，属真菌门，担子菌亚门、层菌亚纲、伞菌目、伞菌科、鬼伞属。20 世纪 70 年代西方国家开始人工栽培鸡腿菇，我国在 80 年代开始人工栽培，并将野生鸡腿菇驯化成人工栽培种。近年来其种植规模迅速扩大，已成为我国大宗栽培的食用菌之一。目前，山东、河北、福建等省已经从单一栽培模式发展为多种栽培模式，可以在室内、棚内栽培，也可利用防空洞、土洞、林下进行反季节栽培；可以阳畦栽培，也可以床架、工厂化栽培；可以生料栽培，也可发酵料、熟料栽培。在原料上可以利用农业和工业生产中的下脚料，如秸秆、稻草、棉籽壳、废棉、酒糟、酱渣、甘蔗渣、木糖醇渣栽培鸡腿菇。出菇后的菌袋废料，可制作生物有机肥料，也可以用作畜禽饲料或生产沼气原料，畜禽粪便又可用作培养鸡腿菇辅料，因此可形成农业生产的良性循环，属于环保型的产业，具有广阔的发展前景。

鸡腿菇营养丰富，据报道，100 g 干品中含粗蛋白 25.4 g，脂肪 3.3 g，总糖 58.8 g，纤维 7.3 g，灰分 12.5 g，热量值 346 kcal。蛋白质中含有 20 种氨基酸，其中人体必需的 8 种氨基酸全具备。鸡腿菇也是一种药用菌，有益胃、清神、助食、消痔、降血糖等功效，对糖尿病有辅助疗效。据《中国药用真菌图鉴》载，鸡腿菇的热水提取物对小白鼠肉瘤 S－180 和艾氏癌抑制率分别为 100% 及 90%。鸡腿菇还有治疗糖尿病的功效，长期食用对降低血糖浓度、治疗糖尿病有较好疗效。另外经常食用鸡腿菇有助于消化、增进食欲，特别对治疗痔疮效果明显。

一、形态特征

1. 菌丝体

鸡腿菇菌丝在母种培养基上，初期呈灰白色，浓密、整齐，随着菌丝的不断生长，后期呈灰褐色；在原种培养基（麦粒、玉米粒及其他稻壳等）上呈灰白色，有轻微爬壁现象，长时间保藏菌丝会分泌黑色素。

2. 子实体

鸡腿菇的菌盖初呈圆柱形至卵圆形，随着菌盖长大，其表面产生较大的鳞片状物（图 8－1）；开伞后边缘菌褶很快溶化成墨汁状液体。菌柄白色、圆柱状中空、较脆、上部较细、基部较粗，直径一般为 1～5 cm，与品种及生长环境条件有密切关系；菌柄长一般为 5～25 cm，也因品种及生长环境条件而异。

图 8－1　鸡腿菇子实体

二、生长发育条件

1. 营养条件

鸡腿菇是腐生性真菌，其菌丝体利用营养的能力特别强，纤维素、葡萄糖、木糖、果糖等均可被利用。但在生产中为使其正常生长和加快生长速度，提高产量和商品质量，还应适当添加一些氮素营养，如麦麸、豆饼粉等，一般培养料的碳氮比在（20～40）∶1 即可。

2. 环境条件

（1）温度　鸡腿菇是一种中温偏低型菇类，菌丝生长的温度范围为 3～35 ℃，最适温度为 26 ℃，其菌丝抗寒能力特强，能忍受 －30 ℃低温。温度低，菌丝生长缓慢，呈现稀绒毛状；温度高，菌丝生长快，呈绒毛状，气生菌丝发达，基内菌丝变稀。当温度超过 37 ℃时，菌丝会自溶，导致生产失败。

子实体形成需低温刺激，当温度降到 20 ℃以下、9 ℃以上时，鸡腿菇菇蕾即会破土而出。鸡腿菇子实体生长温度范围为 9～30 ℃，一般低于 8 ℃、高于 30 ℃时，子实体不易形成，即使勉强现蕾，也会很快老化，且产量、品质都很差。在 9～30 ℃范围内，随温度升高，子实体品质下降，最佳出菇温度为 20 ℃。在 12～18 ℃范围内，温度越低，子实体发育越慢，个头大，个个像鸡腿，甚至像手榴弹。20 ℃以上菌柄易伸长，菌盖易开伞。人工栽培时，温度在16～24 ℃子实体发生最多，产量最高。

（2）湿度　菌丝生长时基料含水量以65%左右为宜，春季拌料因空气干燥，水分蒸发快，水分可适当调高一些；秋季栽培因高温季节发菌，水分可适当降至60%以下。为确保发菌成功，发菌期间相对空气湿度应控制在70%左右，出菇时空气相对湿度应控制在80%～90%。湿度过低易使子实体过早翻卷鳞片；过高易引发某些病害，包括褐色斑点等生理性病害。

（3）光照　适宜的光照强度有利于子实体形成，如无一定强度的散射光刺激，子实体生长很慢；如果光照太强，子实体生长受抑制，且质地差，干燥、变黄，降低商品价值。理想的光强度为500～800 lx，在这样的光强下出菇快、产量高、品质好，不易感染杂菌。一般认为菌丝生长不需要光，但微弱的光不影响菌丝生长。

（4）空气　鸡腿菇是一种好氧型腐生菌，一生中都需要较好的通风条件，尤其是出菇阶段，更要加强通风，保持菇棚内空气新鲜。当菇棚内食用菌气味很小甚至没有时，鸡腿菇子实体如同处在野生条件下，其生长发育良好。

（5）酸碱度　鸡腿菇不论菌丝生长阶段还是子实体生长阶段，适宜的pH值为7左右，过高或过低，均会对菌丝生长有抑制作用。但在生产中，为了防止杂菌，往往将pH值调至大于8。虽然不太适宜，但经过一段时间生长之后，培养料pH值会被菌丝自动调至7。

（6）土壤　鸡腿菇菌丝体长满培养料后，即使达到生理成熟，如果不予覆土处理，便永远不会出菇，这是鸡腿菇的重要特性之一。鸡腿菇子实体生长前提条件之一是必须覆土，覆土要求中性或偏碱性，且覆土材料要经过消毒、杀菌、灭虫处理。

覆土主要作用：①控制温度，起隔热和遮阴作用；②调节湿度，减少菇畦内水分蒸发，有利于水分管理；③覆土后由于加大了对栽培料的压力、缩小了栽培料的孔隙，有利于菌丝吃料、穿透和交织；④土壤中含有氮、磷、钾等营养成分以及土壤微生物代谢产物，可改进及平衡栽培料的营养供给，使鸡腿菇顺利出菇。

覆土的时间、厚度、土质、方式等不同，对出菇时间、菇体形态、产量等会产生一定的影响，如采用中性土壤加入煤渣、石灰混合，则出菇早，菌柄粗壮，品质优良，产量较高。因为草炭土、煤灰渣和腐殖质等混合，具备了营养丰富、结构疏松、持水性强、通气良好的条件，可收到较其他红壤土、黏土更好的效果。

第二节 鸡腿菇生产技术

一、栽培季节

我国北方省份如果利用大棚、半地下或地下式的菇棚、拱棚等设施，可春秋两季栽培。春栽可在2～6月份，秋栽宜在8～12月份进行，也可利用山洞、土洞、林地进行反季节栽培。

二、培养料配方

1. 棉籽壳96%，尿素0.5%，磷肥1.5%，石灰2%。
2. 稻草、玉米秸各40%，牛、马粪15%，尿素0.5%，磷肥1.5%，石灰3%。
3. 玉米芯95%，尿素0.5%，磷肥1.5%，石灰3%。
4. 玉米芯90%，麸皮7%，尿素0.5%，石灰2%～3%。
5. 菇类菌糠80%，马粪（或牛粪）15%，尿素0.5%，磷肥1.5%，石灰3%。
6. 菇类菌糠50%，棉籽皮38%，玉米粉7.5%，尿素0.5%，石灰4%。
7. 玉米秸88%，麸皮8%，尿素0.5%，石灰3.5%。
8. 玉米秸及麦秸各40%，麸皮15%，磷肥1%，尿素0.5%，石灰3.5%。

【注意】以上秸秆应粉碎成粗糠，玉米芯粉碎成黄豆粒大，粪打碎晒干，将配料掺匀，再加水120%～130%拌匀。可根据各地资源选用合适的栽培原料。

三、拌料及栽培原料处理

拌料及栽培原料处理同平菇。

四、栽培方法

1. 畦式直播栽培

图8－2 鸡腿菇畦式直播

（1）挖畦 根据栽培棚的类型和大小在棚内挖畦。2 m宽的拱式棚，可沿棚两侧挖畦，畦宽80 cm，中间留40 cm宽的人行道。在倾斜式半地下棚内，沿棚向留三条人行道，每条40 cm，平分成4个长畦，每畦宽95 cm左右（图8－2）；或者在靠近北墙处留一条70 cm左右的人行道，南北向挖畦，畦宽1 m，两畦之间留 40 cm 人行道。在地上棚中，靠北墙留一条宽 70 ~ 80 cm 的人行道，南北向挖畦，畦宽 1 m，两畦之间留 40 cm 宽人行道。在以上三种棚内挖畦时，将挖出的土筑于人行道上及畦两端，使畦深 20 cm。

（2）铺料、播种　挖好畦后，在畦底撒一薄层石灰，将拌好的生料或发酵料铺入畦中，铺料约 7 cm 厚时，稍压实，撒一层菌种（菌种掰成小枣大），约占总播种量的 1/3，畦边播量较多；然后铺第二层料，至料厚约 13 cm 时，稍压实，再播第二层菌种，占总播种量的 1/3（总播种量占干料重的 15%），再撒一层料，约 2 cm 厚，将菌种盖严，稍压实后，覆盖塑料薄膜，将畦面盖严、发菌。

（3）发菌期管理　播种覆膜后，保持畦内料温在 20 ℃左右，如果料温高于 28 ℃，应及时揭膜散温，但应注意勿使料面干燥。如果畦内料过湿，也应揭膜散潮。当料面出现菌丝时，每天掀动薄膜 1 ~ 2 次，进行通风换气，使畦面空气清新。正常情况下 15 ~ 20 天料面即发满菌丝。发菌期如果出现杂菌，应及时清除，以免蔓延。

（4）覆土　理想的覆土材料应具有喷水不板结、湿时不发黏、干时不结块、表面不形成硬皮和龟裂等特点，一般多用稻田土、池糖土、麦田土、豆地土、河泥土、林地土等，不用菜园土，因为它含氮量高，易造成菌丝徒长，结菇少，并且易藏有大量病菌和虫卵。

土应取表面 15 cm 以下的土，并且经过烈日暴晒，以杀灭虫卵及病菌，而且可使土中一些还原性物质转化为对菌丝有利的氧化性物质。覆土最好呈颗粒状，小粒 0.5 ~ 0.8 cm，粗粒 1.5 ~ 2.0 cm，掺入 1% 的石灰粉，喷甲醛及 0.05% 的敌敌畏，堆好堆，盖上塑料薄膜闷 24 h。然后，掀掉薄膜，摊开土堆，等散发完药味后即可覆土。土的湿度以手握成团，抖之即散为好。

鸡腿菇菌丝生长发育成熟后，不接触土壤不形成子实体，因此料面发满菌丝后应及时覆土，覆土层约 3 cm 厚，分 3 天每天 1 次用清水喷至覆土最大持水量。覆土层上可覆盖塑料薄膜进行发菌，切忌覆土后喷水过大。

2. 袋式栽培

（1）拌料、装袋播种、发菌　鸡腿菇生料、发酵料栽培可选用低压聚乙烯塑料袋，规格为（40 ~ 50）cm ×（25 ~ 28）cm，可装干料 1 ~ 1.7 kg；也可用大袋，规格为 70 cm × 60 cm，可装干料 5 kg（图 8 – 3），拌料、装袋播种、发菌同平菇；鸡腿菇熟料栽培可选用低压聚乙烯袋，规格为（20 ~ 22）cm ×（40 ~ 45）cm，

图 8 – 3　鸡腿菇大袋栽培

可装干料 2.0 kg，拌料、装袋、灭菌、接种、发菌同香菇。

（2）覆土　鸡腿菇菌丝体抗老化能力强，可较长时间存放，因此可根据栽培场所和市场需求来决定脱袋及覆土时间。

鸡腿菇袋式栽培覆土分为脱袋覆土（图 8－4）和不脱袋覆土（图 8－5）两种方式。脱袋覆土方式同平菇全覆土栽培；不脱袋覆土一般是把发满菌的菌袋的扎口绳去掉，拉直袋口，然后在菌袋上端覆土 2～3 cm，盖膜保温保湿，养菌出菇。

图 8－4　鸡腿菇脱袋覆土出菇

图 8－5　鸡腿菇不脱袋覆土出菇

【窍门】不脱袋覆土的优点是减少了挖畦、脱袋的工序，解决了覆土量大的难题，省工、省时，且节省土地；且可利用多种场地，如各种床架、畦床、防空洞、土洞、庭院空地、房顶平台等，出菇时间安排灵活，菌袋污染少，并且易及时清除污染袋。其缺点是生物转化率低，二、三潮菇不易形成。

五、出菇管理

覆土后，加强对湿度的管理，使土层湿润，保持空间相对湿度在 75% 以上。当菌丝长出覆土层时，就要适当降温，尽量创造温差，减少通风，降低湿度，及时喷“结菇水”，以利于原基形成。喷水不要太急，宜在早、晚凉爽时喷。气温高时，每天喷水 1～2 次，要掌握“菇蕾禁喷，空间勤喷；幼菇（菌柄分化）酌喷，保持湿润；成菇（完全分化）轻喷”的科学用水方法。

适当增加散射光强度进行催蕾，避免直射光照射，以使菇体生长白嫩；并注意将薄膜两端揭开通小风，刺激菌丝体扭结现蕾。实践证明，适当缺氧能使子实体生长快而鲜嫩，菇形好。若大田栽培，4～5 月应加盖双层遮阳网；若在树林或果树下，加一层遮阴网，避免直射光的照射。菇蕾形成后，经精心管理，过 7～10 天，子实体达到八成熟，菌环稍有松动，即可采收。

相关知识

温度、湿度、通风、光照是关系鸡腿菇产量和质量的主要因素，几种因素既相互矛盾又相辅相成。通风降温不要忘记保持湿度，保温保湿不要忘记通风，根据不同季节，进行科学管理。

六、采收及采后管理

鸡腿菇成熟开伞后，子实体很快自溶，呈墨汁状，失去商品价值。因此，当达七八成熟，菌盖尚紧包菌柄时即应及时采收（图8－6）。采收时用手捏住菇柄基部，左右转动后轻轻拔出，勿带出基部土壤。

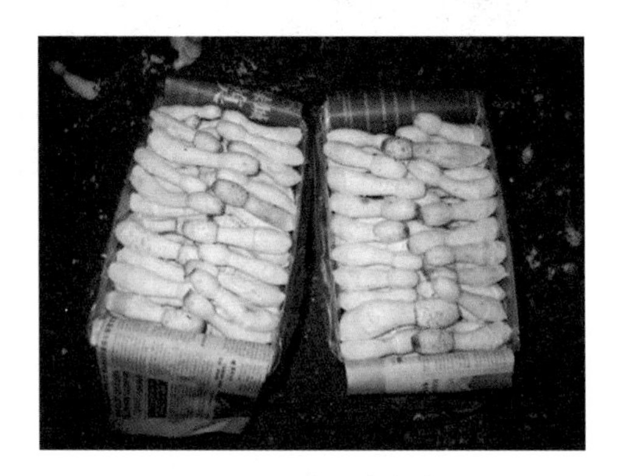

图8－6　鸡腿菇采收

采收后应及时清理畦面，勿留残菇和老化菌根，并一次性补足水分。用土覆平采菇留下的孔、洞和缝隙，保湿养菌直至下潮菇出现。一般可采收4～5潮菇，生物学效率可达100%以上。

七、鸡腿菇主要病害及防治

1. 鸡爪菌

图8－7　鸡爪菌

即叉状炭角菌，是近年来危害严重的一种寄生性病原真菌，主要发生在鸡腿菇的子实体生长阶段，其子实体酷似鸡爪，俗称为“鸡爪菌”（图8－7）。

（1）发生原因

鸡腿菇菌丝生长时，受土壤中霉菌菌丝侵扰，二者结合扭结发生变态，长成鸡爪菇。发生时呈暗褐色、尖细、基部相连，其菌丝与鸡腿菇争夺养分并抑制鸡腿菇菌丝生长，造成鸡腿菇严重减产，甚至绝产。鸡爪菌多在夏初及二潮菇后大量发生，阴暗、温度高、湿度大、通风不良、菌床水分多时易诱发此病。病原为培养基或覆土中携带病原菌。

（2）无公害防治

①使用优质菌种。

②原材料必须新鲜、干燥、无霉变。

③培养料中加入0.1%～0.2%的50%多菌灵或克霉王等，抑制杂菌生长。

④堆积发酵要彻底，最好进行熟料栽培。

⑤选用覆土要慎重，必要时进行消毒处理。

⑥在气温偏高的季节栽培时，最好不脱袋覆土出菇，避免相互传染。

⑦管理上注意降温、降湿、加大通风、避免菇棚内积水。

⑧春末夏初或夏秋高温季节栽培时发病率高，一般选在9～10月份种植为好。

⑨一旦发现鸡爪菌要及时挖除，防止孢子成熟和扩散。

2. 腐烂病

由细菌引起的常见病害，危害较重。染病子实体初为褐色，后菌盖变黑腐烂，最终只残留菌柄。高温高湿、通风不良时易诱发此病，夏季反季节栽培时发病率高。

无公害防治：投料前用石灰水、烧碱等对菇棚进行消毒；空气湿度及覆土含水量要稍低；发病初期可用农用链霉素（浓度100～200 mg/kg）防治；及时拔除病菇，以防传染。

3. 褐斑病

染病初期，子实体菌柄和菌盖上出现褐色斑块，逐渐扩大，最终使整个菇体变成褐色。覆土层和环境的湿度过大及出菇期间喷水不当易诱发此病，夏季反季节栽培时易发生。

无公害防治：出菇期覆土含水量不宜过高，以土壤不粘手、表层土露白为宜；出菇期尽量避免向幼菇上喷水，环境湿度大时，应加强通风降湿。

4. 褐色鳞片菇

表现为菌盖表面鳞片多，呈褐色，是一种生理病害。主要是由光照过强、湿度偏低引起。要预防该病的发生，出菇期间就应做好遮光管理，使其处在弱光下生长，避免强光照，相对湿度在80%～85%；若低于70%要及时向墙壁和地面喷水。

第九章 银耳

第一节 概述

图 9－1 银耳

银耳（Tremella fuciformis Berk.）又名白木耳、白耳子、雪耳、川耳等，属担子菌亚门、层菌纲、银耳目、银耳科、银耳属。以其色白如银、形似人耳而得名（图 9－1），是一种珍贵的食药真菌。

我国人工栽培银耳始于四川的通县，有“川耳”之称，1894 年就有人工栽培，距今已有 120 多年的历史，是世界上最早栽培银耳的国家。现在全国各地均有栽培，主要产地在福建、四川、山东、云南、贵州、广东、广西、浙江、江苏等省区。

银耳营养较高，据分析，100 g 干银耳内含蛋白质 5 ~ 6. 6 g、脂肪 0. 6 ~ 3. 1 g、碳水化合物 68 ~ 78. 3 g、粗纤维 1 ~ 2. 6 g、灰分 3. 1 ~ 5. 6 g、热量 1360 ~ 1410 kJ、钙 380 ~ 463 mg、磷 250 mg、维生素 $B_1$0. 002 mg、维生素 $B_2$0. 14 mg、乳酸 2 mg、草酸 2 mg、琥珀酸 36 mg、富马酸 2 mg、苹果酸 104 mg、柠檬酸 232 mg，还含有 20 种氨基酸，其中人体必需的 8 种氨基酸均有，可做出老少皆宜、营养美味的银耳莲子羹。

银耳还具有较高的药用价值，中医认为银耳性平、味甘、无毒。据《本草诗解药性注》载：“此物有麦冬之润而无其寒，有玉竹之甘而无其腻，诚润肺滋阴之要品”和

"长生不老之良药"。银耳具有滋阴补肾、润肺止咳、和胃润肠、益气活血、补脑提神、强心壮体、嫩肤美容、延年益寿、护肝、防癌抗癌等功能。

一、形态特征

1. 菌丝体

银耳菌丝为多细胞分枝分隔的菌丝，由担孢子萌发而来，或由菌丝无性繁殖而成。菌丝白色，极细，依靠伴生菌——香灰菌丝提供的营养繁殖生长，可在适宜的条件下形成子实体。

2. 子实体

子实体单生或群生，胶质，叶状，鲜时白色半透明，或略带黄色（图9－2），瓣片不分叉或顶部分叉，由许多卷褶的瓣片丛集成鸡冠状、牡丹状或菊花状，直径5～16 cm或更大，基部黄色至淡橘黄色，子实体层着生于耳瓣两边（图9－3）。角质，硬脆，白色或米黄色，基部常为黄褐色。成熟子实体的瓣片表面有一层白色粉末，此为担孢子，其大小为（5～6）μm×（4～5）μm。

图9－2　银耳子实体

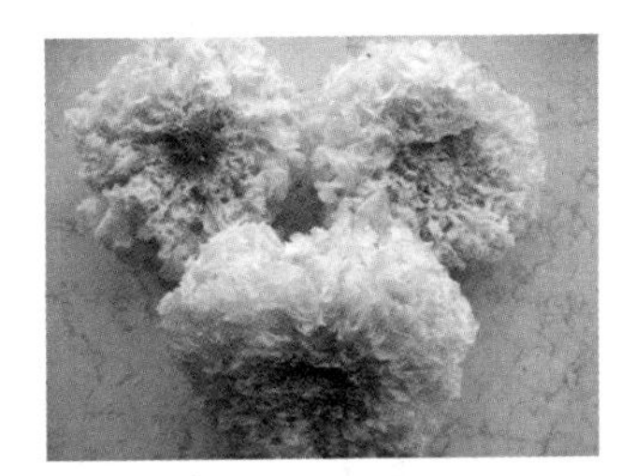

图9－3　银耳子实体

二、生长发育条件

1. 营养条件

纯银耳菌丝只能直接利用简单的碳源，如单糖（葡萄糖）、双糖（蔗糖）等，而且银耳属异养型生物，不能自己制造养分，对纤维素、半纤维素、木质素和淀粉等复杂化合物、碳源，几乎没有分解能力。银耳必须依赖一种被称为"香灰菌"的伴生菌，才能正常地完成其生长发育的全过程。这种伴生菌能产生黑色素，将复杂的大分子化合物分解转化成简单的化合物，供银耳菌丝吸收利用。

2. 环境条件

（1）温度　中温性菌类，但具有很强的耐寒能力。菌丝生长温度为8～34 ℃，适温20～28 ℃，最适25～28 ℃，香灰菌丝最适25～26 ℃；子实体生长的温度范围为15～30 ℃，最适23～25 ℃。

出耳期间，要兼顾香灰菌菌丝生长，为其创造最适温度条件，促使香灰菌不断分解基质养分，供子实体生长发育。

（2）湿度　喜潮湿环境。段木栽培时，含水量以37%～45%为宜；袋料栽培时，培养基含水量以60%～65%为好。子实体发生时，段木木质部含水量以42%～47%为宜，树皮的含水量达到44%～50%为宜，空气相对湿度应保持在80%～95%。

（3）光照　喜光性菌类，室内栽培时，以300～600 lx光照为宜，室外栽培选择“三阳七阴”的耳场为好。在黑暗条件下，子实体分化发育缓慢，颜色变黄，质差。

（4）空气　好氧菌类，段木栽培时要有新鲜空气才能正常开片；瓶（袋）栽培时，二氧化碳浓度高，菌丝生长缓慢，原基分化迟，扭结不开片。

（5）pH喜酸性菌类，但对pH适应范围较广。在木屑培养基上，菌丝在pH5～9的范围内均能生长，以pH5.2～5.8最宜。

第二节　高效栽培技术

一、菌种选择

生产上所用的菌种包括银耳菌丝和香灰菌丝两种。优良的银耳菌种应是两者都种性好、纯度高、抗性强（图9－4）。

图9－4　银耳菌种

在实际生产中，银耳不但对树种有“专一性”，银耳菌丝和羽毛状菌丝配合也有“专一性”。因此，在生产菌种时，必须从同一耳木上分离银耳菌丝（或酵母状分生孢子）及羽毛状菌丝。不同地区或同一地区的不同耳木上分离的银耳菌丝和羽毛状菌丝，不得随意调换组合；采用袋（瓶）栽培物作分离材料时，也必须遵守这一原则。此点千万不可忽视！

二、高效栽培

银耳的栽培与黑木耳一样，可分段木栽培和袋料栽培。段木栽培属传统方法，因林木资源受到限制，近年来多采用袋料栽培。袋栽银耳容量较大，出耳较多，操作较方便，是现阶段广泛使用的一种形式。现将袋料栽培方法作详细论述。

1. 栽培季节

在自然条件下，以每年春、秋两季进行为宜。如在室内控温生产，人为地创造适宜的环境条件，可常年进行多次栽培（图9-5）。

图9-5　控温耳房

若采用春、秋两季自然条件生产，在选择栽培季节时，必须首先考虑出耳期间当地的自然气候特点。银耳从接种到出耳整个生产周期35~40天，菌丝生长为15~18天，要求室温不超过30 ℃；子实体生长为20天左右，室温以27 ℃左右为宜。温度超过以上范围，生长不良，产量下降。

我国幅员辽阔，各地气温相差较大，在选定栽培季节时，要因地制宜。夏季最高温度不超过30 ℃的地方，都可以栽培银耳。低海拔的南方各省，冬季无零下严寒的地区，春、秋、冬三季均可栽培。

2. 栽培料的选择与配方

袋栽银耳的原料十分广泛，主料以木屑、棉籽壳、玉米芯、甘蔗渣等农副产品下脚料为宜，适当添加麸皮、米糠、黄豆粉、石膏、蔗糖等辅料即可。参考配方如下：

（1）木屑74%、麸皮22%、石膏粉3%、尿素0.3%、石灰粉0.3%、硫酸镁0.4%。

（2）棉籽壳78%、木屑18%、石膏粉2.7%、硫酸镁0.5%、过磷酸钙0.5%、尿素0.3%。

（3）棉籽壳77%、麸皮19.4%、石膏粉3%、尿素0.3%、石膏粉0.3%。

（4）甘蔗渣75%、麸皮20%、石膏粉2%、蔗糖1.2%、黄豆粉1.2%、硫酸镁0.6%。

（5）玉米芯40%、棉籽壳40%、麸皮18%、石膏粉1.6%、尿素0.4%。

（6）棉秆粉70%、麸皮或米糠25%、大豆粉3%、葡萄糖1%、石膏粉1%。

3. 菌袋制作

（1）培养料的配制

使用前将原料置烈日下暴晒 1 天，利用阳光中的紫外线杀死料中所带杂菌孢子、虫卵和螨类等害虫，以减少生产中的病虫为害基数。秸秆类的原料，要粉碎过筛，以防刺破料袋染杂。配方中用的蔗糖、硫酸镁、磷酸二氢钾、尿素等，要先用少许热水溶化，然后洒入培养料中拌匀。培养料含水量以 50% ~55% 为宜，不要超过 60%。充分拌匀后即可装料。

（2）装袋

图 9-6　银耳装袋、打孔、封穴一体机

根据灭菌方式选用适宜的栽培料袋，常压灭菌可采用聚乙烯筒膜，高压灭菌则用聚丙烯筒膜。耳袋规格采用长 45 ~50 cm、折宽 13 ~17 cm、厚 0.035 ~0.04 cm 的筒袋，先将袋的底部扎好，顶端反折后复折一次，另一端作装料口。装料可采用人工，大批量生产时最好采用装袋机，一般每台机械每小时可装料 400 袋，可提高工作效率。然后扎紧袋口，擦净袋面，在光滑平坦的工作台或地面，用木板将料袋稍压扁，用打孔器在正面等距离打 4 ~6 个接种孔，孔径 1.2 cm，深 1.5 cm，用 3.3 cm × 3.3 cm 的胶布贴封穴口。装料扎袋，打孔贴胶布要采用流水作业法，从拌料至装料结束，要求在 5 h 内完成（图 9-6）。

（3）灭菌

装完袋后要及时进行灭菌。采用常压灭菌时，灭菌灶（柜）的容积以能装 1000 袋较为适宜。可将菌包放在小铁车上（图 9-7），一同放于灭菌灶的蒸仓内（图 9-8），袋间保持一定空隙，以利蒸汽流通，提高灭菌效果。灭菌开始时火要猛，要求在 2 ~4 h 内使蒸仓内温度达 100 ℃，然后用中火保持微沸状态 10 ~12 h，在结束灭菌前，再用旺火加温 0.5 h，中途不得停火和加冷水（需加水时应加开水），停火后利用灶内余热闷一夜可提高灭菌效果。然后打开蒸仓，趁热出袋（以免封口胶布吸湿），移入接种室，每行 3 袋，呈“井”字形摆放，以利散热，冷却接种（图 9-9）。

图 9-7　小铁车

图 9-8　灭菌仓

图 9-9　冷却室冷却

（4）接种

接种前，先将白毛团除去，然后将种瓶上部 6 cm 左右的菌丝挖松，用接种铲将生长在表层的银耳菌丝与生长至培养料深层的羽毛状菌丝充分拌匀。为了保持银耳菌丝与羽毛状菌丝达到一定比例（3:1），6 cm 以下的菌种通常弃之不用。

接种应严格遵守无菌操作规程，接种室要密闭门窗，用福尔马林和高锰酸钾混合熏蒸消毒。接种时，先用 75% 的酒精对菌种瓶表面进行消毒，然后去掉棉塞，在酒精灯火焰封口的条件下，用接种铲、接种器（图 9－10）进行接种。2 人操作，一人揭开料袋胶布，一人以接种铲挖取已拌匀的菌种接种。接种量 10 g 左右，要低于胶布口 0.3～0.5 cm，使种穴内有一定空间，以利菌丝萌发定植；接种后立即复封胶布。每瓶菌种可接菌袋 20 袋。有条件的可采用超净工作台接种。

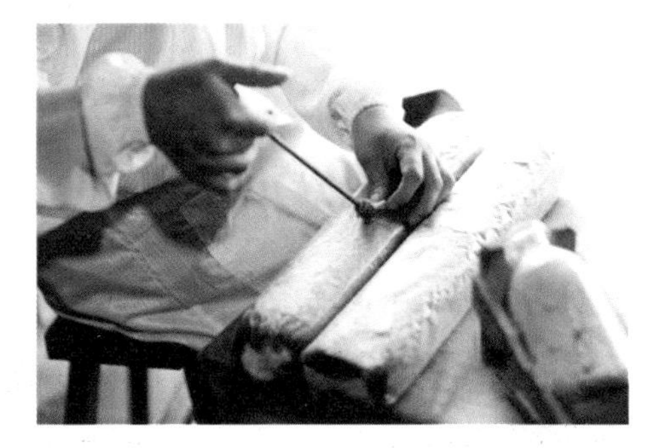

图 9－10　接种

（5）发菌管理

图 9－11　发菌

接种后，将菌袋移入事先消毒的培养室内培养发菌。将菌袋在培养室按“井”字形交叉堆放，在室内地面或床架上发菌（图 9－11）。前 3 天是菌丝萌发定植期，并逐步吃料深入基质内，此时室温应控制在 25～30 ℃；3 天后，菌丝向穴口周围伸展，要结合翻堆，将床架上的菌袋上下移位，并加大袋间距离；以后每 3 天翻堆 1 次，袋间距增大到 2 cm，以利通风散热。此期应将室温调至 25～26 ℃以利菌丝生长。温度过高，菌丝生长快，但纤弱无力，养分积累少，对出耳不利；温度过低，则生长发育缓慢。温度过高时，要及时开窗通风降温；温度过低时，可用炭火增温，但要注意通风排出过高二氧化碳，以免影响菌丝生长。发菌期的空气相对湿度要控制在 70% 以下。湿度偏高，封口胶布易受潮，有利于杂菌滋生；但相对湿度也不得低于 60%，以防菌种失水干枯，于发菌不利。在正常情况下，发菌期每天开窗通风 1～2 次，每次 30 min。如气温适宜，外界温度波动不大，也可长时间开窗通风。

发菌期要结合翻堆，检查菌袋污染情况，如发现霉菌菌落，要及时用酒精、甲醛混合液注射患处，封闭将其杀灭，以免扩大感染。

4. 出耳管理

（1）原基分化期

①开孔增氧。经8～10天发菌培养，菌落直径可达10 cm左右。当相邻两个接种穴间的菌丝将要相互连接时，应将封口胶布揭开（图9－12），改平贴为拱贴（图9－13），使之具有一定空间，以增加氧气供应，促进菌丝进一步生长，并有利于原基分化。开穴增氧1～2天，要将菌袋散开排放于地面或床架上，在室内喷敌敌畏消毒。开穴半天后开始喷水，每天喷水3～4次，喷水时主要针对空中和地面，要防止水分渗入孔隙中。室温要保持25 ℃左右，并加强通风。在气候较干燥的西北地区，开孔后要在菌袋上覆盖报纸或薄膜，以利保湿（图9－14）。

图9－12　揭胶布

图9－13　胶布拱贴

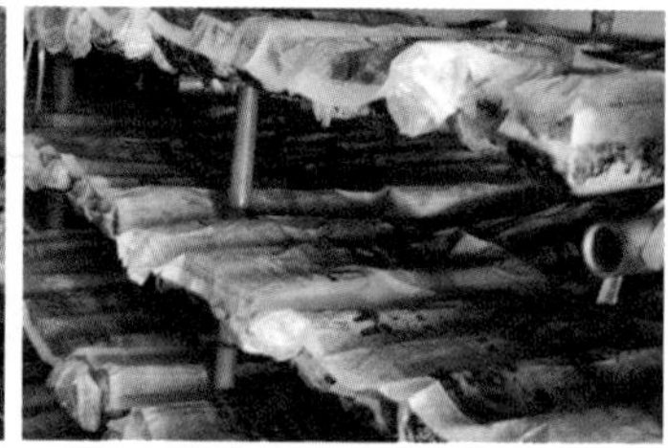

图9－14　保湿

图9－15　接种穴朝下

②揭开胶布。开孔增氧后4～5天，穴中逐渐出现白色突起毛团状菌丝。此时，室温可降到20～23 ℃，相对湿度提高到80%～85%，以促进原基分化。随着菌丝生理成熟，白毛团上会出现浅黄色小水珠（俗称“吐黄水”），应将菌袋翻转使孔口缝隙向下，让黄水流到穴外（图9－15）。必要时可用脱脂棉吸干黄水，然后将室温回升到25 ℃，并加强通风，使黄水干枯。

接种后15天左右，穴内逐渐形成胶质化银耳原基，应及时揭去胶布，用湿报纸覆盖，使之有利于原基发育。

③划膜扩口。划膜扩口要以接种穴为圆心，用锋利小刀在接种穴外环割一圈，并将薄膜撕去。环割直径比原孔增加0.5 cm即可（图9－16）。

划膜扩口的时间各地有所不同。南方是在子实体已长出孔穴的幼耳期；北方等地是在原基分化期，此时扩孔更有利于耳基形成和促进原基生长发育（图9－17）。

图 9－16　划膜扩口

图 9－17　银耳原基分化

原基分化是银耳由营养生长转生殖生长的一个重要生理转型期，它直接关系到出耳的迟早和产量的高低，因此，要特别抓好以下环境因子的调节。

1. 温度要求偏低。此期是银耳生理变化最活跃的时期，新陈代谢旺盛，产生的热量大，所以要将室温降低到 22 ~ 24 ℃，使其保持生理平衡。若高于 25 ℃，黄水分泌增多，高于 28 ℃，分泌水珠呈黑色，其原基也随之变黑，严重影响出耳率和耳质。

2. 湿度要适宜。原基分化时，相对湿度控制在 90% 为宜。开孔增氧时保持 80% ~ 85%，原基分化后，要增加到 90%。

3. 保持耳房空气新鲜。原基分化时，要加强通风，保证充足、新鲜的氧气供应，这是促进原基分化发育的重要条件。尤其是春耳，此期室内外温差小，空气对流低，更要经常打开门窗通风换气。

（2）幼耳期

接种后 19 ~ 27 天为幼耳生长发育期（图 9－18）。在此期间，幼耳的生长有两个特点：一是幼嫩，易受环境条件影响；二是生长不整齐，出耳较早的朵形已有蚕豆粒大小，出耳晚的只有黄豆粒大小。因此，管理工作要根据这两个生长特点进行管理，促使幼耳生长健壮，并缩小群体间的差距，为高产打下基础。

图 9－18　银耳幼耳

①温度。室温要调节在 23 ~ 25 ℃，以不超过 25 ℃为宜。超过 25 ℃，耳片则薄，超过 28 ℃时，耳片会出现萎缩进而导致腐烂。但温度也不宜低于 22 ℃，温度过低，耳片也变薄，长期低温也会使耳片萎缩，乃至不开片，或造成烂耳。

②湿度。幼耳期室内空气湿度以 80% 为宜。低于 75%，易使幼耳萎缩发黄；高于 85%，则出现开片早、展片不均匀现象，不但产量低，朵形也不好，降低商品价值。

③通风。幼耳期因室内湿度偏低，不宜开窗通风，否则幼耳会因湿度下降而萎缩变黄；同时，供氧过剩会使幼耳发育过快，影响产量和质量。在幼耳管理的最后 4 天，每天上午 10 点后，在温湿度正常的情况下，幼耳有 3 cm 大小时，将报纸等覆盖物揭开数小时，使幼耳能接触更多的氧气。如发现有烂耳病状，可在水中加四环素或金霉素适量，喷雾杀菌防治。

（3）成耳期

接种后第 28 天起，约经 10 天，银耳进入成熟期，此期为成耳期（图 9 – 19）。成耳期的管理重点是促进耳片展开和旺盛生长。主要抓好以下工作：

图 9 – 19　银耳成耳期

①防止高温。此时室温宜控制在 24 ~ 25 ℃，以 25 ℃最为适宜。在此温度下生长出的银耳朵形好，耳片厚，产量高。成耳期是银耳生理活动成熟期，袋温较高，要防止室内出现高温。若室温超过 27 ℃，应整天开门窗通风，并结合喷水保湿，防止耳片干燥萎缩。

②重水催耳。当子实体长到 5 cm 大小时，要用重水进行催耳，使相对湿度达 95%，5 ~ 6 天内银耳即可迅速展片长大。喷水次数和喷水量，要根据气候和出耳情况灵活掌握，原则是“宁湿勿干”。从第 33 天起，可将报纸揭去，将水直接喷在耳片上，以使耳心部分得到充足氧气和水分，让朵形更加饱满。采耳前 5 ~ 7 天，停止喷水，保持湿润状态即可。

③通风增氧。子实体生长期，呼吸作用旺盛，对氧气需求量大，尤其在采收前几天，如湿度过大，通风不良，很容易出现烂耳。因此，在气温高时应日夜开门窗通风，背阴的门窗可整天打开。

④给予充足散射光照。成耳期要拆除门窗上所有遮阴物，增加室内散射光照。在充足的散射光照下，子实体展开迅速，耳片肥厚，色泽白亮，商品价值高。

为便于广大耳农更方便地掌握袋栽银耳的管理要点，现将有关具体要求列成表10 – 1。

表 10－1　室内袋栽银耳管理技术要点

生长发育阶段及起止时间/天		室温/℃		相对湿度/%		空气	光照	管理要点	病虫防治	注意事项
		适应温度	最佳温度	适应湿度	最佳湿度					
发菌期 1～12	前期 1～3 后期 4～12	25～30 25～30	28 28	<70 <70	60 60	要注意排除二氧化碳，适当地通风供氧	黑暗或微光，适当的散射光	密闭培养，注意环境干燥，重在控温，促发翻堆结合除杂	尽量密闭，以防感染；注射封闭	气温低可堆放，但不可超过3层，注意保持室内干燥
原基分化期 13～18	开孔增氧 13～15	20～25	23	75～85	80	适当通风，空气新鲜	较明亮的散射光	揭开胶布留通氧孔，除黄水，盖报纸	防虫、防止积黄水	每次喷水后要揭开报纸扇动，以防压闭孔空，防止高、低温袭击，水分管理由低到高以控为主，促控结合，防止干热风直吹床面
	揭开胶布 16～17	20～25	23	80～90	85	适当通风，空气新鲜	较明亮的散射光	揭开胶布，对未分化者割袋催蕾	防虫、防止积黄水	
	划膜扩口 18	22～24	23	85～95	90	适当通风，空气新鲜	较明亮的散射光	在接种孔扩口	防虫、防止积黄水	
幼耳期 19～21		22～25	23	75～85	80	适当控制通风量	较明亮的散射光	严格控制室温，降低温度和通风量，控制早开片，24天后揭报纸增氧	揭纸晾袋，防止烂耳	
成耳期约38天		23～26	25	90～100	95	适当控制通风量	较明亮的散射光	28天后用重水催耳至33天，31～32天揭去报纸，开门窗通风	加大通过风，防止烂耳	注意天气，及时采收

注：此表引自陈士瑜《木耳银耳栽培新法73种》。

5. 采收与加工

（1）采收

图 9－20　银耳成熟期

经35～40天的培养管理，银耳子实体已达到成熟（图9－20）。成熟的标准是：耳片已全部展开，中部没有硬心，表面疏松，舒散如菊花状或牡丹状，手触有弹性，并有黏腻感。这时可采收。适时采收对银耳产量和质量均有重要影响，采收过早，展片不充分，朵形小，耳花不放松，产量低。采收时，要用利刀紧贴袋面从耳基面将子实体完整割下。应先采健壮耳，后采病耳，并分别盛放，以利分级处理。采完后，随即挖去黄色耳基，清除杂质，在清水中漂洗干净。捞起沥干加工。

（2）加工

银耳多采用干制加工，以晒干为主。晒干的银耳色泽洁白，略带黄色，如采耳期遭遇阴雨天，则应采用烘干法干制（图 9－21）。烘干的银耳呈金耳色。两者的品质并无明显差异，但形态上烘干者不如晒干者完美，且折干率烘干比晒干低 5%。每 100 kg 鲜耳可晒得干耳 15～18 kg。

图 9－21　银耳烘干

6. 转潮耳的管理

银耳采收后，即可进行再生耳的管理。管理要求是：采耳后 3 天内不要喷水，室内相对湿度保持在 85% 即可，温度保持在 23～25 ℃，以利菌丝恢复生长。一般在头茬耳割后，耳基上会分泌大量浅黄色水珠，这是耳基保持旺盛生命力的征兆（无水珠者，则很少出再生耳），此时要将黄色水珠倒掉，以防浸渍为害。当新生耳芽出现后，控制室温在 23～25 ℃，相对湿度为 85%；湿度不足时要向地面和空中喷水，直至耳片成熟。

第十章 黑木耳

第一节 概述

黑木耳（Auricularia auricula）又称木耳、细木耳，属木耳目、木耳科、木耳属，是我国传统的出口农产品之一。我国地域广阔，林木资源丰富，大部分地区气候温和，雨量充沛，是世界上黑木耳的主要生产地，主要产区在黑龙江、吉林、辽宁、湖北、四川、贵州、河南、山东等省份。

图 10－1 黑木耳产品

黑木耳质地细嫩、滑脆爽口、味美清新、营养丰富，是一种可食、可药、可补的黑色保健食品，备受世人喜爱，被称之为“素中之荤、菜中之肉”（图 10－1）。据分析，每 100 g 干耳中含蛋白质 10.6 g、氨基酸 11.4 g、脂肪 1.2 g、碳水化合物 65 g、纤维素 7 g，还有钙、磷、铁等矿物质元素和多种维生素。在灰分元素中，铁的含量比肉类高 100 倍，钙的含量是肉类的 30～70 倍，磷的含量是番茄、马铃薯的 4～7 倍，维生素 B_2 的含量是米、面和蔬菜的 10 倍。

黑木耳味甘性平，自古有“益气不饥、润肺补脑、轻身强志、和血养颜”等功效，并能防治痔疮、痢疾、高血压、血管硬化、贫血、冠心病、产后虚弱等病症。它还具有清肺、洗涤胃肠的作用，是矿山、纺织工人良好的保健食品。黑木耳多糖对癌细胞具有明显的抑制作用，并有增强人体生理活性的医疗保健功能。

食用鲜木耳可中毒，因为新鲜木耳中含有一种化学名为“卟啉”的特殊物质。人吃了新鲜木耳后，经阳光照射会发生植物日光性皮炎，引起皮肤瘙痒，使皮肤暴露部分出现红肿、痒痛，产生皮疹、水泡，水肿。相比起来，干木耳更安全。干木耳是新鲜木耳经过暴晒处理的，在暴晒过程中大部分卟啉会被分解掉。干木耳食用前要用水浸泡，这样会将剩余的毒素溶于水，使干木耳最终无毒。

【小窍门】黑木耳用凉水（冬季可用温水）泡发。经过3～4 h的浸泡，水慢慢地渗透到木耳中，木耳又恢复到半透明状即为发好。这样泡发的木耳，不但数量增多，而且质量好。

【注意】夏季泡发木耳，一次不可过多、时间不宜过长，一般木耳泡发时间不要超过8 h，如若时间过长其含有的细菌就会远远多于原来的细菌数量。夏季温度高，时间还应该再缩短，因为夏天更有利于细菌的繁殖和毒素的产生。

一、形态特征

1. 菌丝体

菌丝洁白、粗壮，不同品种的浓密程度不同；有气生菌丝，但短而稀疏。母种培养期间不产生色素，放置一段时间能分泌黄色至茶褐色色素，不同品种色素的颜色和量不同。镜检有锁状联合，但不明显。

2. 子实体

黑木耳子实体的形状、大小、颜色因外界环境条件的变化而异，其大小为0.6～12 cm，厚度为1～2 mm，红褐色，晒干后颜色更深（图10－2）。子实体的颜色除与品种有关外，还与光线有关，因为子实体中色素的形成与转化会受到光的制约。

图10－2　黑木耳子实体

黑木耳的子实体新鲜时呈胶质状是它的一大特征，这种胶质物的产生有两种方式：一是通过菌丝瓦解，二是由菌丝体原生质直接分泌。黑木耳呈片状，有背腹两面，腹面（又称孕面）光滑、色深，成熟时表面密集排列着整齐的担子；背面称为不孕面，

并长有许多毛，毛的特征在木耳分类上极为重要。

二、生长发育条件

1. 营养条件

图 10－3　巨菌草

（1）碳源　主要来源于各种有机物，如锯木屑、棉籽壳、玉米芯、稻草、巨菌草（图 10－3）等。

木屑、玉米芯等大分子碳水化合物分解较慢，为促使接种后的菌丝体尽快恢复创伤，使其在菌丝生长初期也能充分吸收碳素，在拌料时可适当加入一些葡萄糖、蔗糖等容易吸收的碳源，作为菌丝生长初期的辅助碳源，这样既可促进菌丝的快速生长，又可诱导纤维素酶、半纤维素酶以及木质素酶等胞外酶的产生。但要注意加入辅助碳源的浓度不宜太高，一般糖的浓度为 0.5% ~ 2%，否则可能导致质壁分离，引起细胞失水。

（2）氮源　可利用的氮源主要有尿素、稻糠、麦麸等。碳和氮的比例一般为20:1，比例失调或氮源不足会影响黑木耳菌丝体的生长。

若碳氮比过大，菌丝生长缓慢，难以高产；若碳氮比过小，容易导致菌丝徒长而不易出耳。

（3）无机盐　黑木耳生长还需要少量的钙、磷、铁、钾、镁等无机盐，虽然用量少，但不可缺少，其中磷、钾、钙最重要，直接影响黑木耳质量的好坏和产量的高低。

【提示】在生产中常添加石膏 1% ~3%、过磷酸钙 1% ~5%、生石灰 1% ~2%、硫酸镁 0.5% ~1%、草木灰等辅助物质给予补充。

2. 环境条件

（1）温度　黑木耳属中温性真菌，具有耐寒怕热的特性。菌丝在 4 ~ 32 ℃均能生长，最适 22 ~26 ℃；子实体在 15 ~ 32 ℃能够形成子实体，最适 20 ~ 25 ℃。

一定范围内，温度越低其生长发育越慢，但健壮，生活力强，子实体色深、肉厚、产量高、质量好；反之，温度越高，其生长发育越快，菌丝细弱，子实体色淡肉薄，

产量低，并易产生流耳，感染杂菌。

一般春、秋两季温差大，气温在 10～25 ℃，比较适于黑木耳生长。

(2) 水分　黑木耳袋料栽培培养基含水量要求在 60%～65%，在子实体发育期，空气相对湿度要求 90%～95%；段木栽培中，段木含水量应在 35% 以上（图 10－4）。

图 10－4　黑木耳段木栽培

(3) 光照　在菌丝培养阶段要求黑暗环境，光线过强容易提前现耳；子实体阶段在 400 lx 以上的光照条件下，耳片黑色、健壮、肥厚。

相关知识

在袋料栽培中，菌丝在黑暗中培养成熟后，从划口开始就应该给予光照刺激，以促进耳基早成。

(4) 空气　黑木耳属好气性真菌，在生长发育过程中需要充足的氧气。如二氧化碳积累过多，不但其生长发育受到抑制，而且易发生杂菌感染和子实体畸形，使栽培失败。

(5) 酸碱度　黑木耳菌丝体生长的 pH 值在 4～7 之间，其中以 pH5.5～6.5 酶活性最强。

相关知识

在袋料栽培中，培养基添加麦麸或米糠时，菌丝在生长发育中产生足量有机酸使培养基酸化，这种酸化的环境非常适于霉菌生长，导致菌袋污染率上升，需用石灰调节其 pH 值。再者也可从菌丝培养开始就进行抗碱性驯化，以提高菌丝对较高碱性培养基的适应能力，从而使霉菌受到抑制。

第二节　黑木耳生产技术

一、季节选择

黑木耳是一种中温型菌类，适于春、夏、秋季栽培。在我国大部分地区一年可生产2～3批。一般春季2～3月生产栽培袋，4～5月出耳；秋栽8～9月生产栽培袋，10～11月出耳。由于我国南北方温度差异较大，因此各地必须根据当地气温选择黑木耳的适宜栽培季节。

二、栽培场地选择

可利用闲置的房屋、棚舍、山洞、窑洞、房屋夹道或塑料大棚，或在林荫地、甘蔗地挂袋出耳。要求周围环境清洁，光线充足，通风良好，保温保湿性能好，以满足黑木耳出耳期间对温度、湿度、空气和光照等环境条件的要求。

【提示】不要选在石角坡或山顶上，更不能选浸水窝作耳场，一定要做好防洪准备，以免产生重大损失。

1. 大田

整畦作床，挖宽1～1.5 m，深20 cm，长不限的浅地畦，畦间留60～80 cm宽走道，摆袋出耳（图10－5）。

2. 林地

在成片林地内出耳，那里空气新鲜，光照充足，通风良好，接近野生黑木耳生长的自然条件，出的耳片厚，颜色深，品质好，不易受霉菌浸染（图10－6）。

图10－5　大田生产黑木耳

图10－6　林地生产黑木耳

图10－7　阳畦生产黑木耳

3. 阳畦

适用于春季气温低、空气干燥时出耳（图 10－7）。选择向阳、背风、地势高燥平坦的地方，坐北朝南建造地下式阳畦，畦深 30～40 cm，宽 1 m、长 3～5 m。畦面用竹片搭弓形棚架，畦底至棚顶高度为 60 cm，棚顶拉 4 行铁丝挂袋，棚上覆盖塑料薄膜保湿，塑料薄膜外面盖草帘遮阴。

畦框要坚实，框壁要铲平，防止塌陷。畦底要夯实，框壁最好抹上一薄层麦秸泥。

4. 其他场地

黑木耳还可在简易小拱棚、大棚、简易耳棚、光伏温室、双屋面光伏温室内栽培。

三、原材料准备及质量标准

1. 主要原料

（1）木屑　木屑以柞树、曲柳、榆树、桦树、椴树等硬杂木为好，杨树木屑次之。要求无杂质、无霉变，以阔叶硬杂树为主。如果木屑过细，可适当添加农作物秸秆（粉碎）调解粗细度。以颗粒状木屑 80% 加细木屑 20% 为宜。

新鲜木屑不宜灭菌彻底，易造成隐性污染，同时可能含有影响黑木耳菌丝生长的活性物质，所以建议木屑放置 1～2 个月后再使用。

（2）农副产品　玉米芯、豆秸、巨菌草等也可替代木屑用于黑木耳的生产；玉米芯最好用当年的，添加量一般不高于培养料总量的 30% 。

2. 辅助原料

（1）麦麸、米糠　是黑木耳栽培中的主要氮源，是最主要的辅料。要求新鲜无霉变，麦麸以大片的为好。

一般好的米糠一麻袋 60～75 kg，否则就是里面掺杂了稻壳，购买时一定要注意鉴别，否则会导致出现菌丝生长细弱无力、缓慢，生长期延长，划口后子实体迟迟不能形成等情况，耳芽形成后也很难长大。

（2）豆粉、豆粕　也是黑木耳栽培中氮源的主要提供者，可代替部分麦麸和米糠使用，添加量一般为2%～3%。

豆粉、豆粕的粒度尽量小，拌料时才能均匀一致。

（3）石灰、石膏　是黑木耳栽培中钙离子的主要提供者，也是调节培养料酸碱度、维持酸碱平衡的调节剂，添加量一般为1%。

石灰的施入量要依据原料的不同而适当调整比例，如利用木糖醇渣、中药渣等原料栽培时要加大石灰的使用量，使培养料的pH值在8.5～9。

3. 其他

（1）菌种　黑木耳菌种鉴定应从以下几个方面入手：

①看菌丝：正在生长或已长好的菌丝洁白，短、密、粗、齐，全瓶（袋）发育均匀，上下一致（图10-8）。

图10-8　黑木耳菌种

②看松紧度：菌种应该松紧适度，菌丝长满后不脱离袋（瓶）壁，在常温下上部空间有少量水珠；木屑菌种呈块状，不松散。

③看水分：长满菌丝的菌种重量适宜，底部没有积水现象。

④看颜色：凡菌丝出现红、黄、绿、黑、青等各种颜色，瓶（袋）壁出现不同的菌丝组成大小分割区，并有明显的拮抗线（图10-9），瓶（袋）内散发出酸、臭等异味，都是杂菌污染的表现，应立即淘汰。

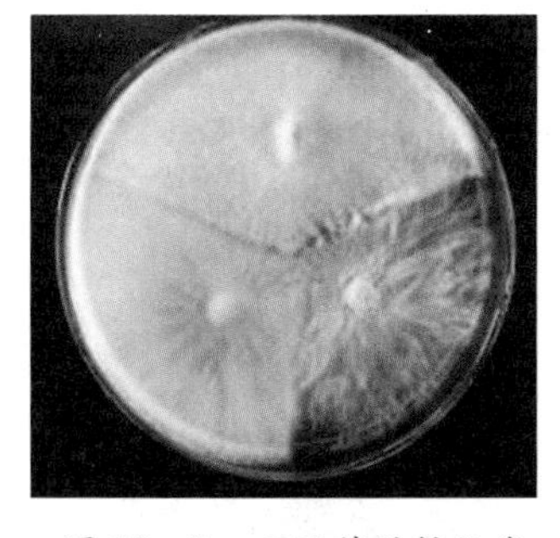

图10-9　不同菌种拮抗线

⑤看封口：封口无破损，棉塞（套环）不松动、不脱落、不污染。

（2）塑料袋　为保护生态环境，现在生产黑木耳一般用木屑、棉籽壳等原料袋式栽培。要求每个袋子重量在4 g以上，太薄装袋灭菌后容易变形。

四、黑木耳高产配方

1. 参考配方

（1）硬杂木屑86.5%，麦麸10%，豆饼粉2%，生石灰0.5%，石膏粉1%。

（2）硬杂木屑 64%，玉米芯 20%，麦麸 12%，豆饼粉 2%，石膏粉 1%，生石灰 1%（pH 值调至 8～9 为准）。

（3）玉米芯 48.5%，锯木屑 38%，麦麸 10%，豆饼粉 2%，生石灰 0.5%，石膏粉 1%。

（4）豆秸 72%，玉米芯或锯木屑 17%，麦麸 10%，生石灰 0.5%，石膏粉 0.5%。

（5）甘蔗渣 61%，木屑 20%，麦麸 15%，黄豆粉 3%，石膏粉 0.5%，生石灰 0.5%。

各地可根据本地的独特资源选择栽培原料生产黑木耳，像打造沙棘木耳、玫瑰木耳那样打造当地的知名品牌。

2. 注意问题

（1）配方中千万不要加入尿素和多菌灵，加入往往会造成失败，不仅不符合无公害栽培要求，也不利于黑木耳生长。

（2）配方中麦麸含量不超过 15%，不能加入白糖，否则菌袋易感染霉菌。

五、拌料

木屑过筛，筛除掉较大的木块，可有效地防止破袋情况的发生。拌料前先将麦麸、石膏、石灰称好后放在一起，先干拌两遍，然后再放入木屑中搅拌 2 遍。将拌料水与木屑等原料混合翻拌 2 遍，要保证混拌均匀。后 2 遍时要注意调整混合料的水分，保证含水率在 62%～63%，通过加生石灰调整 pH 值在 6～7。含水量的鉴定方法是："手握成团、触之即散"。水分过大，菌丝不易长到底，容易发生黑曲霉蔓延；水分过小，菌丝生长速度慢，菌丝细弱，产量较低。由于原材料购买地不同，各地木屑含水量也不一样，所以拌料时要灵活掌握。

拌料可以人工拌料（图 10－10），也可机械拌料（图 10－11）。

图 10－10　人工拌料

图 10－11　机械拌料

拌料要干拌均匀，湿拌均匀，含水量适宜，当天拌料当天用完。一般拌料机械的容量越大，拌料越匀。

六、菌袋制作

培养料拌匀后应及时装袋灭菌，不可堆放过夜，以免杂菌滋生增加灭菌难度，同时杂菌滋生可能产生有毒有害物质，影响黑木耳菌丝生长。北方冬季生产，木屑、麦麸等原料可能会因结冰而含水量过高，可在培养料配制前单独将其放在室内过夜，待冰块融化后再混合配制。

栽培袋使用聚乙烯塑料袋，规格北方一般选用 17 cm ×（35～38）cm，南方一般选用 25 cm × 55 cm。

1. 装袋

（1）装袋前的准备

①塑料袋质量的检测。装袋前要检查塑料袋是否漏气，是否运输途中已破损，破损漏气的不能用。装袋成功率、养菌期杂菌率及袋能否和料紧贴都与塑料袋的质量有关，要选用高温不变形、不收缩的低压聚乙烯折角塑料袋。

②装袋工具。装袋目前分机械和手工两种方法。机械装袋用装袋机（图 10－12、图 10－13、图 10－14），手工装袋要备好装袋用的工具（接种棒）和无棉盖体。

图 10－12　立式打孔装袋机

图 10－13　卧式打孔装袋机

图 10－14　拌料装袋流水线

③装袋室的温度。装袋室的温度过低，塑料袋受冻易脆折裂造成破损和漏气。装袋室温度不应低于 18 ℃。装袋前可将袋在其他温度高的地方预热一下，千万不要将袋放在室外气温低的仓库里，否则生产时移到室内较短的时间内使用，袋脆易折裂，破损率高。

④装袋场地和贮放工具检查。要在光滑干净的水泥地面上进行装袋。贮放工具应是可以直接放入灭菌锅的灭菌筐。灭菌筐有塑料筐、钢筋铁筐，规格（长、宽、高）

为 44 cm×33 cm×22 cm，每筐放 12 袋。

（2）装袋方法

①手工装袋。把塑料袋口张开，袋底平展，把培养料塞进袋内（图 10－15）。料装至 1/3 处，把料袋提起，在地面小心震动几下，让料落实，将袋底四周压实，再装料至袋高的 2/3，双手捧住料袋，将料压紧，“四周紧、中间松”。装袋要求上下松紧度一致，菌袋装料时以不变形、袋面无皱褶、光滑为标准，培养料要紧贴袋壁，不可留缝隙。装袋完成后用小木棍在料中央自上而下打一个圆洞，圆洞长度为 3/5～4/5培养料的高度。打孔可增加透气性，有利于菌丝沿着洞穴向下蔓延，也便于固定菌种块，使其不至移动而影响成活；也可直接在袋内插入接种棒一起灭菌，接种时拔出。

图 10－15　手工装袋

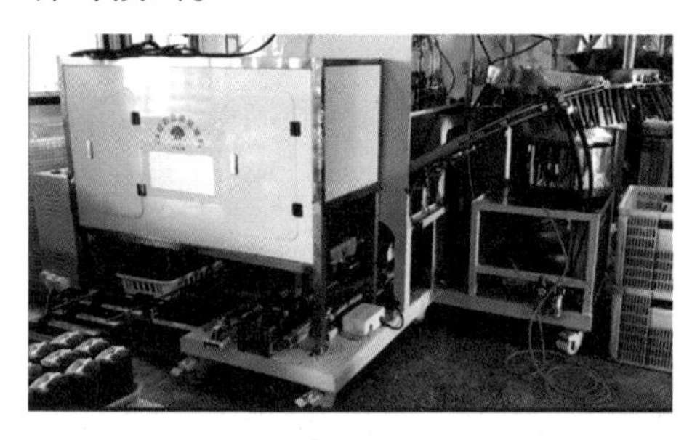

图 10－16　黑木耳装袋窝口一体机

②机械装袋。大规模生产装袋机与窝口机（图 10－16）同时使用，不但速度快，还可提高装袋质量。用薄袋生产的菌袋可使用卧式防爆装袋机，菌袋装得紧实又不至于破裂。装袋时培养料上下松紧一致，料装过少时剩余过长的塑料袋窝口时易曲折将培养料封死，接种后菌种接触不到培养料，造成菌种干涸而死，影响成品率。

当天装的菌袋当天灭菌，培养料的配量与灭菌设备的装量相衔接，做到当日配料、当日装完、当日灭菌，不能放置过夜，以免滋生杂菌。如当天不能灭菌，应放置在冷凉通风处。

2. 封口

黑木耳栽培袋的封口方式多种多样，可用套径圈、棉塞、无棉盖体等封口。目前多用接种棒及海绵（图10－17）封口，该方式接种速度快、接种量大，菌丝定植快，生长

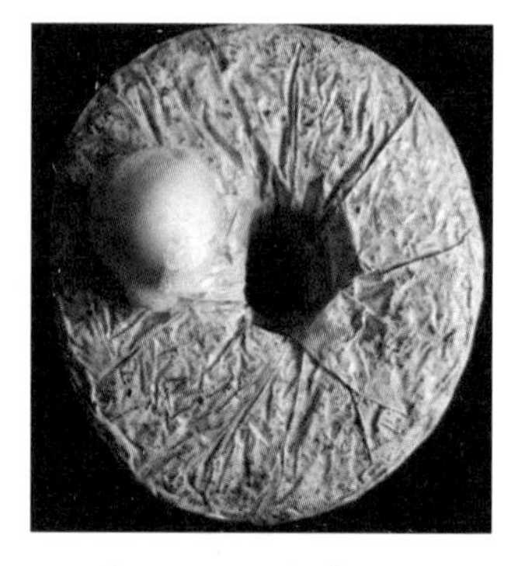

图 10－17　海绵封口

均匀，菌龄一致。

接种棒有木质和塑料两种，塑料接种棒是空心的（图 10－18），灭菌时袋中心易升温，与木质棒比能缩短灭菌时间；塑料接种棒灭菌时不吸潮，灭菌后菌袋干爽，减少接种时的污染机会；塑料接种棒便于存放，还可配套无棉盖体使用。

图 10－18　塑料接种棒

将封好的菌袋放进搬运筐搬运，菌袋倒立摆放可避免袋口存水。

七、灭菌

栽培袋可放入专用筐内，以免灭菌时栽培袋相互堆积，造成灭菌不彻底。然后要及时灭菌，不能放置过夜。灭菌可采用高压蒸汽灭菌法或常压蒸汽灭菌法。

1. 高压蒸汽灭菌法

高压蒸汽灭菌法是利用高压蒸汽锅产生的高温高压蒸汽进行灭菌的方法，是一种最有效的灭菌方法。在 128 ℃、压力 1.0～1.4 MPa 下保持 2.5 h。

高压灭菌过程中应注意以下几点：

1. 高压锅在使用前应先检查压力表、放气阀、胶圈是否正常，将锅门封严，所有的螺丝对角拧紧，然后通气升温。

2. 灭菌锅内冷空气必须排尽。若灭菌锅内留有冷空气，当灭菌锅密闭加热时可造成锅内压力与温度不一致，产生假性蒸汽压，锅内温度低于蒸汽压表显示的相应温度，致使灭菌不能彻底。

在开始加热灭菌时，先关闭排气阀，当压力升到 0.5 MPa 时，打开排气阀，排出冷空气，让压力降到 0，直至大量蒸汽排出时，再关闭排气阀升压到 1.2 MPa，保持 2.5 h。

3. 灭菌锅内栽培袋的摆放不要过于紧密，以保证蒸汽通畅，防止形成温度“死角”，达不到彻底灭菌。

4. 灭菌结束应自然冷却。当压力降至 0.5 MPa 左右，再打开排气阀放气，以免减压过程中，袋内外骤然产生压力差，把塑料袋弄破。

5. 防止棉塞打湿。灭菌时，棉塞上应盖上耐高温塑料，以免锅盖下面的冷凝水流到棉塞上。灭菌结束时，让锅内的余温烘烤一段时间再将其取出。

2. 常压蒸汽灭菌法

一般灭菌温度控制在100～102 ℃，灭菌时间8～10 h，也可根据培养料状态、数量、批次、灭菌规模等因素适当延长灭菌时间。

（1）常压灭菌锅　现在常压灭菌锅一般由蒸汽产生装置（图10－19）和灭菌池（图10－20）或灭菌仓（图10－21）组成，要求锅体内壁光滑，不要有蒸汽难以到达流通的死角，以达到灭菌温度均一。拱形顶可使水沿锅壁下落，防止冷凝水直接下滴打湿棉塞，下设排气口便于充分排净冷空气。蒸汽发生装置设加水口，便于灭菌过程中水分的补充。补水时应添加热水，且一次添加量不宜过多，防止造成灭菌锅内蒸汽供应的骤减。

图10－19　蒸汽发生装置

图10－20　灭菌池

图10－21　灭菌仓

（2）常压锅灭菌过程　常压灭菌的原则是"攻头、保尾、控中间"，即在3～4 h内使锅中下部温度上升至100 ℃，然后维持6～8 h，停止供气，焖锅1～2 h，然后慢慢敞开塑料布，把灭菌后的栽培袋搬到冷却室或接种室内，晾干料袋表面的水分，待袋内温度下降到30 ℃时接种。

常压灭菌在100 ℃然后维持6～8 h，微生物就会全部被杀死，灭菌时间再延长虽然可提高灭菌成功把握，但也失去了灭菌的意义，并且培养基中维生素等营养成分被破坏，提高了成本。常压灭菌达到时间后，不能长时间焖锅，因为大量水蒸气落到无棉盖体上，出锅时无棉盖体潮湿，易产生杂菌。

（3）灭菌效果的检查方法

①灭菌彻底的培养基有特殊的清香味。

②颜色变成深褐色。

（4）常压灭菌的注意事项

①水的热导性能比棉籽壳、木屑、谷粒等固体培养基要强得多，因此配制培养基时一定要注意原料预湿均匀，含水量适中，并使其充分吸透水，这样有利于灭菌过程中的热量传递，可提高灭菌效率和质量。如果水分渗透不均匀，甚至培养基中夹杂有未浸水的“干料”，灭菌时蒸汽就不易穿透干燥处，达不到彻底灭菌的目的。

②长时间灭菌时不同营养成分会发生改变，一些营养物质还可能在长期的高温作用下分解，因此掌握培养料的合理配比和适度的灭菌时间很重要，这样既能有效杀灭杂菌，又能降低养分的过度降解，灭菌时间不能过长或过短。

③原料中微生物基数不同，所需灭菌时间也不一样，基数越高，灭菌时间越长。放置过久的陈旧原料因微生物存在时间长，基数大，所以灭菌时间应比新鲜原料长一些。另外，配制好的原料应及时灭菌，以免放置过久导致微生物大量繁殖。

④灭菌升温至100 ℃的过程一般不能超过4 h，防止长期温度过高但又未达到灭菌温度引起培养基中杂菌生长。长时间烧不开锅，锅内温度偏低，利于杂菌滋生，滋生的杂菌产生的代谢产物使培养料酸败，不利于黑木耳菌丝存活，影响菌丝生长。

⑤灭菌过程中冷气的排放时间过短则锅内死角处易残留冷空气，时间过长则造成燃料浪费。可采用间歇排气方式，即温度达到100 ℃后排放冷空气5～7 min，关闭放气口3～5 min后，再缓慢打开放气口放气，反复2～3次，彻底排净锅内冷空气。可通过暂时性关闭气口，使锅内气体重新分配，促进冷空气下移，便于冷空气排出。

⑥要防止烧干锅。在灭菌前锅内要加足水，在灭菌过程中，如果锅内水量不足，要及时从注水口注水。加水必须加热水，保证原锅的温度；最好搭一个连体灶，谨防烧干锅。

⑦防止中途降温。中途不得停火，如锅内达不到100 ℃，在规定的时间内则达不到灭菌的目的。

八、冷却、接种

1. 冷却

黑木耳菌丝耐低温、不耐高温，因此灭菌完毕后不能马上接种，必须在料温降到30 ℃以下时方能接种，以免接种时烫伤烫死菌丝。为达到冷却效果、提高接种的安全性，可在接种室外面设一个专门的冷却间，要求通风、洁净，面积视每次灭菌量而定。可将菌袋从灭菌锅拿出后，在专门的冷却间冷却，至菌袋温度在28 ℃左右时接种。

1. 也可以在消过毒的接种室或培养室里冷却。

2. 冷却室不应用化学药物熏蒸达到无菌效果，按照标准化绿色生产、无公害生产要求，用药就有可能造成农药残留。冷却室可用紫外灯、臭氧机灭菌。臭氧杀菌速度快，可以快速杀灭各种细菌、真菌。臭氧极不稳定，可自行分解成氧，不产生任何残留。

2. 接种

（1）接种场所

①接种室。接种室要求背风、干燥、内壁光滑、易于清理消毒、温度可调、保温性能好。外设缓冲间，供工作人员换衣、鞋帽及洗手等用。缓冲间和接种室的门均要用推拉门，以减少气流流动。接种室和缓冲间都要安装紫外灯和照明灯。接种室内设普通接种操作台，台面高80 cm，宽70～80 cm，长度不限。接种室使用药物消毒，紫外灯照射30 min灭菌（图10－22）。

图10－22　接种车间

②接种箱、超净工作台。生产规模较小时可使用接种箱或超净工作台。接种箱使用前一般用药物或紫外灯照射进行空气消毒（图10－23），在生产中也可自制简易接种箱（图10－24）。超净工作台可以在局部造成高洁净度的工作空间，操作方便，但接种量较少，且价格昂贵，一般适用于科研领域。

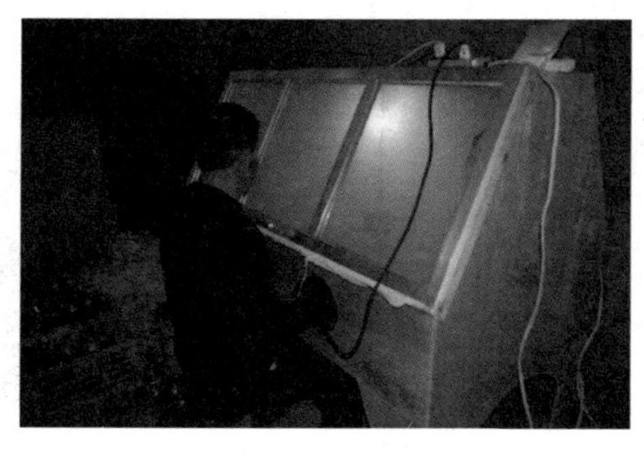

图 10－23　接种箱

图 10－24　简易接种箱

（2）无菌接种　操作空间环境的洁净对接种的成功至关重要，是接种生产顺利运转的基本条件和保障。环境维护包括室内和室外两部分，室外环境维护包括绿化减尘和防风防雨、定期清扫、灭虫和消毒，室内环境维护包括建筑物内经常性清扫、清洁、擦洗、消毒、除湿、污染物处理等。

①接种前准备。接种室（箱）应清扫、擦拭干净，可用 1% ~2% 来苏尔或苯酚溶液周密喷洒一遍，然后放入接种工具，打开紫外灯照射 0.5 h，灭菌后 30 min 使用；也可用 5% 甲醛溶液 +1% 高锰酸钾熏蒸，或用 0.1% 升汞溶液浸过的纱布或海绵擦拭或喷雾。

接种前用具要备全酒精灯、消毒瓶、酒精棉球、接种钩（铲、剪）、打火机、橡皮圈、记号笔等，要特别注意检查酒精灯和消毒瓶酒精是否足量。要求操作人员着装整洁，最好有专门用于接种的衣服，防止身上的灰尘对接种造成影响；接种时操作人员必须戴口罩和帽子，口、鼻的气息流动是造成污染的一个重要原因，戴口罩操作可有效减少污染。接种前要对接种环境进行空气降尘，可将清水或来苏尔装于塑料喷壶内，向空中喷雾降尘。在接种前对接种室的消毒过程中，将菌种（图 10－25）、待接菌袋和接种工具一起放入消毒。

图 10－25　黑木耳木条菌种

②无菌接种。无菌接种操作应注意酒精灯的正确使用。无菌操作都应在酒精灯火焰 2 cm 范围内快速完成。使用的酒精要求质量好、纯度高，酒精灯火焰要大。如使用接种箱接种，应在接种箱上留 1 ~2 个可滤菌的通气孔，防止长时间火焰燃烧缺氧致使酒精灯自行熄灭。

接种时要严格按照无菌操作进行（图 10－26）。接种量以全部封住栽培袋口的料面为度，接完种后把袋口盖紧，搬入培养室内进行养菌。

图 10－26　无菌接种

九、菌袋培养

培养室的环境要干燥、通风良好、周围洁净（图 10－27）。在培养室及内部床架进袋前应在墙壁上粉刷生石灰，清理干净地面；在进菌袋前进行一次彻底的消毒，一般关闭门窗熏蒸 48 h，再通风空置 48 h。如果培养室较潮，可用硫黄熏蒸。

接种后的菌袋进入培养室以后不能再用消毒药物进行熏蒸，日常可用 3% 的石炭酸或来苏尔溶液进行空气消毒。室内多设置点温湿度计，并遮蔽光线使培养室处于黑暗条件下，以免光线刺激过早形成子实体。培养室湿度要保持在 60% ~70% ，不得大于 70% ，否则容易产生杂菌，原则是“宁干勿湿”。

1. 菌袋培养方式

各地自然气温达到 10 ℃左右开始出耳，往前推 30 ~40 天养菌结束。养菌可分为室内养菌、室外养菌、标准化培养室养菌等方式。

（1）室内养菌　普通培养室应具备增温、保温、升温（有暖气、火炉等）、保湿、通风（风扇）等条件，用木材或钢材建养菌架，每层 40 ~45 cm（图 10－28、图 10－29）。培养室在菌袋放入前应做消毒处理，墙壁刷石灰消毒，地面清理干净，窗户用帘子遮挡光线，使培养室处于完全黑暗的条件下，避免光线射入抑制菌丝的生长或过早形成子实体。

图 10－27　菌袋大棚培养

图 10－28　室内养菌

图 10－29　室内养菌

室内挂干湿温度计表，用以测定室内的空气温度和相对湿度。菌丝吃料 1/3 后，应及时通风，并把以前紧摆的菌袋距离拉开 1 cm 左右，温度不超过 25 ℃。因为袋内菌丝生长，袋内和室内二氧化碳增加，往往袋内的温度比养菌室要高上几度，这叫“基内外温度差”。如果摸着菌袋感觉比手都热，袋内温度往往超过 36 ℃，会出现烧菌现象。这样超温下培养的菌丝不死也会受伤，不等划口出耳，菌丝就会收缩发软吐黄水，不会长子实体，一定要引起高度重视。

菌丝培养期间有的菇农三五天就喷一次药来消毒，这是不正确的。只要灭菌彻底、无菌接种、菌袋不破，一般是不会长杂菌的。反复用药只会杀伤菌丝，提高生产成本，也不符合无公害生产要求。

（2）室外养菌　室外养菌首先考虑何时出耳，出耳时的温度是否适宜。一般春季出耳应在室内或室外搭棚养菌，气温回升后将菌袋移到室外出耳。

室外养菌时间的安排很重要，暑期伏天气温较低的东北地区，可考虑春天室外养菌。养菌时间的确定要考虑出耳时的温度，定好出耳时间后，往前推 40～60 天进行养菌。

秋季出耳的养菌，既可在室内也可在室外，但室外要搞好遮阴棚以保证高温天气时棚内不超过 28 ℃。春季室外养菌要采取盖塑料布或在塑料大棚内养菌，以提高温度，缩短养菌的时间。

①场地。选择不积水、通风、清洁的地段，春季可选择向阳、光照好的地方，以利于增温；暑期可选择遮阴、通风地段或人工搭遮阴棚，以防高温。

②做床。养菌床可直接做出耳床。可选南北方向或顺坡方向，以利排水。床的长度根据地形地势，宽度 1～1.5m，床与床之间的作业道宽 50～60 cm，床比作业道高 8～10 cm，以利排水。

③备草帘。按照床的宽度，结合出耳要求，决定草帘的宽窄和长短。草帘要编得紧密，起到遮阴、保湿作用。

④垛袋。如果室外天气冷，已接种的菌袋应当在菌丝萌发定植后再到室外养菌。菌袋卧摆在床面上，顺着床的方向摆袋，袋可垛放成 5 层。两排墙之间留 10 cm 距离，以利于通风换气。每亩（1 亩≈667 平方米）可摆 40000～60000 袋。

摆完袋后盖上草帘，草帘两边直接触地，彻底遮住光线，气温低时盖上塑料薄膜，如气温达到20 ℃或以上时，不用罩塑料布。为防止大风刮破塑料薄膜，塑料布的边缘用土压严，上面用木板或砖块等重物压上。这阶段往往外界气温较低，此时又是菌丝初长阶段，主要解决的是提高温度。一般来说在菌丝生长阶段的前15天，袋内的氧气能够满足菌丝生长需要，不必大通风。床内应放温度计，定点定位检查，做好记录。室外养菌还要注意鼠害。

（3）标准化培养室（厂）养菌　标准化养菌，要建造标准化培养室，培养室建有温度、通风调控设施。为了搬运和检测菌种方便，可采用长44 cm、宽33 cm、高22 cm的塑料或钢筋盛放菌袋。接完种的菌袋直接放入筐中，然后整筐移入培养室，垛放10～12层，减少杂菌感染的机会。菌袋受筐的保护，更利于菌丝的生长（图10－30）。

图10－30　工厂化集中养菌

标准化培养室温度控制要求：温度由高到低，第一周26～28 ℃，第二、三周22～26 ℃，第四周18～22 ℃，存储应控制在5 ℃左右。

2. 菌袋培养总体要求

（1）前期防低温　养菌初期5～7天要保持培养室内温度25～28 ℃，空气相对湿度45%～60%，菌袋上面菌丝长满前通小风，促进菌丝定植吃料以占据绝对优势，使杂菌无法侵入（图10－31）。

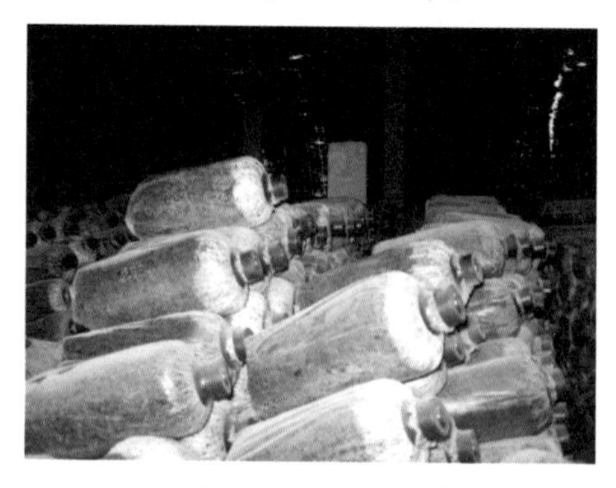
图10－31　菌袋培养

（2）中、后期防高温　当菌丝长到栽培袋的1/3时，要控制室温不超过28 ℃，最低不低于18 ℃。最高温度、最低温度测量以上数第2层和最下层为准，上下温差大时，要用换气扇通风降温。

（3）适时通风　为保证发育过程中的空气清新，每次可以小通风20 min左右。

（4）避光养菌　防止提早出现耳基。在室内养菌40～50天后，当菌丝长到袋的4/5时，可以拿到室外准备出耳。同时创造低温条件（15～20 ℃），菌丝在低温和光线刺激下很易形成耳基。

相关知识

在灭菌、接种、养菌过程中应注意，不能拎栽培袋的颈圈，一拎颈圈封口会变形，这时外界未经消毒灭菌的空气就进入袋内，这样的袋就会感染杂菌。正确的操作方法是，用手托住菌袋进行移动，接种或检查。

在养菌过程中，应及时挑出有杂菌污染的栽培袋，移到室外气温低、通风的地方放置，遮阴培养。春季养菌时将发现的污染袋放在房后阴凉、通风、干燥、闭光、清洁处隔离培养，黑木耳菌可以吃掉杂菌。袋内培养料已变臭或感染链孢霉的菌袋应做深埋处理（图10－32），防止造成交叉感染。夏季养菌对发现的污染袋要再次灭菌后接种，以减少损失。

图11－32　菌袋感染链孢霉

在温度控制过程中应充分考虑培养室不同空间位置的温度差异，可安装换气扇混合均匀整个培养室的温度。同时应考虑室温和培养料内部温度的差异，应以培养料内部温度作为控制参数。

3. 养菌过程中截料现象及防治

截料现象是指培养过程中，菌丝长至培养基中部或中下部，不再向下生长，其原因和防治方法如下：

（1）培养料灭菌不彻底　病原微生物特别是细菌没有彻底杀灭，在接入菌种后，初期不会影响黑木耳菌丝的正常萌发、吃料。但随着时间的延长，未被杀死的杂菌开始大量繁殖，当黑木耳菌丝和大量繁殖的杂菌相遇时，菌丝就会停止生长，并在相遇的地方形成一道拮抗线。此时打破菌袋，未生长黑木耳菌丝的培养料会有一种酸、臭的味道。

（2）菌丝培养温度过高　黑木耳菌丝生长期间环境温度过高会造成菌丝生长缓慢，直至停止生长，在菌丝停止生长的地方会有一道黄印。打破菌袋，未生长菌丝的培养料味道正常。此时如降低培养温度，经过1～2天，菌丝可重新恢复生长。

（3）通风不良　黑木耳是好氧型真菌，在养菌的过程中，需要有充足的氧气供应。如果培养期间菌袋摆放过密，当菌丝生长的生物量增多，通风不及时，就会造成氧气供应不足，菌丝生长缓慢，直至停止。此时增加通风、调整培养料密度，菌丝可重新恢复生长。

（4）培养基含水量过高　培养基含水量应在65%～70%，当含水量偏大时，菌袋底部水分含量会更高，当菌丝长到水分偏多的培养料部位时，生长就会缓慢，菌丝偏弱。

十、出耳管理

1. 搭设好耳床或耳棚

耳床的制作可根据地势和降雨量做成地上床或地下床，以地面平床（图10－33）形式较好。做好耳床后，床面要慢慢地浇重水一次，吃足吃透水分，再用500倍甲基托布津溶液喷洒消毒，同时将准备盖袋用的草帘子也用甲基托布津药液浸泡，然后拎出控干水分（图10－34）。在将栽培袋移入耳棚前也要对其地面（地面铺层煤渣和石灰最好）和草帘子等进行消毒。

图10－33　地面平床

图10－34　草帘浸泡、控干

可在畦面铺带孔的地膜（图10－35），以免浇水、下雨、揭帘时耳片溅上泥沙。

在林地作耳床时，要对树林周围、地面进行杂草清除、杀虫、消毒处理，以免划口后害虫滋生，严重时可造成绝产。

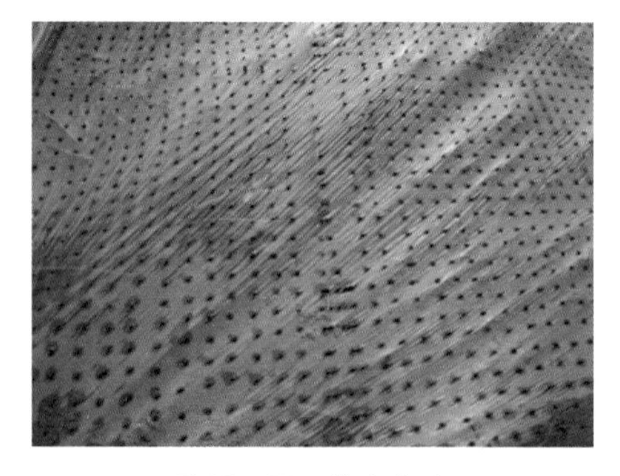

图10－35　带孔地膜

2. 催芽管理

（1）菌袋划口

①划“V”形口。用事先消毒好的刀片或模具（图10－36、图10－37）在栽培袋上划“V”形口，“V”形口角度是45～60°，角的斜线长2～2.5 cm。斜线过长，培养基裸露面积大，外界水分也易深入袋内，给杂菌感染提供机会；斜线过短则易造成穴口小，

子实体生长受到抑制，使产量降低。划口深浅是出耳早晚、耳根大小的关键。划口刺破培养料的深度一般为0.5～0.8 cm，有利于菌丝扭结形成原基。划口过浅，子实体长的朵小，袋内菌丝营养输送效率低，子实体生长缓慢，而且耳根浅，子实体容易过早脱落；划口过深，子实体形成较晚，耳根过粗，延长原基形成时间。

图10－36　划“V”形口模具

图10－37　划“V”形口模具

规格为17 cm×33 cm的菌袋可以划口2～3层，每个袋划8～12个口，分3排，每排4个，呈“品”字形排列（图10－38）。划口时应注意以下几个部位不要划：

a. 没有木耳菌丝部位不划；

b. 袋料分离严重处不划；

c. 菌丝细弱处不划；

d. 原基过多处不划。

图10－38　“V”形口

相关知识

划“V”形口的菌袋一般出菊花型木耳（图10－39）。

图10－39　菊花型黑木耳

图10－40　划“一”字形口

②划“一”字形口。用灭过菌的刀片在袋的四周均匀地割6～8条“一”字形口

（图 10－40），以满足黑木耳对氧和水分的要求，有效地促进耳芽形成。“一”字形口宽 0.2 cm、长 5 cm，出耳口宜窄不宜宽。在湿度适宜的情况下，过宽的出耳口容易导致原基分化过多，造成出耳密度大，耳片分化慢且大小不整齐，整朵采摘影响产量和质量，如“采大留小”容易引起污染和烂耳。开口窄一些，不仅能保住料面湿度，而且可在口间形成一行小耳，出耳密度适宜，耳片分化快。当耳片逐步展开向外延伸时正好把“一”字形口的两侧塑料边压住，喷水时袋料之间不会积水，防止出耳期间的污染和烂耳发生，增加出耳次数，提高黑木耳的产量和质量。

划“一”字形出耳口的菌袋一般出单片黑木耳（图 10－41）。划“一”字形口，要选用原材料优质、袋薄且拉力强的聚乙烯菌袋，这样菌袋与菌丝亲和力好，袋料不易分离，可降低由袋料分离引起的乱现蕾、杂菌污染和病害的发生率，提高产量。菌袋拉力强，培养料才能装得紧，菌袋才不易破损。

图 10－41　单片黑木耳

③割口。可采用专用的木耳菌袋小口打眼器进行打眼，打眼器规格一般为（18～19）mm×（11～12）mm，一般每袋打 220 个钉子眼。打眼器也有手动（图 10－42）和自动（图 10－43）之分。

图 10－42　手动打眼器

图 10－43　自动打眼器

（2）催芽方式　根据不同的气候条件，选择不同的催芽方式。

①室外集中催芽。在春季气候干燥、气温低、风沙大的季节栽培黑木耳时，为使原基迅速形成，应采取室外集中催耳的方法，待耳芽形成之后再分床进行出耳管理。

做床前应将周围污染源清理干净或远离污染源，要求床面平整，床长、宽因地制宜，去除杂草。一般床面宽 1.2～1.5 m，床长不限，床高 15～20 cm，作业道宽 50 cm

左右。摆袋之前浇透水，然后在床面撒石灰或喷500倍甲基托布津稀释液。催芽时床面上可以暂时不用铺塑料膜，直接将菌袋置于菌床上面，利用地面的潮度促进耳芽形成（图10－44）。

图10－44 室外集中催芽

划口后把菌袋集中摆放在菌床上，间隔2～3 cm，摆放一床空一床，以便催芽环节完成后分床摆放。盖上草帘，如气温低可先覆盖一层塑料薄膜，上面再盖草帘。依靠地面、草帘的湿度保持环境湿度；依靠草帘和塑料薄膜保温，保证划口处菌丝不易干枯，尽快愈合、扭结原基。室外集中催芽过程中耳芽形成的条件及管理要点如下：

a. 湿度。原基形成期需空气相对湿度80%以上，划口处一经风干，再形成原基的能力较差。因此在原基形成期，摆袋后保持出耳床面湿润，保持草帘湿润，地面与草帘之间的空气相对湿度即可满足需要。保持床内的湿度，要少喷水，勤喷水，一般用喷水带喷水，每次不超过5 min，每天喷4～6遍，以草帘的水分湿而不滴为宜（图10－45）。在湿度较高的情况下，要将塑料薄膜掀开，傍晚时重新盖好。

图10－45 室外集中催芽水分管理

b. 温度。黑木耳出耳时的温度范围是10～25 ℃，原基形成和分化为15～25 ℃，如耳床内长期处于15 ℃以下，菌丝活力较差，原基形成自然缓慢。如遇温度偏低时，可罩大棚膜，利用光照增温（图10－46），但要注意定时通风。要严格控制菌床内的温度，温度不能过高，出现高温应及时通风。发现菌袋出黄水或者发生霉菌污染，要及时撤掉草帘，进行晒床。

图10－46 室外集中催芽温度管理

c. 温差。黑木耳耳芽形成要有一定温差，即夜间温度与中午温度差距应大于10 ℃左右。如昼夜温差过小也会造成原基形成过慢。用自然的地下水或井水浇灌，由于水温较凉，可起到加大温差的效果。也可根据栽培地温度情况，利用盖或不盖草帘，或加盖塑料布等方法增加温差。夜间掀开覆盖草帘，可充分利用北方昼夜温差大的特点，刺激原基形成。

d. 光线。适当的散射光可诱导原基形成，因而草帘不应过密，以“三分阳七分阴”为宜，可视温湿度情况于早晚掀开草帘 30～60 min。

e. 通风。耳芽形成期间既怕不通风造成缺氧，又怕通风过大引起水分过度散失，应按照“保湿为主、通风为辅、湿长干短”的原则进行。既要防止通风过大把划口处的菌丝吹干，造成出耳困难；又要防止菌床内高温高湿引起菌袋伤热，造成划口处杂菌感染，出现流红水、霉菌感染等现象。

一般 15～20 天就可以形成耳芽原基。室外集中催芽主要是解决气候干燥、风沙大、原基形成缓慢、出耳不齐影响产量的问题。

分床疏散管理的最佳时期是原基上分化出锯齿曲线耳芽时，耳片生长需要较大的温差、干湿差和适当散射光。分床时应在晨曦或夕阳中揭开窗帘，将袋疏散开，按常规出耳摆放。若分床过晚，会造成耳片粘连，严重时导致互相感染。

图 10－47　黑木耳耳基形成后全光管理

②室外直接摆袋催芽。适用于低洼地块或林间。按照室外集中催耳方法将耳床处理好，床面覆盖有带孔的塑料薄膜，也可用稻草、单层编织袋等覆盖，防止后期喷水时泥沙溅到耳片上。将长满菌丝且经过后熟的菌袋运到出耳场，划口后将菌袋均匀地摆放到菌床上，菌袋间隔 10～12 cm。摆后菌床上盖草帘或遮阳网直接进行催耳。如果春季气温低、风大，可在菌床四周用塑料膜围住，整个菌床再盖上草帘遮光。床内温度控制在 25 ℃以下，湿度控制在 70%～85%，2 天后开始喷水，一般早晚温度低时喷水，即上午 5：00～9：00，下午 5：00～7：00，每天喷水 5～10 min。雨天不喷水，中午高温不喷水，阴天少喷水。经 15～25 天就有耳基形成。耳基形成后应将草帘和塑料薄膜撤掉，进行全光管理（图 10－47）。

催芽期间应密切注意菌床的温湿度变化，如果发现温度超过 25 ℃应及时撤掉塑料

膜，掀开草帘通风降温。如果天气炎热，床内温度降不下来，即使菌袋没有出耳，也必须将草帘和塑料薄膜撤掉，进行全光管理。

③室内集中催芽。为避免室外气温、环境的剧烈变化，菌袋划口后可采取室内或大棚催芽（图10－48）。室内催芽易于调节温湿度，保持较为稳定的催芽环境，菌丝愈合快、出芽齐，比较适合春季温度低、风大干燥的地区。

图10－48 大棚催芽

室内催芽要求室内污染菌袋少，杂菌含量少，并且光照、通风条件好。催芽时将划完口的菌袋松散地摆放在培养架上，划口后的菌袋中菌丝体吸收大量氧气，新陈代谢快，菌丝生长旺盛，袋温升高。为了避免高温烧菌，所以排放菌袋时袋与袋之间应留2～3 cm的距离，以利于通风换气。如果室内温度过低，菌袋划口后先卧式堆码在地面上，一般3～4层，提高温度有利于划口处断裂菌丝的恢复，培养4～5天待菌丝封口后采取立式分散摆放，间距2～3 cm。如菌袋数量过多也可采取双层立式摆放。其管理要点如下：

a. 温度。划口后前4～5天是菌丝恢复生长的阶段，室内温度应控制在22～24 ℃，以促进菌丝体的恢复。5天左右菌丝封口后，可将室内温度控制在20 ℃以下，并加大昼夜温差，白天温度高时适当降温，夜间温度低时可以开窗降温刺激出耳。如果室内温度长时间过高，开门、开窗也降不下来，则不适合继续在室内催芽，应及时将菌袋转到室外。

b. 湿度。通过地面洒水或加湿器等增加湿度。菌丝体恢复生长的阶段，划口处既不能风干也不能浇水，空气相对湿度控制在70%～75%，之后逐渐增加室内空气湿度，提高到80%左右，每天地面洒水，空间、四壁喷雾。具体操作方法是：每天早、中、晚喷水3～5次，喷水前打开门窗通风30 min，然后喷水喷雾，再关闭门窗保温保湿。菌丝愈合后有黑色耳线形成并封口后，可适当向菌袋喷雾增湿。

c. 光照。耳芽形成期间需要散射光，若光线不足影响原基的形成，延迟出耳；但是较强的光线会导致菌袋周身出现原基，造成不定向出耳。如果大棚或室内光线过强要适当地遮挡门窗，或者在菌袋上覆盖草帘、遮阳网等进行遮光。

d. 通风。室内空气新鲜可以促进菌丝的愈合和原基的分化，适当通风还可以调节环境的温湿度。室内温度、湿度过低时应以保温保湿为主，少开门窗减少通风，尤其是在划口后的菌丝愈合期应防止过大的对流风造成划口处菌丝吊干。如果室内温度高于25 ℃可全天敞开门窗，让空气对流，防止烧菌。

室内催芽一般经过 15～20 天，划口处形成原基，这时就可以将菌袋放到出耳床上，进行出耳管理。

出袋前室内停止用水，并打开门窗通风 2～3 天，使耳芽干缩后与菌袋形成一个坚实的整体，再将其运往出耳场地进行出耳管理。

图 10－49　分床

3. 分床

分床（图 10－49）是将原来催芽时的 1 床菌袋分成 2 床菌袋进行出耳管理。一般根据气温变化和菌袋耳芽形成情况决定分床摆放的时间。

分床时间拖后容易导致木耳未出完就面临高温，感染杂菌机会增多，而且高温下生长的木耳薄而黄，品质不好。但分床也不可以过早，太早室外气温低，耳芽生长缓慢，时间长了感染杂菌机会会增加。

要根据出芽情况选择分床时间，当催芽结束、划口处耳芽已经隆起将划口处封住时，要及时分床，进入出耳管理阶段（图 10－50）。若分床过晚，因催芽时菌袋摆放较密，相邻袋之间的耳芽容易相互粘连，这时再分开菌袋会使一部分耳芽被粘到另一个菌袋的耳芽上，不仅会使丢失耳芽的菌袋出现缺芽孔，而且粘连的耳芽会随着浇水烂掉而给粘连耳芽的菌袋带来病害，所以耳芽隆起接近 1 cm 时就要及时分床进行出耳管理。

图 10－50　分床后进行出耳管理

4. 出耳方式

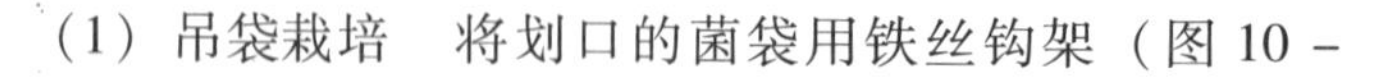

（1）吊袋栽培　将划口的菌袋用铁丝钩架（图 10－51）或吊袋绳（图 10－52）悬挂在出耳场地。挂袋时一定要控制挂袋密度，切忌超量；要顺风向、有行列、分层次，一条绳上可吊 10 袋左右，袋与袋之间互相错开，上、下、前、后、左、右距离不小于 10～15 cm，每串间距 20 cm，每行间距 40 cm，以便每个菌袋都能得到充足的光照、水分和空气。此法的优点是省地（10000 袋占地 140 m^2）、易管理（一人能管理 80000～100000 袋，采收需雇人工）、烂耳少、病虫害轻、黑木耳杂质少。

图 10－51　黑木耳吊袋铁丝钩架

图 10－52　黑木耳吊袋

图 10－53　黑木耳地摆出耳

如果选择大棚吊袋栽培，划口后的栽培袋就可吊袋，在棚内催芽。

（2）大田仿野生畦栽　这种出耳方式模拟自然条件下木耳的生长，可充分利用地面的潮气，能够很好地协调湿度、通气和光照的关系，增加袋栽木耳的成功率，产量高。此法不用搭建耳棚，可在房前屋后空地制作耳床，地面摆袋出耳（图 10－53、图 10－54）。这种方法的缺点是占地面积大（地栽每平方米可摆袋 25 袋左右）、空间利用率低、费工，1 人管理难以超过 5 万袋；湿度大时易出现烂耳现象；杂质较多，晾干前通常需要清洗去杂质；在连阴雨天时管理较烦琐。

图 10－54　黑木耳大田栽培

菌袋摆放的行与列原则上按照“品”字形摆放，袋与袋间距 10 cm 左右，摆放时最好用一个与袋底同样大小的木槌先在地面砸一下，这样摆上去的菌袋比较平稳。

5. 浇水设施的安装

由于黑木耳地栽占地面积大，采用合适的浇水设备，不但便于操作，降低劳动强度，而且浇水均一，潮度适宜。黑木耳栽培用水最好是新鲜的地下水或井水，也可用洁净、无污染的河水、自来水。浇水设施可以采用微喷管或喷头喷灌，二者需加一个加压泵，或者直接用潜水泵抽水浇灌。

为减少水温、棚温的差异，在棚内或棚外挖一蓄水池，作为喷水水源。

（1）微喷管　塑料管上面用激光打上密孔。当水流到管内，达到一定压力时，水就从激光打孔处呈雾状喷出（图10－55）。输水管长度可随出耳菌床的长短而定，最长可达2 m，每个菌床可用一根输水管（图10－56）。如果采用定时器来自动控制水泵开关，使用效果较好，一方面可以免去夜间人工开关水泵，减少工作量；另一方面在夜间浇水，木耳生长快且不易感染杂菌。

图10－55　微喷灌

图10－56　每床一根输水管

（2）旋转式喷头　需在各菌床间铺设塑料输水管道，在距地面30～50 cm高度安装喷头（图10－57），或靠耳床一侧架设喷水管和旋转喷头（图10－58），保证每个喷头可覆盖半径6～8 m的范围，水在一定压力下经喷头呈扇形喷出。这种浇水方法水滴大，子实体吸水快，节水效果好。

图10－57　耳床上方架设喷水管和旋转喷头

图10－58　耳床一侧架设喷水管和旋转喷头

6. 出耳管理

当原基逐渐长大，耳芽生长并逐步展开分化成子实体，就进入了出耳管理阶段。

（1）出耳环境的控制

图 10－59　出耳管理

①保持湿度。出耳期间，应以增湿为主，协调温、气、光诸因素，尤其在子实体分化期需水量较大，更应注意。菌袋划口后，喷大水 1 次，使菌袋淋湿、地面湿透，空气相对湿度保持在 90% 左右，以促进原基形成和分化（图 10－59）。整个出耳阶段，空气相对湿度都要保持在 80% 以上；如湿度不足，则干缩部位的菌丝易老化衰退。尤其在出耳芽之后，由于耳芽裸露在空气中，这时空气中的相对湿度如低于 90%，耳芽易失水僵化，影响耳片分化。

为保持湿度，也可在地面铺上大粒沙子，每天早、中、晚用喷雾器或喷壶直接往地面、墙壁和菌袋表面喷水，以增加空气湿度。对菌袋表面喷水时，应喷雾状水，以使耳片湿润不收边为准。应尽量少往耳片上直接喷水，以免造成烂耳。

②控制温度。出耳阶段温度以 22～24 ℃为宜，最低不低于 15 ℃，最高不超过 27 ℃。温度过低或过高都影响耳片的生长，降低黑木耳的产量和质量，尤其在高温、高湿和通气条件不好时，极容易引起霉菌污染和烂耳。

遇到高温时，管理的关键是尽快把温度降下来，可采取加强通风，早晚多喷水，用井水喷四周墙壁、空间和地面等办法进行降温。

图 10－60　出耳期增加光照

③增加光照。黑木耳在出耳阶段需要有足够的散射光和一定的直射光。增加光照强度和延长光照时间，能加强耳片的蒸腾作用，促进其新陈代谢活动，使耳片变得肥厚、色泽黑、品质好。光照强度以 400～1000 lx 为宜（图 10－60）。

相关知识

袋栽黑木耳，在出耳期间，要经常倒换和转动菌袋的位置，使各个菌袋都能均匀地得到光照，提高木耳的质量。

图 10－61　耳基形成期

（2）出耳阶段的管理

①耳基形成期。指在划口处出现子实体原基，并逐渐长大直到原基封住划口线（图10－61），“V”形口两边即将连在一起的这段时期。这段时期一般为 7～10 天，要求温度在 10～25 ℃，空气相对湿度在 80% 左右，可往草帘上喷雾状水（耳棚向空间喷雾状水）来调节湿度。

绝不能向栽培袋上浇水，以免水流入划口处造成感染。这段时期还要适时通风，早晚给予一定的散射光照，促进耳基的形成，增加木耳干重。

②子实体分化期。大约 5～7 天原基形成珊瑚状并长至桃核大时，上面开始伸展出小耳片（图 10－62），这个阶段要求空气湿度控制在 80%～90%，保持木耳原基表面不干燥即可（偶尔表面发干也无妨，这可以给子实体分化生长积聚营养）。这段时期温度控制在 10～25 ℃，还要创造冷热温差（利用白天和夜间的温差）。及时流通空气，有利于子实体的分化。

图 10－62　子实体分化期

③子实体生长期。待耳片展开到 1 cm左右时，便进入子实体生长期。这段时期要加大湿度（空气相对湿度在90%～100%）和加强通风。浇水时可用喷水带直接向木耳喷水，让耳片充分展开（图 10－63）。

图 10－63　黑木耳耳片展开

过几天要停止浇水，让空气湿度下降，耳片干燥，使菌丝向袋内培养料深处生长，以吸收和积累更多的养分。然后再恢复浇水，加大湿度，使耳片展开。这个阶段的水分管理十分重要，要做到“干干湿湿、干湿交替、干就干透、湿就湿透、干湿分明”。

图 10－64 黑木耳耳片快速生长

“干”，可以干 3～4 天，干得比较透。“干”的目的是让胶质状的子实体停止生长，让耗费了一定营养、紧张过一段时间的菌丝休养生息，复壮一些，再继续供应了实体生长所需的营养（这也是胶质状耳类和肉质状菇类的不同所在）。“干”是为了更好地长，但它的表现形式是“停”，“干”要和子实体生长的“停”相统一。湿，要把水浇足，细水勤浇，浇 3～4 天，目的就是长子实体，只有这样的湿度才能长出、长好子实体。最好利用阴雨天，3 天就可成耳。这样可以“干长菌丝，湿长木耳”，增强菌丝向耳片供应营养的后劲（图 10－64）。

1. 干燥和浇水时间不是绝对的，应“看耳管理”，要根据天气的实际情况灵活掌握。加强通风，可以在夜间打开全部草帘子，让木耳充分呼吸新鲜空气。如果白天气温高于 25 ℃要采取遮阴的办法降温，避免高温高湿条件下出现流耳或受到霉菌污染。有些耳农栽的木耳产量低、长杂菌，原因多是“干没干透，湿没湿透”，致使菌丝复壮困难。子实体也没得到休息，一直处于“疲劳”状态，活力下降，抗杂能力弱。

子实体生长期为 10～20 天。子实体生长阶段要有足够的散射光或一定的直射光。可以在傍晚适当晚一些遮盖草帘或早晨早一些打开草帘来满足木耳对光线的要求，促进耳片肥厚，色泽黑亮，提高品质。

2. 黑木耳子实体富含胶质，有较强的吸水能力，如在子实体阶段一直保持适合子实体生长的湿度，它会因“营养不良”而生长缓慢，影响产量和质量。如果采取干湿交替方法，耳片在干时收缩停止生长，菌丝在基质内聚积营养；恢复湿度后，耳片长得既快又壮，产量高。

④成熟期。当耳片展开，边缘由硬变软，耳根收缩，出现白色粉状物（孢子）时，耳片已成熟（图 10－65）。在耳片即将成熟阶段，严防过湿，并加大通风，防止霉菌或细菌侵染造成流耳。

图 10－65 黑木耳耳片成熟

图 10－66 黑木耳大田栽培采收

7. 采收及晾晒

黑木耳从分床到完全成熟采收，大约需30～40 天的时间。黑木耳达到生理成熟后耳片不再生长，此时要及时采收。如果采收过晚，耳片就会散放孢子，损失一部分营养物质，生产的耳片薄、色泽差，重量还会减轻；而且如果遇到连阴雨还会发生流耳现象，造成丰产不丰收。

（1）采收标准 黑木耳初生耳芽呈杯状，以后逐渐展开。正在生长中的子实体褐色，耳片内卷，富有弹性。当耳片随着生长向外延伸，逐渐舒展，根收缩，耳片色泽转淡，肉质肥软，说明耳片接近成熟或已成熟，应及时采收（图 10－66）。最好是在耳片长至八九分熟，还未释放孢子时采收，此时耳片肉厚、色泽好、产量也高。

如耳片充分展开，有的腹面甚至已经产生白色孢子粉时，则晾晒后的木耳形态不如碗状木耳商品性好，而且过度成熟会使重量减小。

（2）采收方法 采耳前 1～2 天应停水，并加强通风，让阳光直接照射栽培袋和木耳，待木耳朵片收缩发干时采收。采收应在晴天上午进行。采收时在地上放一个容器，用裁纸刀片沿袋壁耳基削平，整朵割下，不留耳根，否则易发生霉烂，影响下一次出耳。也可一手轻轻按住菌袋，一手扭转子实体将耳一次采下，然后用利刀将带培养料的耳根去掉。

在采收时要注意务必使鲜耳洁净卫生，不带杂质。如果鲜耳上溅有泥沙或草叶等杂物，可在清水中漂洗干净，再进行干制。但“过水”耳不仅不易干制，而且有损质量，因此，除极其泥污的鲜耳之外，一般尽量不用水洗。

（3）采收原则 分批采收，采大留小。将成熟的耳片采下，而对于稍小的木耳待其长大时再进行采摘。分批采收，木耳大小均一、质量好，并且节省晾晒空间。

（4）晾晒

①晾晒架。晾晒设施由木质架子搭成，铺上纱网，把采摘下来的湿木耳放在上面晾晒。架高大约80～100 cm，宽1.5～2 m，架子上方用竹条围成拱形棚（图10－67），床架一侧放置好塑料布或苫布（图10－68）。晴天因纱网通风好，晾晒快；阴天由于纱网与木耳接触面积十分小，不会粘连在纱网上；遇上连雨天，将床架上的塑料布或苫布盖上遮雨，里面照样通风、透气。这种方法既适合晴天又适合阴雨天，优点是成本低，通风好，晾晒时间短，晾晒出的木耳形态美观、质量好、售价高。晾晒床架搭制的尺寸可以随着地形自由选择宽度和长度。塑料布用塑料绳或铁丝固定于床架上，每隔1～2 m最好用绳暂时捆住，以防风大将塑料布掀开。生产中也可因地制宜搭建晾晒架（图10－69）。

图10－67　单层晾晒架

图10－68　晾晒架用苫布覆盖

图10－69　在排水沟上方搭建晾晒架

②晾晒。晾晒影响到黑木耳产品的外观形态，一般将采下的木耳顺耳片形态撕成单片，置于架式晾晒纱网上，靠日光自然晾晒。在晒床上堆放稍密，木耳干至成型前不要翻动，以免耳片破碎或卷朵，影响感官质量。黑木耳品质不同晾晒时间不一，大约为2～4天，如果木耳片厚则晾晒时间长，如果木耳片薄则晾晒时间短一些。

相关知识

晾干的木耳要及时装袋并于低温干燥处保存。干制的木耳角质硬脆，容易吸湿回潮，应当妥善储藏，防止变质或被害虫蛀食造成损失。一般装入内衬塑料袋的编织袋，存放在干燥、通风、洁净的库房里。

8. 采后管理

图10－70　黑木耳转茬耳出耳

正常情况下，黑木耳可采三批耳，分别占总产量的70%、20%和10%左右。转茬耳（图10－70）的管理要点：一是采收后的耳床要清理干净，进行一次全面消毒，清理耳根和表层老化菌丝，促使新菌丝再生；二是将菌袋晾晒1～2天，使菌袋和耳穴干燥，防止感染杂菌；三是盖好草帘，停水5～7天，使菌丝休养生息，恢复生长。待耳芽长出后，再按一茬耳的方法进行管理。

铁丝架吊袋出耳时，菌袋水平夹角应大于60°，否则袋面朝下的一侧出耳孔易进水，引起绿霉污染（图10－71）。

图10－71 黑木耳菌袋的水平夹角过小

9. 出耳管理易出现的问题

（1）转茬出耳困难或不出耳

①菌袋失水。头潮耳后，菌袋内含水量会明显下降，通常会降低15%～20%。如果头潮耳管理不善，水分下降30%以上，则水分不能维持菌丝自身需要，无法为子实体输送，造成转潮耳出耳困难或不出耳。

②拖后采收。当木耳达到采收标准时应及时采收。有的菇农为了争取多产耳，无限度拖延采收期，以致子实体成熟过度、营养消耗过大、产量降低，并造成烂耳和引起杂菌感染。

③伤口暴晒。采收伤口处经强光暴晒，使袋内水分蒸发，表面菌丝发干，原基难现，不长耳。

④环境污染。第一潮耳采收后，由于耳根没清理，残根发霉，或采收后掉下的废弃物如基质碎屑、耳片、草帘等随着湿度加大，发生霉烂，引起杂菌污染菌袋，危害菌丝体。

⑤环境失控。第一潮耳采收完毕后，环境气温日渐升高，抑制菌丝体生长，菌袋污染杂菌等影响转潮耳。

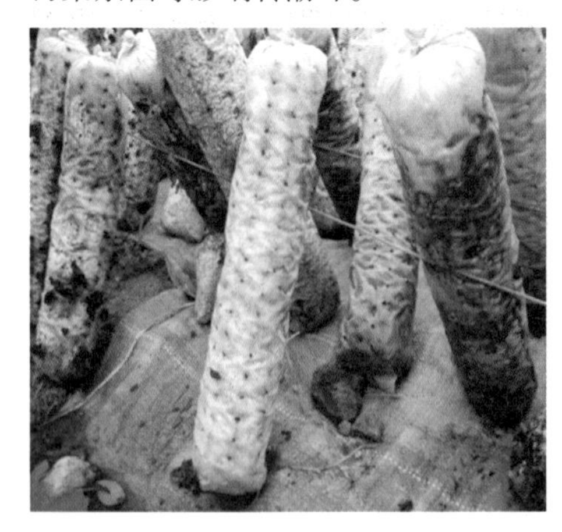
图10－72 黑木耳菌袋污染

（2）转茬耳杂菌污染 黑木耳正常情况下能出三茬耳，但目前有些地区头茬耳采收后，没等二茬耳长出就感染了杂菌（图10－72），分析原因如下：

①暑期高温。菌丝生长阶段的温度范围是4～32℃，如袋内温度超过35℃，菌丝死亡，逐步变软、吐黄水，采耳处首先感染杂菌。

②采耳过晚。要当朵片充分展开，边缘变薄起褶子，耳根收缩时采收。如果采收过晚，一方面会消耗菌袋养分，另一方面转茬耳遭遇

高温，造成污染。

③上茬耳根或床面没清理干净。残留的耳根，因伤口外露易感染杂菌。采耳时掀开草帘，让阳光照射，使子实体水分下降、适度收缩，这样采收时木耳不易破碎，利于连根拔下。拔净耳根利于二茬耳形成，避免霉菌滋生。

④菌丝体断面没愈合。采耳时要求连根抠下并带出培养基，菌丝体产生了新断面，在未恢复时，抗杂能力差，这时浇水催耳，容易产生杂菌感染。

⑤草帘霉烂传播杂菌。草帘要定期消毒。

⑥采耳后菌袋未经光照干燥，草帘或床面湿度大。二茬耳还未形成前，菌丝体应有个愈合断面、休养生息、高温低湿的阶段。倘若此时草帘或床面湿度大，又紧盖畦床，菌袋潮湿不见光，很容易产生杂菌污染。采耳后菌袋要晒 3 ~ 5 h，使采耳处干燥；床面和草帘应晒彻底，晒完的菌袋盖上晒干的帘子，养菌 7 ~ 10 天。

⑦浇水过早过勤。二茬耳还未形成和封住原采耳处断面，就过早浇水。

（3）流耳　指耳片成熟后，耳片变软，耳片甚至耳根自溶腐烂（图 10 – 73）。流耳是细胞破裂的一种生理障碍现象，黑木耳在接近成熟时期，不断地产生担孢子，消耗子实体的营养物质，使子实体趋于老化，此时遇到高湿极易溃烂。

图 10 – 73　黑木耳菌流耳

①发生原因。耳片成熟时，若持续高温、高湿、光照差、通风不良，常造成大面积烂耳。代料栽培黑木耳，培养料过湿，酸碱度过高或过低，均可能造成流耳。在温度较高，特别是湿度较大，而光照和通气条件又比较差的环境中，子实体常常发生溃烂。细菌的感染和害虫的危害也造成流耳。

②防治。针对上述发生烂耳的原因加强栽培管理，注意通风换气、光照等；及时采收，耳片接近成熟或已经成熟立即采收；也可用 25mg/L 的金霉素或土霉素溶液喷雾，防止流耳。

图 10 – 74　黑木耳菌绿藻病

（4）绿藻病

①症状。菌袋内表层有绿色青苔状物，严重时木耳子实体上也长（图 10 – 74）。它可吸收菌袋营养，造成袋内积水严重，导致烂袋现象发生。

②病因。a. 水源有绿藻污染。b. 装袋过

松，浇水时长时间有积水，通过阳光直射产生绿藻。c. 浇水过重，导致袋内积水。

③防治措施。生产用清洁的水；提高装袋质量，不在袋料分离处划口；防止袋内积水，积水时应及时清理。

(5) 红眼病（图 10－75）（高温烧菌）

①症状。打眼后 5～10 天，打眼处有红褐色的黏液自口溢出，同时大面积滋生绿霉。

②病因。通风不良、菌袋密集，导致高温。袋内温度高，集聚水蒸气，菌丝死亡。因菌丝死亡袋口出现吐红水现象。

③防治措施。扎孔后，观察袋内温度；必要时通风降温。

图 10－75 红眼病

(6) 牛皮菌

①症状。菌棒表面生成一层白色肉质形状的杂菌，开始时柔软如同脱毛牛皮或脱毛猪皮（图 10－76），成熟以后表面生成麻子状态，也叫“白霉菌”。这种杂菌传染力很强，与绿霉菌差不多。因为它的菌丝体在培养料内部（图 10－77），一旦出现坏袋，很快会波及其他菌袋。

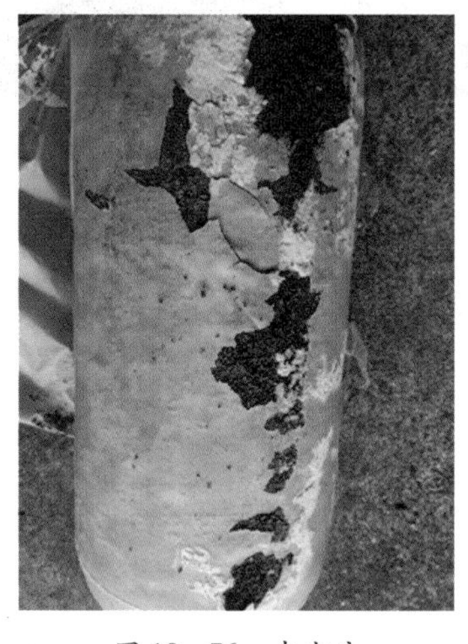

图 10－76 牛皮病

图 10－77 污染牛皮菌的菌袋内部

②病因。该杂菌污染的原因主要是木屑没有提前预湿，灭菌不彻底，或环境中存在杂菌孢子。

③防治措施。a. 环境消毒（用 0.3% 的消毒粉或克霉灵进行环境消毒，或用 pH 12～14 的石灰水进行环境喷雾消毒）。b. 污染原料添加新鲜原料，提前一天拌料（宁干勿湿），装袋之前补足水分，彻底灭菌即可。

第十一章 灵芝

第一节 概述

灵芝［Ganoderma Lucidum（Leyss. ex Fr.）Karst］又名赤芝、红芝、木灵芝、菌灵芝、万年蕈、灵芝草等，属担子菌纲、多孔菌科、灵芝属。

一、形态特征

1. 菌丝体

灵芝母种菌丝白色、浓密、短绒状，气生菌丝旺盛，常分泌褐色色素溶于培养基中；原种、栽培种表面易形成坚韧的菌被，菌被初白色，后渐变为黄色。

图 11－1　灵芝子实体

2. 子实体

灵芝的子实体由菌盖和菌柄组成（图 11－1），为一年生的木栓质。菌盖呈肾形、半圆形或接近圆形，颜色红褐、红紫或紫色，表面有一层漆样光泽，有环状同心棱纹及辐射状皱纹。

二、价值

1. 营养价值

灵芝扶正固本，可增强免疫功能，提高机体抵抗力。灵芝在整体上双向调节人体机能平衡，调动机体内部活力，调节人体新陈代谢机能，提高自身免疫能力，促使全部的内脏或器官机能正常化。

2. 药用价值

灵芝属的子实体、菌丝体和孢子中含有多糖类、核苷类、呋喃类衍生物、甾醇类、生物碱类、蛋白质、多肽、氨基酸类、三萜类、倍半萜、有机锗、无机盐等。灵芝多糖是灵芝的主要有效成分之一，具有抗肿瘤、调节免疫、降血糖、抗氧化、降血脂与抗衰老作用。灵芝所含三萜类不下百余种，其中以四环三萜类为主。灵芝的苦味与所含三萜类有关，三萜类也是灵芝的有效成分之一，对人肝癌细胞具有细胞毒作用，也具有保肝和抗过敏作用等。

3. 观赏价值

灵芝也具有极高的观赏价值和收藏价值。灵芝盆景以形色奇特的灵芝子实体为主，配以相宜的山、石或草、木等。将灵芝摆放在室内，它可不断释放有益成分，有利于健康。而且灵芝可以永久地保持它的形态和色彩，迎合了人们追求富贵吉祥的美好愿望，目前已成为高品位的艺术收藏品及馈赠佳品。

4. 产业现状

自20世纪50年代末期以来，由于人工生产灵芝子实体成功，随后又发展了深层发酵培养灵芝菌丝体和发酵液的技术，灵芝的开发应用日益广泛。随着现代医药科技的发展，灵芝也进入了食品、医药、饮料、化妆品等领域，目前在中国、日本、韩国、东南亚等国家和地区已掀起一股灵芝热，关于灵芝的开发和科研层出不穷。山东省冠县店子乡是我国灵芝的主要产区，面积300多万平方米，年产灵芝7000多吨，占全国的三分之一。我国已经成为灵芝的主要生产国和出口国，由于灵芝文化在中国深入人心，被普遍接受且品位极高，它对业已形成的灵芝产业产生了巨大的良性推动作用，而蓬勃发展的灵芝产业反过来又促进了灵芝文化的发展，形成良性循环。从灵芝生产，到灵芝深加工，再到灵芝医药，这是一条环保、低碳、可持续发展的途径，符合现代农业的发展特征。

三、生物学特性

1. 营养

灵芝是以死亡倒木为生的木腐性真菌，对木质素、纤维素、半纤维素等复杂的有机物质具有较强的分解和吸收能力。灵芝由于本身含有许多酶类，如纤维素酶，半纤维素酶及糖酶、氧化酶等，能把复杂的有机物质分解为自身可以吸收利用的简单营养物质，因此木屑和一些农作物秸秆（棉籽壳、甘蔗渣、玉米芯等）都可以生产灵芝。

2. 环境条件

（1）温度　灵芝属高温型菌类，菌丝生长范围为15～35 ℃，最适宜范围为25～30 ℃，菌丝体能忍受0 ℃以下的低温和38 ℃的高温。子实体原基形成和生长发育的温度是10～32 ℃，最适宜温度是25～28 ℃，在这个温度条件下子实体发育正常，长出的灵芝质地紧密，皮壳层良好，色泽光亮。高于30 ℃培养的子实体生长较快，个体发育周期短，质地较松，皮壳及色泽较差；低于25 ℃时子实体生长缓慢，皮壳及色泽也差；低于20 ℃时，培养基表面菌丝易出现黄色，子实体生长也会受到抑制；高于38 ℃时，菌丝即将死亡。

（2）水分　子实体生长期间需要较高的水分，但不同生长发育阶段对水分要求不同。在菌丝生长阶段要求培养基的含水量为65%，空气相对湿度在65%～70%；在子实体生长发育阶段，空气相对湿度应控制在85%～95%，若底于60%，2～3天刚刚生长出的幼嫩子实体就会由白色变为灰色而死亡。

（3）空气　灵芝属好气性真菌，空气中二氧化碳含量对它的生长发育有很大影响。如果通气不良二氧化碳积累过多，则影响子实体的正常发育。当空气中二氧化碳含量增至0.1%时，会促进菌柄生长和抑制菌伞生长；当二氧化碳含量达到0.1%～1%时，子实体虽然生长，但多形成分枝的鹿角状；当二氧化碳含量超过1%时，子实体发育极不正常，无任何组织分化，不形成皮壳。在生产中，为了避免畸形灵芝出现，生产室要经常开门开窗通风换气；但是在制作灵芝盆景时，可以通过对二氧化碳含量的控制，培养出不同形状的灵芝盆景。

（4）光照　灵芝在生长发育过程中对光照非常敏感，光照对菌丝体生长有抑制作用，菌丝体在黑暗中生长最快。虽然光照对菌丝体发育有明显的抑制作用，但是对灵芝子实体生长发育有促进作用，子实体若无光照难以形成，即使形成了生长速度也非常缓慢，容易变为畸形灵芝。菌柄和菌盖的生长对光照也十分敏感，20～100 lx时，只产生类似菌柄的突起物，不产生菌盖；300～1000 lx时，菌柄细长，并向光源方向强烈弯曲，菌盖瘦小；3000～10000 lx时菌柄和菌盖正常。人工生产灵芝时，可以人为地控制光照强度，定向和定型培养出不同形状的商品药用灵芝和盆景灵芝。

（5）酸碱度　灵芝喜欢在偏酸的环境中生长，要求pH值范围3～7.5，pH4～6最适。

第二节　灵芝生产技术

一、生产配方

1. 杂木屑 73%，麸皮 25%，糖 1%，石膏 1%。
2. 杂木屑 75%，麸皮 23%，糖 1%，石膏 1%。
3. 棉籽壳 50%，木屑 28%，麸皮 20%，糖 1%，石膏 1%。
4. 棉籽壳 36%，木屑 36%，麸皮 26%，糖 1%，石膏 1%。
5. 棉籽壳 80%，米糠 15%，黄豆粉 3%，糖 1%，石膏 1%。
6. 棉籽壳 78%，玉米粉 20%，糖 1%，石膏 1%。
7. 棉籽壳 44%，木屑 44%，麸皮 10%，糖 1%，石膏 1%。

二、堆料

将拌好的培养料堆积在撒过石灰的地面上，堆成规格高 1.2 m、宽 1.5 m 和长度自定的长方形堆体，然后覆盖塑料布。当料温达到 60 ℃时，保持 24 h 后，便可进行第一次翻堆；当料温再次达到 60 ℃时再维持 24 h，此时堆料基本结束。

三、装袋

常压灭菌可以用低压聚乙烯（15 ~ 17）cm ×（30 ~ 33）cm 的袋子，高压灭菌需要用高压聚丙烯袋子。可以手工装袋，也可以使用机器装袋以提高工作效率。需要注意两点：一是两头不要装得太满，要留出接种的空间；二是两头要清洁干净，以免杂菌感染。

图 11 - 2　灵芝菌袋发菌

四、灭菌

装好袋要及时灭菌，灭菌码袋时袋与袋之间要留有空隙。高压灭菌要放净冷空气，以免造成“假升压”致灭菌不彻底，当压力达到 0.15 MPa 时保持 2 ~ 2.5 h；常压灭菌待温度升到 100 ℃时维持 10 ~ 12 h，自然冷却。将灭菌的培养料出锅送入接种室冷却，30 ℃以下便可接种。

五、接种

四人一组，一人负责接种，三人负责解口、系口，密切合作。

六、发菌管理

在灵芝生产中，培养强壮的菌丝体是获得高产的保证。将接种后的菌袋转入培养室，横放于发菌架上，如果室温超过 28 ℃，料温超过 30 ℃，需通过增加通风降温次数，使温度稳定在 25 ~ 28 ℃。此外，室内保持黑暗，因为强光可严重抑制灵芝菌丝的生长（图 11 - 2）。当两端菌丝向料内生长到 6 cm 以上时，可将扎口绳剪下，以促进发菌和菌蕾形成。从接种到长出菌蕾一般需要 25 天左右。

七、出芝管理

目前灵芝出芝方式主要有菌墙式（图 11 - 3）和地畦式（图 11 - 4）两种，这里主要介绍一下菌墙式。菌墙生产法具有投料多、占地少、空间利用率高、管理集中、温湿度好控制等优点。灵芝袋养菌满袋后，按 90 ~ 100 cm 为一行摆好，高为 6 ~ 7 层，南北行。开始打眼开口，开口以 1 元硬币大小为适。开口后大棚马上封严，此时温度控制在 27 ~ 30 ℃（不要低于 25 ℃、高于 35 ℃），增加湿度，地面上明水，光线以散射光线为好，上面的草帘刚对头，每个草帘都有散射光下射为好，也就是“三分阳七分阴”。2 ~ 3 天以后，空气相对湿度为 85% ~ 90%，通风量逐渐增大，温度 27 ~ 30 ℃，出芝时温度一直保持在 27 ~ 30 ℃（不小于 25 ℃，不大于 35 ℃）。

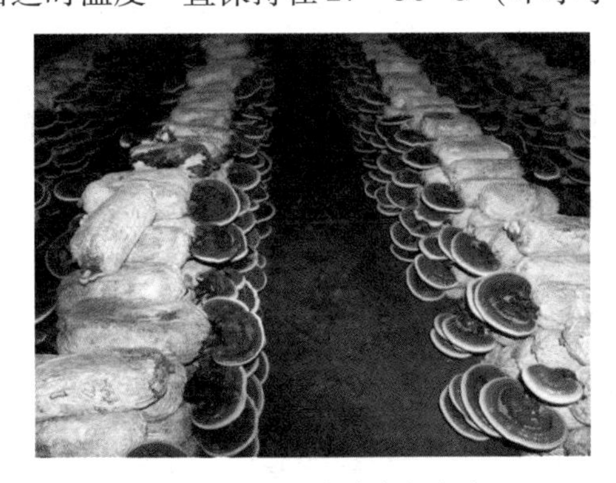

图 11 - 3　灵芝菌墙式出芝

图 11 - 4　灵芝地畦式出芝

八、采收

当灵芝菌盖充分展开，边缘的浅白色或淡黄色基本消失，菌盖开始革质化，呈现棕色，开始弹射孢子，经 7 天套袋搜集孢子后就应及时采收。此时如果不采收，则影响第 2 茬灵芝子实体的形成。采收时用锋利的小刀，在菌柄 0.5 ~ 1 cm 处割取，千万不可连菌皮一起拔掉，以免引起虫害病害蔓延，同时第 2 茬灵芝子实体也难以形成。采收后的培养料，经过数天修养后，喷施一次豆浆水，数天后就会长出第 2 茬灵芝子实体。将采收的灵芝清洗干净，放在塑料布或竹帘上晒干，或使用烘干机烘干。

九、灵芝孢子粉的套袋收集

1. 收集袋的制作

制袋比较费工，必须提早进行，免得错过时间造成损失。一般每人每天可制作200～300个。选用透气性较好的8开报纸（大小为39 cm×27 cm），制作方法分以下四步进行：

（1）先将边长39 cm留出2 cm备胶水粘贴，然后对折成18.5 cm粘合成高27 cm、周长37厘米的圆筒；

（2）将筒高27 cm对折中线，然后选任意一端再向中线对折，得1/4即6.75 cm做袋底；

（3）将所得的1/4的两边边线向圆筒内折，并使两条线分别与内线对齐，得圆筒底部的平面；另两边等长，各为5 cm；

（4）将任意一等边向底边中线对折并超过中线1 cm，将底部的封闭部分粘上胶水，然后把另一边也向中线超过1 cm对折压实，粘成高20 cm、周长37 cm、底部全封闭的长筒食品袋状即完成。

2. 套袋时间

灵芝原基发生至子实体成熟一般需要30天左右，一旦子实体成熟孢子也陆续开始释放。子实体成熟的标准是，菌盖边缘白色生长圈已基本消失，菌盖由黄色变成棕黄色和褐色，菌管开始成熟并出现棕色丝状孢子或菌柄基部有棕色孢子粉出现，这时即进入套袋最佳时间。

3. 套袋方法

套袋前排去积水降低湿度，同时用清洁的毛巾将套袋的灵芝周围擦干净，然后套上袋子至灵芝的最底部。套袋必须适时，做到子实体成熟一个套一个，分期分批进行。若套袋过早，菌盖生长圈尚未消失，以后继续生长与袋壁粘在一起或向袋外生长，造成局部菌管分化困难影响产孢；若套袋过迟则孢子释放后随气流飘失，影响产量。一般每万袋需陆续套袋10～15天结束。

4. 套袋后管理

（1）保湿　灵芝孢子发生后仍需要较高的相对湿度，以满足子实体后期生长发育的条件，促使多产孢。室内常喷水，必要时仍可灌水，控制相对湿度达90%。

（2）通气　灵芝子实体成熟后，呼吸作用逐渐减少，但套袋后局部二氧化碳浓度也会增加，因此仍需要保持室内空气清新。一般套袋半个月后子实体释放孢子可占总量的60%以上。

5. 采收

根据早套袋早采收、晚套袋晚采收的原则，套袋后20天就可采收。采集后的孢子粉摊入垫有清洁、光滑白纸的竹匾内，放在避风的烈日下暴晒2天，用厚度0.04 mm的聚乙烯袋密封保存。

第三节　灵芝盆景制作技术

灵芝根据品种其子实体颜色可表现出赤、紫、黄、白、黑、青等6种颜色，常见的为红色和紫色。菌盖有圆形、半圆形、扇形和无盖的鹿角形等，表面有环状、云状、梭状及辐射状皱纹，色彩绚丽，形态奇特优美，可以培养出千姿百态可供观赏的灵芝。我国是世界上最早认识、研究、应用灵芝的国家，自古以来就视灵芝为长寿健康、吉祥如意、高尚尊贵、神圣庄严的象征。利用灵芝制作盆景，其独特观赏价值和象征意义将成为盆景家族中的一个新亮点。

图11-5　灵芝盆景

灵芝盆景的制作是将现代生物学技术和传统盆景造型艺术结合起来的一种新兴工艺，是根据灵芝的生物学特性，通过对灵芝生长环境条件的控制，结合人工嫁接技术及化学药物处理手段，培育出具有不同形态的灵芝，再配以山石、树桩、枯木等，使之成为姿态万千、古朴典雅、品位极高的优美工艺品（图11-5）。

一、灵芝盆景造型的生物学原理

掌握灵芝盆景造型的生物学特性，是灵芝造型的基础，也是运用其他造型手段的根本。对灵芝造型就是对自然生长的灵芝进行人工控制，通过控制灵芝生长的温度、湿度、光照、空气等条件，让灵芝生长成我们需要的形态。

1. 温度控制原理

灵芝子实体在18～30 ℃均能分化，但菌盖形成的最低温度为22 ℃，一般在22～25 ℃最适宜。温度在24 ℃以内，菌盖较厚；超过28 ℃则菌盖较薄，生长也较迅速；

灵芝子实体在10～20 ℃的环境中，只长菌柄不易长盖。在这一基础上，若营养充足，菌柄则粗壮；营养不足，菌柄就细小。

2. 湿度控制原理

灵芝子实体在发育过程中处于湿度达到95%以上的高湿环境中，会存在两大生物障碍：一是空气流通受到影响，氧气不足；二是子实体的蒸腾作用受阻，进而使菌丝对营养的运输受到阻碍，灵芝子实体的生长速度减缓，发育出现畸形，出现很多瘤状突起的小球。在这一基础上能培育出一体多盖或灌木丛生状。

3. 空气控制原理

充足的空气是子实体分化菌盖的条件之一，因为充足的氧气是子实体旺盛呼吸的基础，这样菌丝体才能分解更多的营养输送到菌盖部位，为其生长奠定基础。要保证菌盖良好生长，二氧化碳浓度就要低于0.1%，即以人在室内感觉空气比较清新为标准。加强通风换气是氧气充足的关键手段。

在高浓度的二氧化碳条件下，菌盖难以生长，不易展开，易生出多少不一的分枝，继续保持这一环境，分枝将不断伸长。原因是当灵芝子实体没有充足的氧气时，子实体的前端呼吸受阻，生长点前移而使菌柄拉长。一般二氧化碳浓度在0.1%以上，这样的环境人呼吸感觉发闷，要做到这一点就要减少通风或不通风。

4. 光照控制原理

光照能刺激灵芝子实体的分化，促进其发育。在充足散射光的情况下，菌盖能良好地发育扩展；较暗的光线能抑制菌盖的扩展。也可以完全黑暗，但必须有间断性地给予微量的散射光，否则会影响灵芝子实体的新陈代谢。灵芝子实体（菌柄）的趋光性很强，在有光源的一侧灵芝生长点生长较慢，背光一面的生长点生长较快，这样灵芝子实体就向光源的方向生长。

二、灵芝盆景制作所需条件

生产场所要求干净、通风良好、交通水电方便、便于操作管理，最好的场所是在室内或塑料大棚内进行。灵芝造型的最佳季节为5～12月份，这期间外界气温适合灵芝的生长发育。灵芝造型时还需要准备一些工具，如大小不等的塑料袋、牛皮纸袋、刀片、钢针、钢夹、丝绳、加热器、电吹风机、加湿器、转动或移动台灯、大头针、钳子、镊子、白乳胶、强力胶、清漆（喷漆）等。

三、灵芝盆景品种的选择和生产模式选择

一般选择的灵芝盆景品种有赤芝、紫芝、无孢灵芝、鹿角灵芝等，其造型本身就比较怪异，这样在制作盆景的时候就可以利用其自身造型，再适当给予一些人为控制，

可达到事半功倍的效果。制作盆景的灵芝品种我们姑且称之为“盆景灵芝”或“造型灵芝”，可以用玻璃瓶、塑料袋或椴木进行生产。其菌丝体培养阶段按常规方式进行管理，待原基出现后，再根据不同需要进行特殊管理。

四、灵芝造型的各种手段

1. 生物手段

（1）菌柄弯曲　采用生物手段使菌柄弯曲得自然、大方。灵芝子实体（菌柄）的趋光性很强，根据这一特点，控制菌柄向人为方向弯曲。通过移动子实体或改变光源方向和强度，可使菌柄长出各种弯曲的形态。但有的子实体形状如盘根错节的枯树枝，通过这一方法弯曲其形态不易或难以改变。

（2）鹿角状菌柄　当培养温度、湿度、光照均能满足灵芝生长要求时，若二氧化碳积累过多，浓度达到0.1%以上时，菌柄上就会生出许多分枝，越往上分枝越多，而且渐渐变细，菌柄顶端始终不形成菌盖，从而形成鹿角状分枝（图11－6）。

图11－6　鹿角灵芝

（3）菌盖加厚　对形成菌盖而未停止生长的灵芝，在通气不畅的条件下培养即形成加厚菌盖。此后继续保持此条件，菌盖加厚部分可延伸出二次菌柄，再给以通风条件，二次菌柄上又可形成小菌盖。

（4）双重菌盖　给生长旺盛期的幼嫩菌盖套上一个纸筒，让光线自顶上射入，菌盖会停止横向生长而从盖面上生长出一个小突起，继续培养突起即可延伸成菌柄。此时去掉纸筒继续在适宜条件下培养，保持培养瓶原放位置方向不变，突起即分化出菌盖，从而成为双重菌盖。

（5）瘤状突起　当子实体原基形成后，人为控制给予高温高湿环境，使子实体发育出现畸形，出现很多瘤状突起的小球，在这一基础上能培育出一体多盖或灌木丛生之状。

2. 机械手段

（1）嫁接技术　当生物手段不能满足造型的整体要求时，嫁接是最好的辅助手段。嫁接时的天气选择最好是在阴天或雨后初晴的傍晚进行，空气湿度较高（85%～95%）、温度适合（26～28 ℃）是子实体伤口快速愈合最适合的条件，禁止在晴天的中午和雨天进行。嫁接时品种必须相同，嫁接后可用丝绳、丝布、铁夹、铁丝夹（用铁丝做成的V形夹）、大头针、书钉等采用缠绕、夹死等方法牢固成一体。嫁接后的灵芝在未成活前严禁喷水，嫁接成活后即可按常规方法进行管理。

①直接靠接　就是将2个灵芝生长点靠紧固定在一块儿，过5～7天它们就牢固地长拢在一起。一般选择在幼嫩阶段，子实体白色生长点十分清楚且活力旺盛时，其靠接成功率较高。在十分熟前白色生长点还有，但活力不强，甚至有些发黄，在这种情况下靠接的成功率很低。

②处理后靠接　在生长点已经过去的部位上，需补充从其他培养基移过来的子实体时，应认真进行处理。将稍带点肉质的表皮，用锋利的消过毒的刀片削掉，再将接穗的齐断面紧靠在一起。经24 h两者各自重新长出菌丝相互连接，再过5～7天便可较为牢固地生长在一起。

（2）人工菌柄弯曲　菌柄弯曲虽然可以通过灵芝的趋光性来达到，但有时来得不很迅速，对亟待弯曲的菌柄，采用人工方法更为快捷。在灵芝子实体没进入全木质时可用人工手段使其向人为方向弯曲，可采用石块、砖等挤、靠，也可用绳、铁丝牢拉，还可用定型式的木套、钢筋、铁丝套固定弯曲。

（3）人工修刻　用消过毒的锋利刀片，一是把不需要的整体去掉，二是把型中过长的部分去掉，三是在子实体旺盛生长阶段将其刻成需要的形状，其生长愈合后与自然生长的基本一样。这一手段是灵芝造型技术精髓的一部分，运用得当将会取得较好的效果。

（4）刺激再生　当灵芝子实体的某一部位没有按要求长出实体，可通过刺激造型法来完成。如用火焰灭菌处理好的钢针或刀尖，将要求部位挑破，继续培养以长出菌柄、菌盖。

（5）局部定型　灵芝盆景在按预想培育的过程中，有的型已长到位，但生长点还在。为避免出现跑型现象，采用局部定型法，即利用电吹风吹出的热风或电加热器的热量对需定型部位进行加热，使其水分蒸发，生长受到阻碍，而达到缓慢生长或不长的效果。

3. 化学手段

利用化学手段进行灵芝盆景的造型，是一项难掌握、对一般造型不太适用的方法，但若运用得当也会发挥出其他手段不易达到的效果。

（1）化学药剂杀控造型　利用75%的酒精或0.1%的高锰酸钾涂擦正在生长的菌柄或菌盖某一部位，杀伤这部分组织，则会出现柄粗或分偏枝或分侧枝的子实体生长现象；若全部涂擦还会出现停止生长的现象。

（2）利用营养激素促进造型　利用500倍的植保素或其他一些生长刺激素，对近似老化的组织进行涂擦，可以使其恢复一定的机能，对其嫁接和继续生长都有一定的作用。

五、灵芝盆景定型干化

图 11－7　灵芝盆景定型

当灵芝造型确定后，立刻开始定型处理和干化处理。首先，用毛刷加清水刷净灵芝子实体上的孢子粉及尘埃等，然后将其置于室内自然蒸发掉外部水分，但不可在阳光下晒；其次，将灵芝造型从培养基上小心地取下来，置于干燥的室内保持形状不变，使子实体风干，不可在阳光下暴晒或用其他加热的方法定型，否则子实体因失水快而不饱满。干化是自然过程，绝不可急于求成。当子实体的含水量为15%～20%时，干化就已基本达到标准。将干化好的灵芝造型喷上漆，再将其晾干。喷漆后灵芝子实体造型具有很强的光泽度，颜色鲜明（图 11－7）。

六、灵芝盆景入座成型

图 11－8　灵芝盆景入座成型

灵芝盆景是以盆中灵芝子实体来体现大自然美的艺术品，选择合适的底座与之搭配，用强力胶水将其黏结成一体，并用泡沫、白云石、处理过的苔藓等作为填充物，再配以山石、树桩、枯木等，使其与灵芝造型搭配出和谐、幽雅、有风趣的艺术气息，成为一件优美工艺品（图 11－8）。

第十二章 食用菌病虫害诊断与防治

第一节 食用菌病害诊断与防治

食用菌栽培期间病害的种类较多，包括真菌、细菌和放线菌等，其中以细菌和真菌中的霉菌发生最普遍，危害也最严重。在食用菌生产过程中，如果对某一环节有所忽视，如环境不清洁、灭菌不彻底或无菌操作不严格等都会导致病害的发生，造成杂菌污染，严重的整批报废。因此，了解和掌握食用菌病害的种类、发生规律、防治措施对食用菌的高效、安全生产是十分必要的。

一、病害的基础知识

［定义］食用菌在生长、发育过程中，由于环境条件不适，或遭受其他有害微生物的侵染，其菌丝体正常的生长发育受到干扰或抑制，导致发菌缓慢、发菌不良、污染等生理、形态上的异常现象，称之为病害。

【提示】*在食用菌生长过程中，由于受机械损伤或昆虫、动物（不包括病原线虫）和人为活动的伤害所造成的不良影响及结果，不属于病害的范畴。*

［病因（病原）］引起病害的直接因素即为病因，在植物病理学上称之为病原。按其根本属性的不同，病原可分为生物性的（微生物）和非生物性的（环境因素）两大基本类型。微生物病原引发的病害称为侵染性病害，也称非生理病害；环境因素引发的病害称为非侵染性病害，也称生理病害。

1. 非侵染性病害（生理病害）

由于非生物因素的作用造成食用菌的生理代谢失调而发生的病害。非生物因素是指食用菌生长发育的环境因子不适合或管理措施不当，如温度不适、空气相对湿度过高或过低、光线过强或过弱、通风不良、有害气体、培养料含水量过高或过低、pH 值过小或过大、农药、生长调节物质使用不当等，以及无病原微生物的侵染和活动。

非侵染性病害无传染性，一旦不良环境条件解除，病害症状便不再继续，一般能恢复正常状态。该类病害在同一时间和空间内，所有个体全部发病。

2. 侵染性病害（非生理病害）

由各种病原微生物侵染造成食用菌生理代谢失调而发生的病害，因其病原是生物性的，故称病原物。病原物主要有真菌、细菌、病毒和线虫等，且具传染性。

（1）真菌病害　引起食用菌病害的真菌绝大多数是霉菌类，具丝状菌丝。这些病原真菌除腐生外，还具不同程度的寄生性，在侵染的一定时期于被侵染的寄主表面形成病斑和繁殖体——孢子。这类真菌病原物多喜高温、高湿和酸性环境，以气流、水等为其主要传播方式。

（2）细菌病害　引发食用菌病害的细菌绝大多数是各种假单孢杆菌，这类细菌多喜高温、高湿、氧分压小、近中性的基质环境，气流、基质、水流、工具、操作、昆虫等都可传播。

（3）病毒病　病毒是一类专性寄生物，现已发现寄生为害食用菌的病毒有数十种，其中引起食用菌发病的病毒多是球形结构。

（4）线虫病　线虫是一类微小的原生动物。引起食用菌病害的线虫多为腐生线虫，它们广泛分布于土壤和培养料中，土壤、基质和水流是它们的主要传播方式。

［病状（病症）］食用菌发病后，在外部和内部表现出来的种种不正常的特征称为病状，如菌丝生长缓慢、菌丝发黄等。病症是病原物在寄主体内或体外表现出来的特征，如放线菌在菌袋、菌瓶出现白色粉状斑点。

病状的特点用肉眼就可以看清楚，而病症的确定，除看到外观表现出不同的颜色和形状外，往往还要用显微镜进行微观观察才能诊断。

非病原病害及由病毒侵染引起的病毒病害，只有病状表现而无病症出现；由病原真菌、细菌侵染引起的病害，一般既有病状表现又有病症表现出来，且往往是以病症为主要依据。

二、病害发生

［发病条件］侵染性病害的发生过程（病程）主要是食用菌、病原微生物和环境条件三大因子之间相互作用的结果。不论侵染性病害还是非侵染性病害，它们的发生都必须具备以下条件：

（1）食用菌本身是不抗病或抗病能力差的；

（2）病原大量存在；

（3）环境条件特别是温度、湿度、养分等不利于食用菌本身的生长发育而有利于病原生物的生长发育；

（4）预防措施不正确或预防工作未做好。

只有在这四个条件同时具备时病害才可能发生，缺少其中任何一个条件都不能或不易发生病害。

［发病规律］

（1）非侵染性病害　其发生、发展速度和发病轻重，取决于不利环境因素作用的强弱、持续时间的长短以及食用菌本身抗逆性的强弱。

（2）侵染性病害　真菌病害的传播相对较细菌慢，一般来说，多数霉菌需 3 天左右才能形成孢子，进行再侵染，而细菌病害要快得多。病毒由于是菌种传播，一旦发生就是普遍的，且无药可医。

大多数病害以培养料、水流、通风、操作等方式传播。

三、病害的防治原理、原则与措施

1. 非侵染性病害

非侵染性病害关键在于预防，从培养料的配制、发菌条件的调节，到菇房环境条件的控制，在食用菌的整个发育过程中，要尽一切可能创造利于食用菌生长发育的条件来抑制此类病害的发生。

2. 浸染性病害

［防治原理］

（1）阻断病源　使侵染源不能进入菇房，如不使用带病菌种，培养料进行规范的发酵或灭菌，覆土材料用前进行蒸汽消毒或药剂消毒，旧菇房进行彻底消毒，清洁环境等。

（2）阻断传播途径　任何病害，在生长期如果仅发生一次侵染，一般不会造成危害，只有再次发生侵染，才会对生产造成明显的危害。因此，病害发生后阻断传播途径很重要，如对用具消毒、及时灭虫灭螨。

（3）阻抑病原菌的生长　多数食用菌病害都喜高温高湿，适当降温降湿，加强通风，对多种病原微生物都有程度不同的阻抑作用。

（4）杀灭病原物　进行场所内外的消毒和必要的药剂防治。

［防治原则］

（1）以培养料和覆土的处理为重点　多种食用菌病害的病原物都自然存在于培养料和覆土材料中，是食用菌病害的最初侵染源，因此，除必须进行发酵料栽培外，尤其是在发病区或老菇棚，应尽量进行熟料栽培。

（2）场所和环境消毒要搞好　环境和场所消毒最简单和经济的方法是在阳光下暴晒，可将菇棚盖顶掀起，先晒地面，然后深翻，再暴晒。甲醛、过氧乙酸、硫黄、漂白粉等也是很好的环境消毒剂，且无污染。

（3）栽培防治贯穿始终　在整个栽培过程中，特别要注意温度和湿度的控制，加强通风，抑制病原菌的生长和侵染，同时注意用具的消毒，并创造一个洁净的生长环境。

（4）一旦发病及早进行处理　出菇期病害一旦发生，要及早处理，如清除病菇、处理病灶、喷洒杀菌剂等。若处理不及时，很易造成病害流行，难以控制。

（5）先采菇后施药，出菇留足残留期　药剂防治时，必须做到先采菇后施药，施药后菇房采取偏干管理，抑制子实体原基形成。

目前使用的杀菌剂残留期一般为14天，多数食用菌子实体从原基形成至成熟采收需7天左右，因此，施药后要8天才可使其继续出菇。

四、食用菌栽培常见病害

1. 毛霉

毛霉（Mucor）是食用菌生产中一种普遍发生的病害，又称为黑霉病、黑面包霉病。

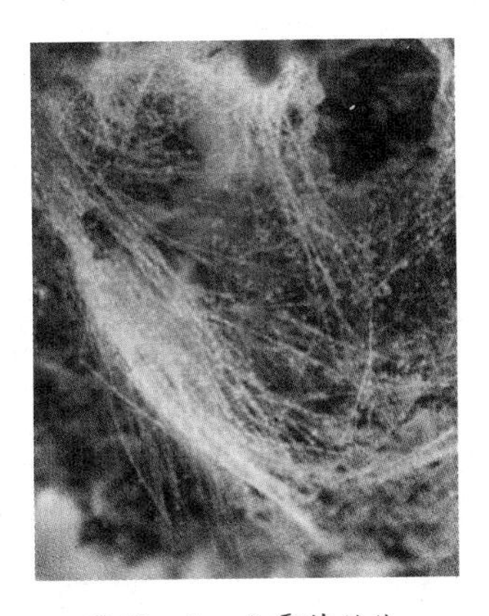

图12－1　毛霉菌丝体

［为害情况及症状］毛霉是一种好湿性真菌，在培养料上初期长出灰白色粗壮稀疏的气生菌丝，菌丝生长快，分解淀粉能力强（图12－1），能很快占领料面并形成一交织稠密的菌丝垫，使培养料与空气隔绝，抑制食用菌菌丝生长；后期在菌丝垫上形成许多圆形灰褐色、黄褐色至褐色

的小颗粒，即孢子囊。

［形态特征］毛霉的菌丝体在培养基内或培养基上能迅速蔓延，无假根和匍匐菌丝。菌落在 PDA 培养基上呈松絮状，初期白色，后期变为黄色有光泽或浅黄色至褐灰色。孢囊梗直接由菌丝体生出，一般单生，分枝或较小不分枝。分枝方式有总状分枝和假轴分枝两种类型。孢囊梗顶端膨大，形成一球形孢子囊，着生在侧枝上的孢子囊比较小。

［发病规律］

（1）侵染途径：毛霉广泛存在于土壤、空气、粪便、陈旧草堆及堆肥上，对环境的适应性强，生长迅速，产生的孢子数量多，空气中飘浮着大量毛霉孢子。在食用菌生产中，如不注意无菌操作及搞好环境卫生等技术环节，毛霉孢子会大量发生。毛霉的孢子靠气流传播，是初侵染的主要途径。已发生的毛霉，新产生的孢子又可以靠气流或水滴等媒介再次传播侵染。

（2）发病条件：毛霉在潮湿条件下生长迅速，如果菌瓶或菌袋的棉塞受潮，或接种后培养室的湿度过高，均易受毛霉侵染。

［防治措施］注意搞好环境卫生，保持培养室周围及栽培地清洁，及时处理废料。接种室、菇房要按规定清洁消毒。制种时操作人员必须保证灭菌彻底，袋装菌种在搬运过程中要轻拿轻放，严防塑料袋破裂。经常检查，发现菌种受污染应及时剔除，决不播种带病菌种。如在菇床培养料上发生毛霉，可及时通风干燥，控制室温在 20～22 ℃，待抑制后再恢复常规管理。适当提高 pH 值，在拌料时加 1%～3% 的生石灰或喷 2% 的石灰水可抑制毛霉生长。药剂拌料，用干料重量 0.1% 的甲基托布津拌料，预防效果较好。

2. 根霉

根霉（Rhizopus）隶属接合菌亚门、根霉属，是食用菌菌种生产和栽培中常见的杂菌。

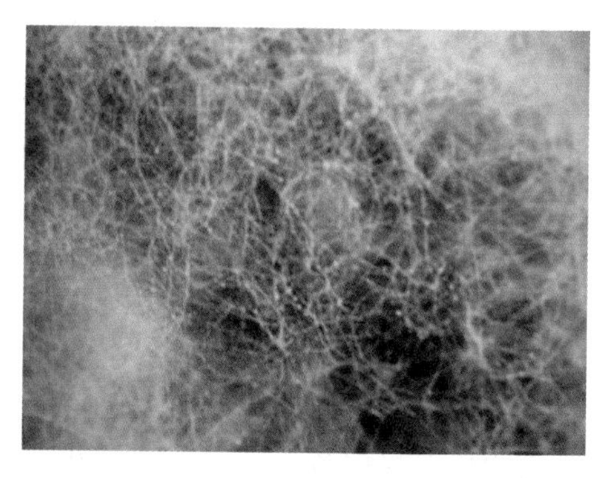

图 12－2　根霉菌丝体

［为害情况及症状］根霉由于没有气生菌丝，其扩散速度较毛霉慢。培养基受根霉侵染后，初期在表面出现匍匐菌丝向四周蔓延，匍匐菌丝每隔一定距离，长出与基质接触的假根，通过假根从基质中吸收营养物质和水分（图 12－2）；后期在培养料表面 0.1～0.2 cm 高处形成许多圆球形、颗粒状的孢子囊，颜色由开始时的灰白色或黄白色，至成熟后转为黑色，整个菌落外观犹如一片林立的大头

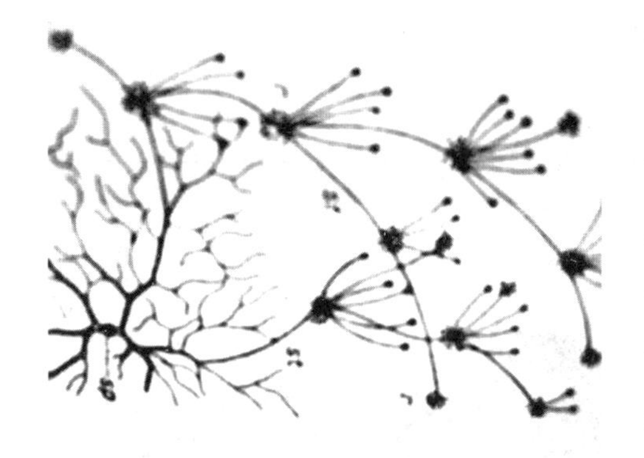
图 12－3 根霉菌丝体显微镜下的形态

针，这是根霉污染最明显的症状。

［形态特征］菌落初期白色，老熟后灰褐色或黑色。匍匐菌丝弧形、无色，向四周蔓延。由匍匐菌丝与培养基接触处长出假根，假根非常发达，多枝、褐色。在假根处向上长出孢囊梗，直立，每丛有 2～4 条成束，较少单生，或 5～7 条成束，不分枝，暗灰色或暗褐色，长 500～3500 μm。顶端形成孢子囊，球形或近球形，初期黄白色，成熟后黑色（图 12－3）。孢囊孢子球形、卵形，有棱角或线状条纹。

［发病规律］

①侵染途径：根霉适应性强，分布广，在自然界中生活于土壤、动物粪便及各种有机物上，孢子靠气流传播。

②发病条件：根霉与毛霉同属好湿性真菌，生长特性相近，其菌丝分解淀粉的能力强，在 20～25 ℃的湿润环境中，大约 3～5 天便可完成一个生活周期。培养基中麦麸、米糠用量大，灭菌不彻底，接种粗放，培养环境潮湿，通风差，栽培场地和培养料未严格消毒、灭菌等，均易导致根霉污染蔓延。

［防治措施］选择合适的栽培场地，远离牲畜粪等含有机物的物质；加强栽培管理，适时通风透气，保持适当的温湿度，清理周围废弃物，减少病源；选用新鲜干燥无霉变的原料作培养料，在拌料时麦麸和米糠的用量控制在 10% 以内。

3. 曲霉

曲霉（Aspergillus）在自然界中分布广泛，种类繁多，有黑曲霉、黄曲霉、烟曲霉、亮白曲霉、棒曲霉、杂色曲霉、土曲霉等，是食用菌生产中经常发生的一种病害，其中以黑曲霉、黄曲霉发生最为普遍。

［为害情况及症状］曲霉不同的种，在培养基中形成不同颜色的菌落，黑曲霉菌落呈黑色，黄曲霉菌落呈黄至黄绿色（图 12－4），烟曲霉菌落呈蓝绿色至烟绿色，亮白曲霉菌落呈乳白色，棒曲霉菌落呈蓝绿色，杂色曲霉菌落呈淡绿、淡红至淡黄色。大部分菌落呈淡绿色，类似青霉属。曲霉除污染培养基外，还常出现在瓶（袋）口内侧壁及封口材料上。曲霉污染时除了吸取培养料养分外，还能隔绝

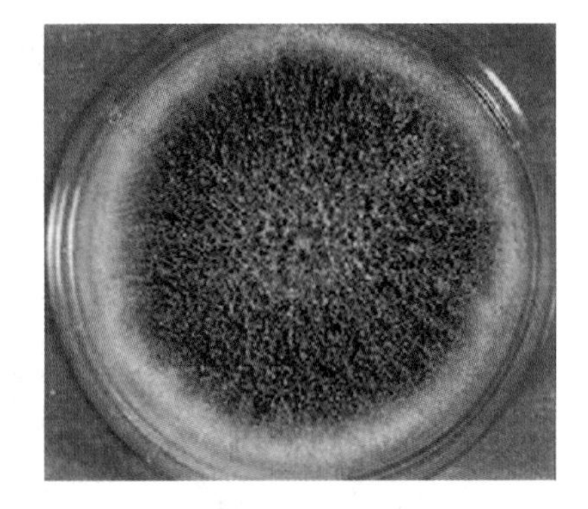
图 12－4 黄曲霉

氧气，分泌有机酸和毒素，对菌丝有一定的颉颃和抑制作用。

［形态特征］菌丝比毛霉短而粗，绒状，具分隔、分枝，扩展速度慢；分生孢子串生，似链状；分生孢子头由顶囊、瓶梗、梗基和分生孢子链构成，具有不同形状和颜色，如球形、放射形和黑色、黄色等。

［发病规律］

①侵染途径：曲霉广泛存在于土壤、空气及腐败有机物上，分生孢子靠气流传播，是侵染的主要途径。

②发生条件：曲霉主要利用淀粉，凡谷粒培养基或培养基含淀粉较多的容易发生；曲霉又具有分解纤维素的能力，因此木制特别是竹制的床架，在湿度大、通风不良的情况下也极易发生；适于曲霉生长的酸碱度近中性，因此pH值近中性的培养料也容易发生。培养基配制时，使用发霉变质的麸皮、米糠等作辅料，基质含水量较低或湿料夹干料，灭菌不彻底，接种未能无菌操作，封口材料松，气温高，通风不良等，都能引发曲霉污染（图12－5）。

图12－5　培养料污染黄曲霉

［防治措施］防止菌袋棉塞在灭菌过程中受潮，一旦发生，要在接种箱（接种车间）内及时更换经过灭菌的干燥棉塞；接种时要严格检查菌袋上的棉塞是否长有曲霉，如有感染症状的，必须立即废弃；培养室要用强力气雾消毒剂进行严格的消毒处理，当菌袋移入培养室后，应阻止无关人员随便出入。

4. 青霉

青霉（Penicillium）是食用菌生产中常见的一种污染性杂菌，危害较普遍的品种有圆弧青霉、产黄青霉、绳状青霉、产紫青霉、指状青霉、软毛青霉等。在分类学上属半知菌亚门、丝孢纲、丝孢目、丝孢科、青霉属。

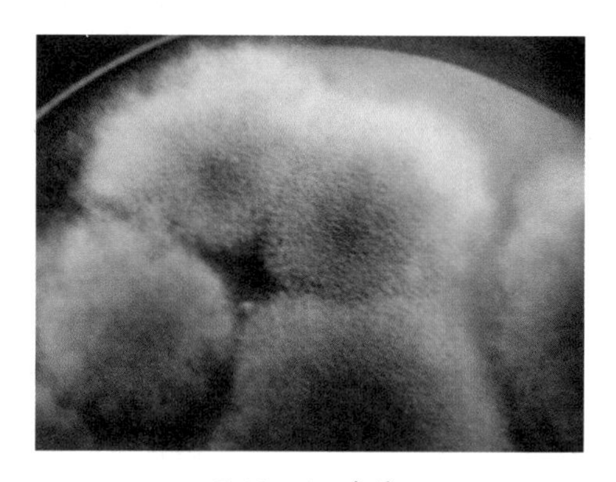

图12－6　青霉

［为害情况及症状］青霉发生初期，污染部位有白色或黄白色的绒毯状菌落出现，1～2天后便逐渐变为浅绿或浅蓝色的粉状霉层，霉层外圈白色，扩展较慢，有一定的局限性，老

的菌落表面常交织成一层膜状物，覆盖在培养料表面，使之与空气隔绝，并能分泌毒素，使食用菌菌丝体致死（图 12－6）；在生产过程中，发生严重时，可使菌袋腐败报废。

［形态特征］青霉菌丝无色，具隔膜，初呈白色，大部分深入培养料内，气生菌丝少，呈绒毯状或絮状；分生孢子梗先端呈扫帚状分枝，分生孢子大量堆积时呈青绿色、黄绿色或蓝绿色粉状霉层（图 12－7、图 12－8）。

图 12－7　培养料污染青霉

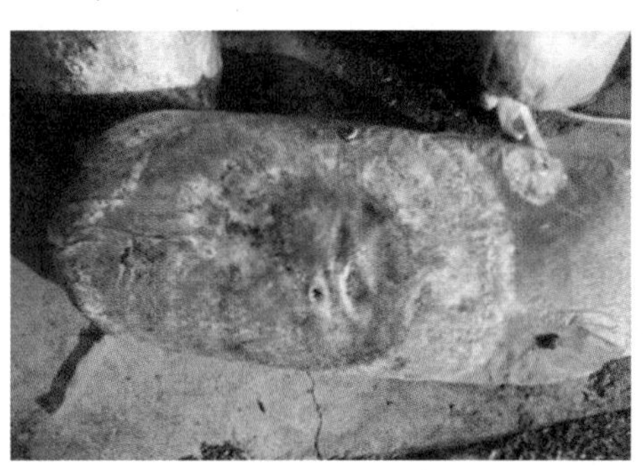

图 12－8　菌袋污染青霉

［发病规律］

①侵染途径：青霉分布范围广，多为腐生或弱性寄生，存在于多种有机物上，产生的分生孢子数量多，通过气流传入培养料是初次侵染的主要途径。致病后产生新的分生孢子，可通过人工喷水、气流、昆虫传播，是再侵染的途径。

②发生条件：在 28～30 ℃温度下，最容易发生；培养基含水量偏低、培养料呈酸性、菌丝生长势弱等，均有利于青霉的生长。

［防治措施］认真做好接种室、培养室及生产场所的消毒灭菌工作，保持环境清洁卫生，加强通风换气，防止病害蔓延；调节培养料适当的酸碱度，栽培蘑菇、平菇和香菇的培养料可选用 1%～2% 的石灰水调节至微碱性。采菇后喷洒石灰水，刺激食用菌菌丝生长，抑制青霉菌发生；局部发生此病时，可用 5%～10% 的石灰水涂擦或在患处撒石灰粉，也可先将其挖除，再喷 3%～5% 的硫酸铜溶液杀死病菌。

5. 木霉

木霉（Trichodeuma）在自然界中分布广，寄主多，因此是食用菌生产中的主要病害。常见的种有绿色木霉、康氏木霉，在分类学上属半知菌亚门、丝孢纲、丝孢目、丝孢科、木霉属。

图 12－9　菌袋污染木霉

［为害情况及症状］培养料受侵染后，初

期菌丝白色、纤细、致密，形成无固定形状的菌落；后期从菌落中心到边缘逐渐产生分生孢子，使菌落由浅绿色变成深绿色的霉层（图 12－9）。菌落扩展很快，特别是在高温潮湿条件下，几天内整个料面几乎被木霉菌落所布满。

［形态特征］木霉菌丝纤细、无色、多分枝、具隔膜，初为疏松棉絮状或致密丛束状，后扁平紧实，白色至灰白色；分生孢子多为球形、椭圆形、卵形或长圆形，孢壁具明显的小疣状突起，大量形成时为白色粉状霉层，然后霉层中央变成浅绿色，边缘仍为白色，最后全部变为浅绿至暗绿色。

［发病规律］

①侵染途径：分生孢子通过气流、水滴、昆虫等媒介传播至寄主。带菌工具和场所是主要的初侵染源。木霉侵染寄主后，即分泌毒素破坏寄主的细胞质，并把寄主的菌丝缠绕起来或直接把菌丝切断，使寄主很快死亡。已发病所产生的分生孢子，可以多次重复再侵染，尤其是在高温潮湿条件下，再次侵染更为频繁。

②发生条件：食用菌生产的培养料主要是木屑、棉籽壳等，如灭菌不彻底极易受木霉侵染。木霉孢子在 15～30 ℃萌发率最高，菌丝体在 4～42 ℃范围内都能生长，而以 25～30 ℃生长最快。木霉分生孢子在空气相对湿度 95% 的高湿条件下，萌发良好，但由于适应性强，在干燥的环境中仍能生长。木霉喜欢在微酸性的条件下生长，特别是 pH 值在 4～5 生长最好。

［防治措施］保持制种和栽培房的清洁干净，适当降低培养料和培养室的空间湿度，栽培房要经常通风；杜绝菌源上的木霉，接种前要将菌种袋（瓶）外围彻底消毒，并要确保种内无杂菌，保证菌种的活力与纯度；选用厚袋和密封性强的袋子装料，灭菌彻底，接种箱、接种室空气灭菌彻底，操作人员保持卫生，操作速度要快，封口要牢，从多环节上控制木霉侵入；发菌时调控好温度，恒温、适温发菌，缩短发菌时间也能明显地减少木霉侵害；对老菌种房、老菇房内培养的菌袋，使用药剂如多菌灵、菇丰等拌料，用量在 1000 倍，可有效地减少木霉菌的侵入为害。

6. 链孢霉

链孢霉（Neurospora）是食用菌生产中常见的杂菌，高温下其危害性有时比木霉更为严重。在分类学上属子囊菌亚门、粪壳霉目、粪壳霉科。

图 12－10　菌袋污染链孢霉

［为害情况及症状］链孢霉常发生在6～9月，是一种顽强、速生的气生菌，培养料受其污染后，即在料面迅速形成橙红色或粉红色的

霉层（分生孢子堆）（图 12 - 10）。霉层如在塑料袋内，可通过某些孔隙迅速布满袋外，在潮湿的棉塞上，霉层厚可达 1 cm，在高温高湿条件下，能在 1 ~ 2 天内传遍整个培养室。培养料一经污染很难彻底清除，常引起整批菌种或菌袋报废，经济损失很大。

［形态特征］链孢霉菌丝白色或灰白色，具隔膜，疏松，网状；分生孢子梗直接从菌丝上长出，与菌丝相似；分生孢子串生成长链状，单个无色，成串时粉红色，大量分生孢子堆积成团时，为橙红至红色，老熟后，分生孢子团干散、蓬松呈粉状。

［发病规律］

①侵染途径：培养室环境不卫生、培养料高压灭菌不彻底、棉塞受潮过松、菌袋破漏是链孢霉初侵染的主要途径。培养料一旦受侵染，所产生的新的分生孢子是再侵染的主要来源。

②发病条件：链孢霉在 25 ~ 36 ℃生长最快，孢子在 15 ~ 30 ℃萌发率最高。培养料含水量在 53% ~ 67% 链孢霉生长迅速，特别是棉塞受潮时，它能透过棉塞迅速伸入瓶内，并在棉塞上形成厚厚的粉红色的霉层。链孢霉在 pH5. 0 ~ 7. 5 生长最快。

［防治措施］对链孢霉主要采取预防措施，即消灭或切断链孢霉菌的初侵染源。菌袋发菌初期受侵染，已出现橘红色斑块时，首先要对空气和环境强力杀菌，控制好污染源。在染菌部位或分生孢子团上滴上煤油、柴油等，即可控制其蔓延。袋口、颈圈、垫架子的纸被污染，将受污染的颈圈、纸放入 500 倍甲醛液中，并用 0. 1% 的碘液或 0. 1% 的克霉灵溶液洗净袋口，换上经消毒的颈圈、纸，继续发菌；棚内地面上、棚内膜及其他菌袋上应及时喷上石灰水和 0. 1% 的克霉灵，以杀灭棚内空气中的孢子，并在棚内造成碱性条件，抑制链孢霉的传播扩散。

瓶外、袋外已形成橘红色块状孢子团的，切勿用喷雾器直接对其喷药，以免孢子飞散而污染其他菌种瓶或菌袋。发生红色链孢霉污染的菌室，也不要使用换气扇。

7. 链格孢霉

链格孢霉（Alternaria）又名交链孢霉，是食用菌生产中常见的一种污染菌。由于在培养基上生长时，其菌落呈黑色或黑绿色的绒毛状，俗称黑霉菌（图 12 - 11）。在分类学上属半知菌亚门、丝孢纲、丝孢目、暗孢科、链格孢属。

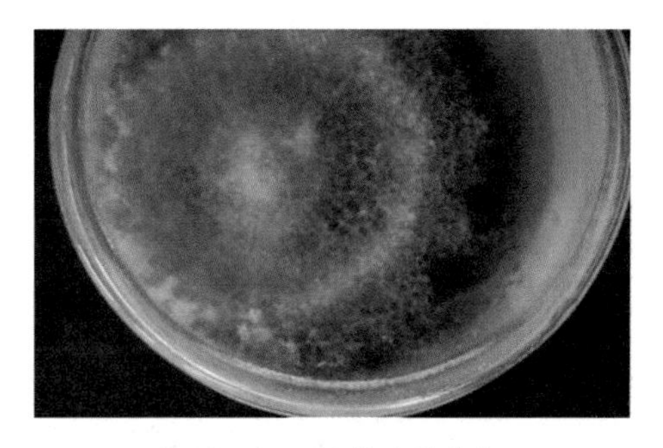
图 12 - 11　链格孢霉菌落

［为害情况及症状］菌落呈黑色或黑绿色

的绒状或带粉状。灰黑至黑色的菌丝体生长迅速而多，发生初期出现黑色斑点，不久即扩散且以压倒性的优势侵染菌丝体。它与黑曲霉的菌落都是黑色，但链格孢霉的菌落呈绒状或粉状，而黑曲霉的菌落呈颗粒状，粗糙、稀疏。受污染的培养料变黑色腐烂，菌丝不能生长。

［形态特征］该菌在PDA培养基上生长时，菌落均黑色，菌丝绒状生长，分生孢子梗暗色，单枝，长短不一。顶生不分枝或偶尔分枝的孢子链，分生孢子暗色，有纵横隔膜，倒棍形、椭圆形或卵形，常形成链，单生的较少，顶端有喙状的附属丝。

［发病规律］

①侵染途径：链格孢霉在自然界分布广，大量存在于空气、土壤、腐烂果实及作为培养料的秸秆、麸皮等有机物上，其孢子可通过空气传播。因此，灭菌不彻底、无菌接种不严格等都是造成污染的原因。

②发生条件：此菌要求高湿和稍低的温度，因此，在气候温暖地区的晚夏和秋季以及培养料含水量高和湿度大的条件下容易发生。

［防治措施］参见根霉和链孢霉的防治。

发现污染及时清除，或将污染菌袋浸泡于5%的石灰水中使其菌丝受到碱性抑制。千万不要胡乱丢弃，以防形成新的感染源。

8. 酵母菌

酵母菌为菌种分离培养、食用菌生产中常见的污染菌。危害食用菌的属有隐球酵母（Cryptococcus）和红酵母（Rhodotorula），在分类上属半知菌亚门、芽孢纲、隐球酵母目、隐球酵母科。

图 12－12　菌袋污染酵母菌

［为害情况及症状］菌瓶（袋）受酵母菌污染后，引起培养料发酵，发黏变质，散发出酒酸气味，菌丝不能生长（图 12－12）。试管母种被隐球酵母菌污染后，在培养基表面形成乳白色至褐色的黏液团；受红酵母侵染后，在试管斜面形成红色、粉红色、橙色、黄色的黏稠菌落。均不产生绒状或棉絮状的气生菌丝。

［形态特征］酵母菌菌落外观上与细菌菌落较为相似，但远大于细菌菌落，且菌落较厚，大多数呈乳白色，少数呈粉红色或乳黄色（图 12－13）。酵母菌除极少数种类以裂殖方式繁殖外，大多数是以芽殖方式进行的，呈圆形、椭圆形或腊肠形等，其形态

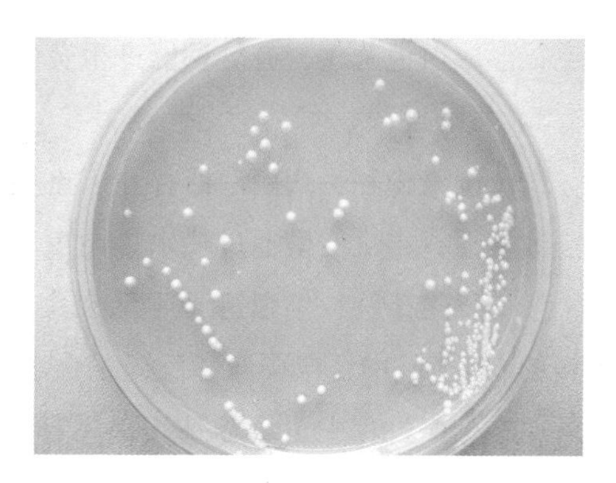

图 12－13　酵母菌菌落

的不同往往与培养条件改变有关。

［发病规律］酵母菌在自然界分布广泛，到处都有，大多腐生在植物残体、空气、水及有机质中。在食用菌生产中，初次侵染是由空气传播孢子，再次侵染是通过接种工具（消毒不彻底）传播。培养基含水量大、透气性能差，发菌期通风差等，均有利于酵母菌侵害。

［防治措施］控制培养料适宜的含水量，防止含水量过高；培养基灭菌要彻底，接种工具要进行彻底消毒，接种时要严格按无菌操作规程进行；选用质量优良、纯正、无污染的菌种；加强管理，保持环境清洁卫生，培养室内防止温度过高。

9. 细菌

细菌是一类单细胞原核生物，隶属裂殖菌门、裂殖菌纲。其分布广、繁殖快，常造成食用菌的严重污染。危害食用菌的细菌大多数为芽孢杆菌属（Bacillus）和假单胞杆菌属（Pseudomonas）中的种类。

［为害情况及症状］细菌在食用菌生产中发生普遍，危害也相当严重。试管母种受细菌污染后，在接种点周围产生白色、无色或黄色黏状液（图 12－14），其形态特征与酵母菌的菌落相似，只是受细菌污染的培养基能发出恶臭气味，食用菌菌丝生长不良或不能扩展（图 12－15、图 12－16）。液体菌种被细菌污染后，不能形成菌丝球。

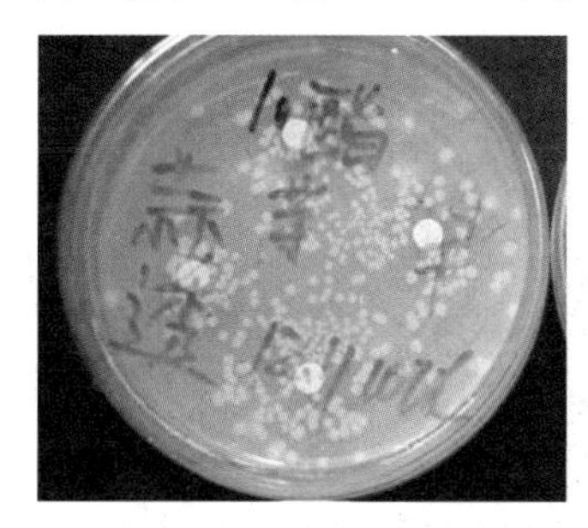

图 12－14　细菌菌落

图 12－15　污染细菌的菌瓶

图 12－16　污染细菌的菌袋

［形态特征］细菌的个体形态有杆状、球状和弧状。芽孢杆菌属的细菌呈杆状或圆柱状，大小为（1～5）μm×（0.2～1.2）μm，当做成水装片时，经特殊染色，可观察到鞭毛。当环境不良时，它能在体内形成一个圆形或椭圆形的芽孢。芽孢外披厚壁，抗逆性强，尤其是对高温有非常强的忍耐力，一般在 100 ℃下 3 h 仍不丧失生活力，革兰氏染色呈阳性。假单胞菌属的细菌，细胞性状差异很大，通常呈杆状或球形，大小为（0.4～0.5）μm×（1.0～1.7）μm，典型的细胞在一端或两端具有一条或多条鞭

毛，形成白色菌落，有的种能产生荧光色素或其他色素，革兰氏染色呈阴性。

［发病规律］

①侵染途径：细菌广泛存在于土壤、空气、水和各种有机物中，初次侵染通过水、空气传播，再次侵染通过喷水、昆虫、工具等传播。

②发生条件：细菌适于生活在中性、微碱性以及高温高湿环境中。培养基或培养料的 pH 值呈中性或弱碱性反应，含水量或料温偏高，都有利于细菌的发生和生长。此外，在生产过程中，培养基灭菌不彻底、环境不清洁卫生、无菌操作不严格等，也易引起细菌污染。

［防治措施］培养基、培养料及玻璃器皿灭菌要彻底；培养料要选用优质无霉变的原料；接种要严格按无菌操作规程进行。

10. 放线菌

引起食用菌污染的放线菌有链霉属（Streptomyces）的白色链霉菌（S. albus Rossi ~ doriaemend. Gasperini）、湿链霉菌（S. humidus Nakazawa et shibata）、面粉状链霉菌（S. farinosus Krassilnikov）及诺卡氏菌属的诺卡氏菌（Nocardia sp. ）。在分类上属厚壁菌门、放线菌纲、放线菌目、链霉菌科和诺卡氏菌科。

［为害情况及症状］放线菌对食用菌不是大批污染，而是个别菌种瓶出现不正常症状，发生时在瓶壁上出现白色粉状斑点，常被认为是石膏的粉斑；或出现白色纤细的菌丝，也容易与接种的菌丝相混淆，其区别是被放线菌污染后出现的白色菌丝，有的会大量吐水，有的会形成干燥发亮的膜状组织，有的会交织产生类似子实体的结构，多数种会产生土腥味。

［形态特征］放线菌是单细胞的菌丝体，菌丝分营养菌丝和气生菌丝两种。不同的种其形态也有差别：在琼脂培养基上白色链霉菌气生菌丝白色，基内菌丝基本无色，孢子丝螺旋状。湿链霉菌孢子成熟后，孢子丝有自溶特性，俗称“吸水”，孢子丝螺旋状。面粉状链霉菌气生菌丝白色。诺卡氏菌不产生大量菌丝体，基内菌丝断裂成杆状或球菌状小体，表面多皱，呈粉质状（图 12－17）。

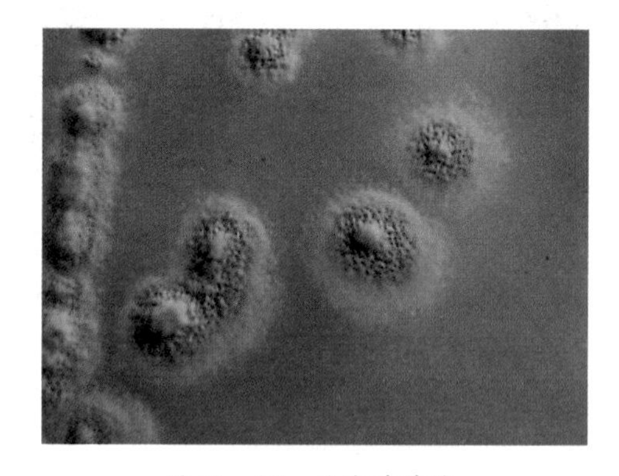

图 12－17　放线菌菌落

［发病规律］放线菌在自然界广泛存在，主要分布在土壤中，尤其是中性、碱性或含有机质丰富的土壤中最多。此外，在稻草、粪肥等处也都有分布。初次侵染是通过空气传播孢子，再次侵染是用于做培养料的原材料。

［防治措施］选用优质菌种，注意环境卫生，严格无菌操作，防止孢子进入接种室（箱）。

11. 白色石膏霉

白色石膏霉（Scopulariopsis fimicola），又叫粪生帚霉、粪生梨孢帚霉等，属真菌门、半知菌亚门、丝孢纲、丝孢目、丛梗孢科。

［为害情况与症状］白色石膏霉在生产栽培中较为常见，主要危害蘑菇菌丝。该菌落下培养料中双孢菇菌丝无法生长，培养料散发明显的酸臭味。白色石膏霉产生的孢子量大，传播快，常引起二次感染，而造成较大的损失，但这种病菌被消灭后，食用菌菌丝仍能恢复生长。

图 12－18　白色石膏霉为害情况

［形态特征］菇床感染白色石膏霉后，开始在培养料面上出现白色棉毛状菌丝体，后形成圆形菌斑，大小不一，白色，形似一层氧化后的石灰（图 12－18），吸附在培养料中，3～5 天后棉毛状菌落转变成白色革质状物，后期变成白色石膏状的粉状物，阻止蘑菇菌丝向上或向下延伸，出现不结菇现象，严重的绝收；到侵染后期蘑菇菌丝消失，白色石膏霉病菌也随之发黄。

［发病规律］白色石膏霉平时生活在土壤中，也生长在枯枝落叶等植物残体上，其孢子随气流、覆土、培养料进入菇房。在培养料发酵不良（堆温太低、未腐熟）、含水量过高、酸碱度过高的条件下，它极易发生和蔓延。

相关知识

该病害的发病原因主要是生存于土壤中的白色石膏霉，能产生大量的孢子，它们借气流或雨水传播，通过培养料或覆土进入栽培基质。白色石膏霉病菌在培养料含水量和空气相对湿度过高的条件下有利于生长。堆制质量差的培养料，特别是牲畜粪便未充分腐熟的培养料极易发生此病害。白色石膏霉适宜在碱性条件下生长，堆制时石灰用量不能大于 8.2。

［防治措施］搞好菇房内外的环境卫生，使用菇房前要对菇房内外用消毒液喷洒，以杀死残存的病菌孢子。堆料场地要无病菌污染，覆土要取地表以下 30 cm 左右的深层土，并将土用甲醛熏蒸处理。方法是 1 m^3 覆土 5% 的甲醛 2.5 kg，混合 50% 的敌敌畏 200 倍喷洒，塑料薄膜闷 24 h 后散开薄膜，待甲醛气味完全消失后，再进行覆土，以

免产生药害。发病部位可用1:7醋酸喷洒或500～800倍多菌灵喷洒，在发病部位撒过磷酸钙。

12. 黏菌

黏菌（Myxomycophyta）是介于动物和真菌之间的一类生物，在它们的生活史中，一段是动物性的，另一段是植物性的。

[为害情况及症状] 黏菌的营养构造，运动和摄食方式与原生动物中的变形虫相似（图12－19），在繁殖期产生具纤维质细胞壁的孢子，具有真菌性状（图12－20）。

图12－19　黏菌为害食用菌

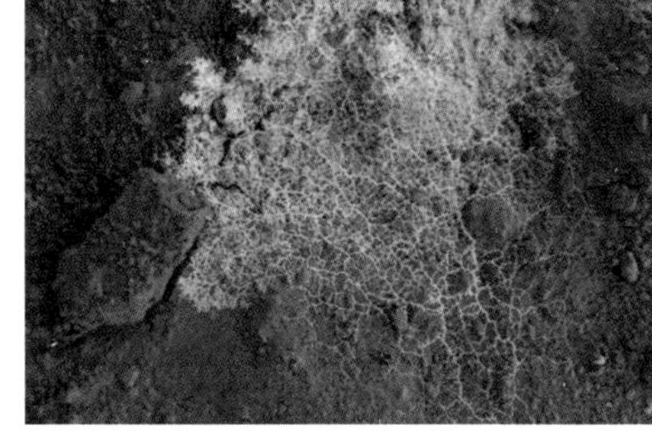

图12－20　黏菌菌落

[分布] 黏菌的分布是世界性的，温带种类最多。

[防治措施] 发生黏菌污染时要停止喷水，降湿，加大通风，减少栽培场地的有机物，如菇根等。可用硫酸铜500倍液喷洒，或用链霉素200倍水溶液喷洒，连喷3天，1天1次。

五、常见病害的综合防控

1. 生料和发酵料栽培的杂菌防控

①提高培养料的pH值，在不明显影响食用菌菌丝生长的前提下，抑制霉菌的生长。

②培养料适当偏干，增加透气性，促进食用菌菌丝的生长，抑制霉菌生长。

③加大接种量，尽快抢占培养料的微生物种群优势。

④料中适量加入发酵剂或多菌灵等杀真菌剂，抑制霉菌生长。

⑤创造利于食用菌生长的环境条件，如温度、通风，以促进食用菌生长来抑制杂菌的繁殖。

⑥科学合理发酵，制作只利于食用菌生长而不利于杂菌生长的选择性基质，包括适于食用菌生长的理化性状和微生物区系。

2. 熟料栽培的杂菌控制

①选用洁净、新鲜、无霉变的原料，并彻底灭菌。这是预防杂菌污染的第一道防线。

②认真挑选菌种，杜绝菌种带杂菌。

③科学配料，控制水分和 pH 值，创造不利于杂菌侵染的基质条件。经验表明，料中麦麸多或加入糖后，霉菌污染率较高；当用豆粉或饼肥粉代替部分麦麸，并无糖时，霉菌污染率可明显降低；含水量偏高时，霉菌污染发生多，含水量偏低时，霉菌污染发生少。

④严格接种，严把无菌操作关。

⑤创造适宜的培养条件，促进菌丝快速、健壮生长，要注意场所洁净、干燥，以减少外界杂菌的侵染。

第二节　食用菌虫害诊断与防治

食用菌生产中常见害虫有螨类、菇蚊、瘿蚊等种类。

一、螨类

螨类又名菌虱、红蜘蛛，属节肢动物门、蜱螨目。螨类在食用菌生产中常见的种类有速生薄口螨（Histiostoma feroniarum）、根螨（Rhizoglyphus phylloxerae）、腐食酪螨（Tyrophagus putrescentiae）和嗜菌跗线螨（Tarsonemus myceliophagus）等。这些螨类体积小，肉眼不易发现，大量繁殖时很多个体堆积在一起呈咖啡色粉状堆物。螨类可以通过棉塞侵入到菌瓶（袋）中，取食菌丝体，所以培养时如发现有退菌现象，可能是螨类造成的。

[形态识别] 螨类形似蜘蛛，圆形或卵形，体长 0.2 ~ 0.7 mm，肉眼不易看清。它与昆虫的主要区别是：无翅、无触角、无复眼、足 4 对，身体不分节，体表密布长而分叉的刚毛（图 12 - 21），体色多样，有黄褐色、白色、肉色等，口器分为咀嚼式和刺吸式两种（图 12 - 22）。

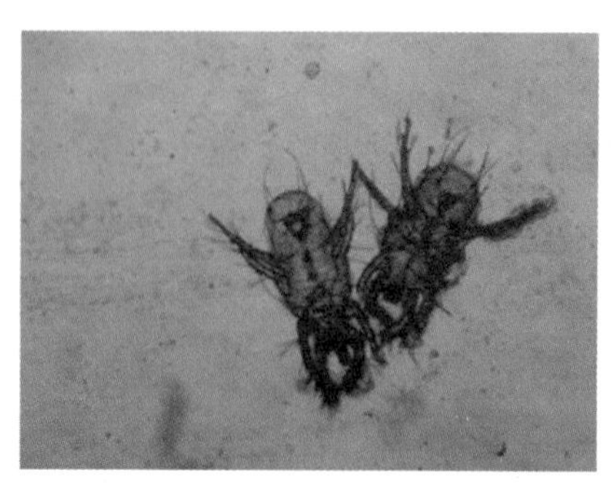

图 12－21　螨显微图

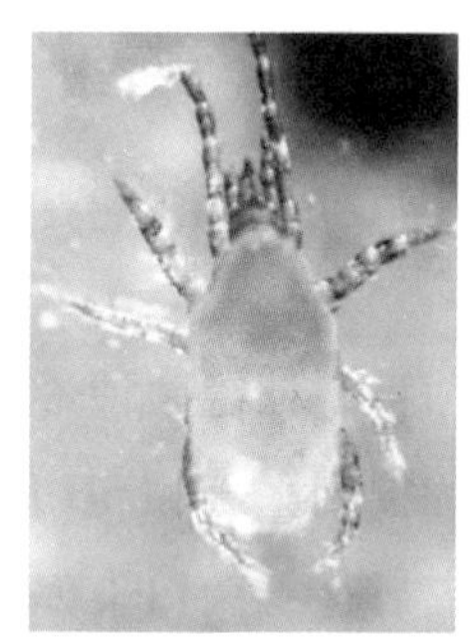

图 12－22　螨

［发生规律］螨类多为两性卵生生殖。雌、雄螨发育阶段有别：雌螨一生经过卵、幼螨、第一若螨、第二若螨至成螨等发育阶段，雄螨则无第二若螨期。幼螨足为 3 对，若螨期以后有足 4 对。螨类喜栖温暖、潮湿的环境，发育、繁殖的适温为 18～30 ℃，在湿度大的环境中，繁殖速度快，一年少则 2～3 代，多则高达 20～30 代。当生活条件不适或食料缺乏时，有些螨类还能改变成休眠体在不良环境中生存几个月或更长时间，一遇适宜环境，便蜕皮变成若螨，再发育为成螨。

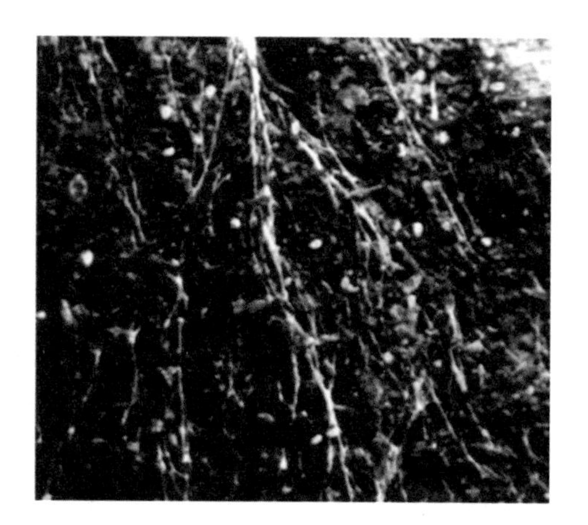

图 12－23　螨危害菌丝

［侵入途径与危害症状］螨类主要潜藏在厩肥、饼粉、培养料内，粮食、饲料等谷物仓库中，以及禽舍畜圈和腐殖质丰富、环境卫生差的场所。螨类可随气流飘移，也能借助昆虫、培养料、覆土材料、生产用具和管理人员的衣着等媒介扩散，侵入食用菌菌丝及其子实体。

螨类侵入危害时，会使接种块难于萌发或萌发后菌丝稀疏暗淡（图 12－23），受害重的会因菌丝萎缩而报废。

［防治措施］

①把好菌种质量关，保证菌种不带害螨。

②搞好菇房卫生，菇房要与粮食、饲料、肥料仓库保持一定距离。

③可用敌杀死加石灰粉混合后装在纱袋中，抖撒在菇房四周，对害螨防效较好。

④将蘸有 40%～50% 敌敌畏的棉团，放在菇床下，每隔 67～83 cm 放置 3 处，呈

"品"字形排列，并在菇床培养料上盖一张塑料薄膜或湿纱布。害螨嗅到药味，迅速从料内钻出，爬至塑料薄膜或湿纱布上。取下集满害螨的薄膜或纱布，放在热水中将害螨烫死。

二、菇蚊

[形态识别]

成虫体黑色，体长2～4 mm；复眼大，1对，黑色，顶部尖；触角丝状（虚线状），16节（图12－24）。卵椭圆形，初淡黄绿色，孵化前无色透明。幼虫蛆状，无足；初孵幼虫白色，体长0.76 mm左右（图12－25），老熟幼虫乳白色，体长5.5 mm左右，体分12节；幼虫头部黑色，有一较硬（骨质化）的头壳，大而突出，咀嚼式口器，发达。蛹黄褐色，腹节8节，每节有1对气门（图12－26）。

图12－24 菇蚊

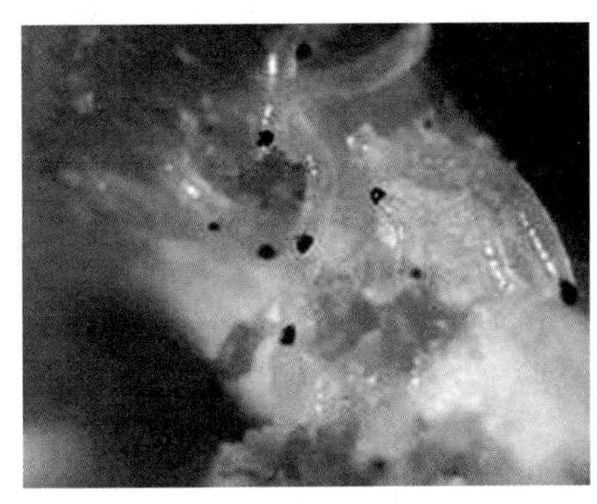

图12－25 菇蚊幼虫

图12－26 菇蚊蛹

[发生规律]

菇蚊在一年内发生多代，在15 ℃下，繁殖一代为33天；在25 ℃下，繁殖一代为21天；在30 ℃下，繁殖一代为9天。成虫活跃善飞，一般在10 ℃以上开始活动，当气温达16 ℃以上时，成虫大量繁殖。全年成虫盛发期是秋季9～11月和春季3～5月。15～21 ℃的中温条件对成虫发生有利，一年之中成虫活动最盛的季节是秋季，而雌成虫比例最高时则在春季。低温下繁殖的成虫体大，产卵量多，在16 ℃左右时，产卵量最高。

成虫在有光的培养室中活动频繁，其迁入量是黑暗条件下迁入量的数十倍或上百倍，培养室内如有发黄衰老的食用菌菌袋、腐烂的培养料，对成虫会有很强的引诱力，而成虫对糖、醋、酒混合液则表现出一定的忌避性。在18～24 ℃时，成虫期2～4天，成虫交尾后产卵于菌床表面的培养料上或覆土缝中，在环境湿度为85%以上时，卵期为5～6天。幼虫寄生、腐生能力强，活动范围大，具有喜湿性、趋糖性、避光性和群集性等。在15～28 ℃条件下，幼虫生长发育好，活动能力强，10 ℃以下，幼虫停食不活动。菇蚊的各种形态都能越冬，但以老熟幼虫休眠越冬为主，且越冬死亡率较低。

［侵入途径与危害症状］

菇蚊的卵、幼虫、蛹主要随培养料侵入，成虫则直接飞入培养场所产卵繁殖。

成虫虽然对生产不直接造成危害，但能携带病原菌。幼虫若较早地随培养料侵入，则以取食培养料和菌丝为主，从而影响菌种定植蔓延，造成发菌困难。轻度危害时，因虫体小，隐蔽性较大，往往不易发现。严重时菌丝被吃尽，培养料变松、下陷，呈碎渣状。

［防治措施］

①合理选用栽培季节与场地　选择不利于菇蚊生活的季节和场地栽培。在菇蚊多发地区，把出菇期与菇蚊的活动盛期错开，同时选择清洁干燥、向阳的栽培场所。

②多品种轮作，切断菇蚊食源　在菇蚊高发期的3～6月和10～12月份，选用菇蚊不喜欢取食的菇类栽培出菇，如选用香菇、鲍鱼菇、猴头菇等栽培。用此方法栽培两个季节，可使该区内的虫源减少或消失。

③重视培养料的前处理工作，减少发菌期菌蚊繁殖量　对于生料栽培的蘑菇、平菇等易感菇蚊的品种，应对其培养料和覆土进行药剂处理，做到无虫发菌，少虫出菇，轻打农药或不打农药。

④药剂控制，对症下药　在出菇期密切观察料中虫害发生动态，当发现袋口或料面有少量菇蚊成虫活动时，结合出菇情况及时用药。消灭外来虫源或菇房内始发虫源，则能消除整个季节的多菌蚊虫害。在喷药前将能采摘的菇体全部采收，并停止浇水1天。如遇成虫羽化期，要多次用药，直到羽化期结束。选择击倒力强的药剂，如菇净、锐劲特等低毒农药，用量在500～1000倍液，整个菇场要喷透、喷匀。

三、瘿蚊

瘿蚊又名瘿蝇、小红虫、红蛆等，是严重危害食用菌的害虫，属节肢动物门、双翅目，常见的种类有嗜菇瘿蚊（Mycophila fungicola）、施氏嗜菌蚊（M. speyeri）和异足瘿蚊（Heteropeza pygmaea）。

［形态识别］

成虫头尖体小，头和胸黑色，腹部和足淡黄色，体长不超过2.5 mm，复眼大而突出，触角念珠状，16～18节，每节周围环生放射状细毛（图12－27）。卵长椭圆形，初乳白，后变淡黄色。幼虫蛆状，无足，长条形或纺锤形；初孵幼虫白色，体长0.25～0.3 mm，老熟幼虫橘红色或淡黄色，体长2.3～2.5 mm，体分13节；头尖，不骨质化，口器很不发达，化蛹前中胸腹面有一弹跳器官——“胸叉”（图12－28）。蛹半透明，头顶有2根刚毛，后端腹部橘红色或淡黄色（图12－29）。

图 12－27　瘿蚊成虫

图 12－28　瘿蚊幼虫

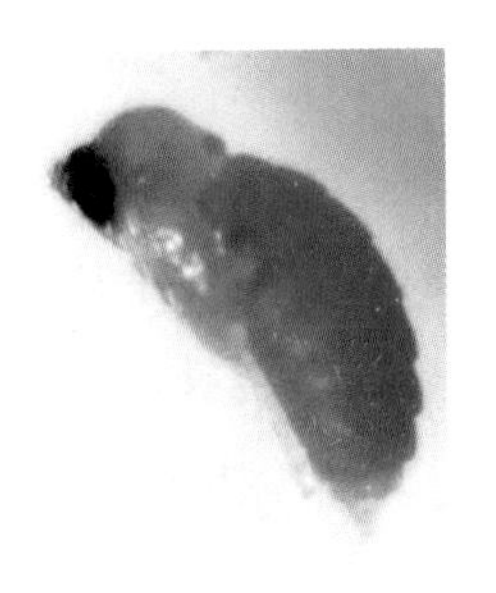

图 12－29　瘿蚊蛹

［发生规律］

瘿蚊一年发生多代。成虫喜黑暗阴湿的环境，对灯光的趋性不强，羽化时间多在16：00－18：00，羽化2～3 h后便交尾产卵；在18～22 ℃，相对湿度75%～80%条件下，卵期为4天左右；孵化后幼虫经10～16天生长发育，钻入培养料内或土壤缝隙中化蛹，蛹期6～7天；有性生殖一代周期约需29～31天。

瘿蚊繁殖能力极强，除正常的两性生殖（即卵生）之外，常见的幼虫大多是经幼体生殖（又叫童体生殖）繁殖而来。幼体生殖似同胎生，即直接由成熟幼虫（母蛆）体内孕育出次代幼虫（子蛆）。这种特殊的繁殖方式，在没有成虫交尾产卵繁殖的情况下，可使幼虫数量在短期内成倍递增，是瘿蚊幼虫突然暴发危害的重要原因。通常1条成熟幼虫可胎生7～28条子幼虫。子幼虫较卵生幼虫大，经10天左右生长发育，又能孕育一代。

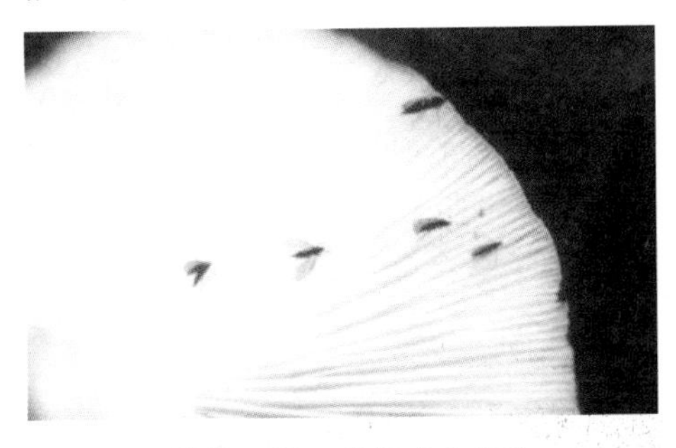

图 12－30　瘿蚊成虫迁飞

瘿蚊抵抗不良环境能力强，能耐低温和较高的温度，不怕水湿。在8～37 ℃，培养料含水量为70%～80%，食料充足的条件下，其幼体生殖可连续进行。当温度高于37 ℃或低于7 ℃，或培养料含水量降至64%以下，幼虫繁殖受阻。培养料干燥时，小幼虫多数停食后死亡，成熟幼虫则弹跳转移，部分化蛹、羽化为成虫后再迁飞活动（图12－30），另一部分则以休眠体状态藏匿在土缝中或废弃的培养料内，以抵御干旱和缺食。其生存期可达9个月，待环境条件适宜时，能再度恢复虫体，繁殖为害。幼虫不耐温，50 ℃时便死亡。

［侵入途径与危害症状］

瘿蚊成虫可直接飞入防范不严的培养室，其卵、蛹、幼虫及休眠体主要通过培养料带入。成虫不直接产生危害，但能成为病原菌、螨类等病虫的传播媒介。

瘿蚊以幼虫危害为主，其个体小，肉眼较难看清，当幼虫大量繁殖群聚抱成球状，或成团成堆，呈橘红色番茄酱样出现在培养料上时，才很明显。幼龄幼虫主要取食菌丝，取食时它先用头部捣烂菌丝，再食其汁液。受害菌丝断裂衰退后，变色或腐烂（图 12－31）。

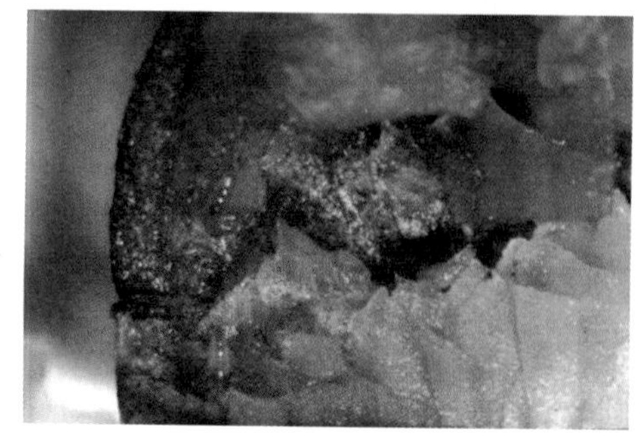

图 12－31　瘿蚊幼虫为害

［防治措施］

①生产场地必须选择地势干燥、近水源且清洁之处。

②要及时清除废料及脏物、腐败物；生产场地应定期喷洒消毒杀虫剂，如敌敌畏等。出菇房安装纱门纱窗，配合使用黄色粘蝇板可以有效阻挡虫源入内，要设法控制外界成虫进入菇场。

③菌袋接种后宜用套环封口　封口纸应用双层报纸，搬运过程中应防止封口纸脱落，并注意轻拿轻放以免袋破口。如发现菌袋有破口或刺孔，应立即用粘胶带贴住，以免害虫在破口处产卵为害。

④控制菇房温湿度　切实做好菇房的通风透气，为食用菌生长调节适宜的温度和湿度，预防房内温度升高、湿度偏大。

⑤药剂防治　在虫害发生时用甲醛、敌敌畏 1∶1 混合液 10 mL/m^3熏蒸，或用 50% 辛硫磷乳剂 1∶(800～1000) 倍液喷雾。

四、线虫

［为害情况］

为害食用菌的线虫有多种，其中滑刃线虫刺吸菌丝体造成菌丝衰败，垫刃线虫在培养料中较少，但在覆土层中较普遍。蘑菇受线虫侵害后，菌丝体变得稀疏，培养料下沉、变黑，发黏发臭，菌丝消失而不出菇，幼菇受害后萎缩死亡。香菇脱袋后在转色期间受害，菌筒产生“退菌”现象，最后菌筒松散而报废。

线虫数量庞大，每克培养料的密度可达 200 条以上，其排泄物是多种腐生细菌的营养。这样使得被线虫为害过的基质腐烂，散发出一种腥臭味。由于虫体微小，肉眼无法观察到，常误以为是杂菌为害或高温烧菌所致。减产程度取决于线虫最初侵染的时间和程度，如发生早、线数量多，则足以毁掉全部菌丝，使栽培完全失败。而后，细菌的作用使受侵染的培养料发黑而又潮湿（图 12－32）。但接近出菇末

图 12－32　线虫为害食用菌培养料

期的后期侵染，只会造成少量减产，而菇农可能不会注意。

［形态分类］

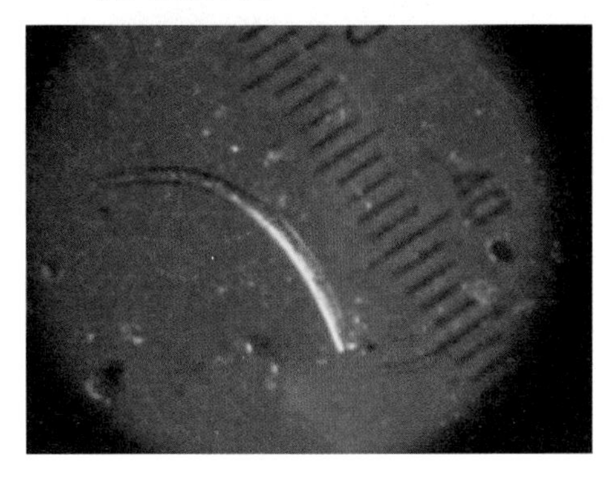

图 12－33　食用菌线虫

线虫白色透明，圆筒形或线形（图 12－33），是营寄生或腐生生活的一类微小的低等动物，属无脊椎的线形动物门，线虫纲。国内已报道的有 15 种，其中常见的有 6 种，尤以居肥滑刃线虫、噬菌丝茎线虫与菌丝腐败拟滑刃线虫危害为重。

［侵染途径］

线虫在潮湿透气的土壤、厩肥、秸秆、污水里随处可见，其生存能力强，能借助多种媒介和不同途径进入菇房。一条成熟的雌虫能产卵 1500～3000 粒，数周内增殖 10 万倍。低温下线虫不活泼或不活动，干旱或环境不利时，呈假死状态，休眠潜伏几年。线虫不耐高温，45 ℃下 5 min 即死亡。

［防治措施］

①适当降低培养料内的水分和栽培场所的空气湿度，恶化线虫的生活环境，减少线虫的繁殖量，这也是减少线虫为害的有效方法。

②强化培养料和覆土材料的处理　尽量采用二次发酵，利用高温进一步杀死料土中的线虫。

③使用清洁水浇菇　流动的河水、井水较为干净，而池塘死水含有大量的虫卵，常导致线虫泛滥为害。

④药剂防治　菇净或阿维菌素中含有杀线虫的有效成分，按 1000 倍液喷施能有效地杀死料中和菇体上的线虫。

⑤采用轮作　采用菇稻轮作、菇菜轮作、轮换菇场等方式，都可降低线虫的发生和为害程度。

五、常见虫害的综合防控

1. 虫害防控采取以净化栽培环境、预防为主的综合防治措施。

2. 目前虫害综合防治可采用“两网一板一灯一缓冲”的方式进行（图 12－34）。“两网”指防虫网、遮阳网，“一板”指用诱虫板（一般指黄板）诱杀，“一灯”指用黑光灯诱

图 12－34　食用菌害虫综合防控

杀，“一缓冲”指菇房设置缓冲间。

菇房通风孔应全部使用60目以上防虫网，以防外部害虫侵入菇房。

第三节 食用菌病虫害的综合防治

食用菌病虫害的综合防治工作应遵循“预防为主，综合防治”的方针。综合防治就是要把农业防治、物理防治、化学防治、生物防治等多种有效可行的防治措施配合应用，组成一个有计划的、全面的、有效的防治体系，将病虫害控制在最小的范围内和最低的水平下。基本的综合防治措施如下。

一、生产环境卫生综合治理

食用菌生产场所的选择和设计要科学合理，菇棚应远离仓库、饲养场等污染源和虫源；栽培场所内外环境要保持卫生，无杂草和各种废物。培养室和出菇场所要在门窗处安装纱网，防止菇蝇飞入。菇场在日常管理中如有污染物出现，要及时进行科学处理，等等。

操作人员进入菇房尤其是从染病区进入非病区时，要更换工作服和用来苏尔洗手。菇房进口处最好设一有漂白粉的消毒池，进入时要先消毒。

二、生态防治

栽培者要根据具体品种的生物学特性，选好栽培季节，做好菇事安排；在菌丝体及子实体生长的各个阶段，努力创造最佳的生长条件与环境；在栽培管理中采用符合其生理特性的方法，促其健壮生长，提高其抵抗病虫害的能力。此外，选用抗逆性强、生命力旺盛、栽培性状及温型符合意愿的品种；使用优质、适龄菌种；选用合理栽培配方；改善栽培场所环境，创造有利于食用菌生长而不利于病虫害发生的环境。这些都是有效的生态防治措施。

三、物理防治

利用不同病虫害各自的生物学特性和生活习性，采用物理的、非化学（农药）的防治措施，是一项比较安全有效和使用广泛的方法。如利用某些害虫的趋光性，在夜间用灯光诱杀；利用某些害虫对某些食物、气味的特殊嗜好，进行毒饵诱杀；链孢霉在高温高湿的环境下易发生，把栽培环境湿度控制在70%、温度在20 ℃以下，链孢霉就会迅速受到抑制，而食用菌的生长几乎不受影响。在生产中用得比较多的有：热力灭菌（蒸汽、干热、火焰、巴氏）、辐射灭菌（日光灯、紫外线灯）、过滤灭菌；设障阻隔，防止病虫的侵入和传播；出菇阶段用日光灯、黑光灯、电子杀虫灯、诱虫粘板诱杀，消灭具有趋光性的害虫；日光暴晒覆土材料、菇房内的床架，以及生料、培养料等，以消毒灭虫，如在栽培之前将贮藏的陈旧培养料放在强日光下暴晒1～2天，可杀死杂菌营养体和害虫及卵，然后再利用高压蒸汽灭菌，基本上将料中杂菌和害虫杀死。人工捕捉害虫或切除病患处；对双孢菇或其他菌种，做一定时间的低温处理，能有效地杀死螨类等。此外，防虫网、臭氧发生器等都是常用的物理方法。

四、生物防治

利用某些有益生物，杀死或抑制害虫或病菌，从而保护食用菌正常生长的一种防治方法，即“以虫治虫、以菌治虫、以菌治菌”。其优点是，有益生物对防治对象有很高的选择性，对人、畜安全，不污染环境，无副作用，能较长时间地抑制病虫害。生物防治的主要作用类型有：

（1）捕食作用　有些动物或昆虫以某种害虫为食物，通常将前者称作后者的天敌。如蜘蛛捕食菇蚊、蝇，捕食螨是一种线虫的天敌等。

（2）寄生作用　寄生是指一种生物以另一种生物（寄主）为食物来源，它能破坏寄主组织，并从中吸收养分。如苏云金芽孢杆菌和环形芽孢杆菌对蚊类有较高的致病能力，其作用相当于胃毒化学杀虫剂。目前，常见的细菌农药有苏云金杆菌（防治螨类、蝇蚊、线虫）、青虫菌等；真菌农药有白僵菌、绿僵菌等。

（3）拮抗作用　不同微生物间由于相互制约、彼此抵抗而出现相互抑制生长、繁殖的现象，称作拮抗作用。在食用菌生产中，选用抗霉力、抗逆性强的优良菌株，就是利用拮抗作用的例子。

（4）占领作用　绝大多数杂菌很容易侵染未接种的培养基，相反，当食用菌菌丝体遍布料面，甚至完全“吃料”后，杂菌就很难发生。因此，在生产中常加大接种量、选用合理的播种方法，让菌种尽快占领培养料，以达到减少污染的目的。

另外，植物源农药如苦参碱、印楝素、烟碱、鱼藤酮、除虫菊素、茴蒿素、茶皂素等对许多食用菌害虫也具有理想的防效。

五、化学农药防治

在其他防治病虫害措施失败后，最后可用化学农药，但尽量少用，尤其是剧毒农药。大多数食用菌也是真菌，使用农药容易造成食用菌药害。其次是食用菌子实体形成阶段时间短，在这个时期使用农药，未分解的农药易残留在菇体内，食用时会损害人体健康。食用菌栽培中发生病害时，要选用高效、低毒、残效期短的杀菌剂；在出菇期发生虫害时，应首先将菇床上的食用菌全部采收，然后选用一些残效期短、对人畜安全的植物性杀虫剂。

1. 常用杀菌剂

（1）多菌灵　化学性质稳定，为传统高效、低毒、内吸性杀菌剂，杀菌谱广，残效长。产品有10%、25%、50%可湿性粉剂，对青霉、曲霉、木霉、双孢蘑菇粉孢霉以及疣孢霉菌、褐斑病有良好防治效果。拌料、床面或覆土表面灭菌常用50%的多菌灵可湿性粉剂800倍液。

（2）代森锌　保护性杀菌剂，对人畜安全，产品为65%、80%可湿性粉剂，可用于拌料和防治疣孢霉病、褐斑病等，一般用65%可湿性粉剂500倍液。能与杀虫剂混用。

（3）甲基托布津　广谱、内吸性杀菌剂，兼有保护和治疗作用，甲基托布津在菌体内转变成多菌灵起作用，对人畜低毒，不产生药害。有50%、70%可湿性粉剂，可防治多种真菌性病害，对棉絮状霉菌防治作用良好，在发病初期，用50%可湿性粉剂800倍液喷洒。

（4）百菌清　对人畜毒性低，有保护治疗作用，药效稳定。产品为75%可湿性粉剂，用0.15%百菌清药液可防治轮枝孢霉等真菌性病害。

（5）菇丰　食用菌专用消毒杀菌剂，可用于多种木腐菌类的生料和发酵料拌料，使用1000～1500倍液，有效抑制竞争性杂菌，如木霉、根霉、曲霉等的萌发及生长速度，不影响正常的菌丝生长和出菇。有效防治菇体生长期的致病菌，如疣孢霉菌，干泡病、褐斑病等细菌、真菌和酵母菌类的病害。使用500～1000倍液，间隔3～4天，连续喷施2～3次，有效减轻病症，使新长出的菇体不受病菌侵染而正常生长。土壤处理用1500～2000倍液，能有效杀灭土壤中的病原菌。

（6）咪鲜胺锰盐　对侵染性病害、霉菌效果好，无菇期喷洒覆土层、出菇面或处理土壤、菌袋杂菌，用量为50%可湿性粉剂1000倍液或0.5 g/m^2。

（7）噻菌灵　对病原真菌、杂菌有良好效果，用于拌、喷土壤或喷洒地面环境，用量为500 g/L悬浮剂1000倍液。

（8）甲醛（福尔马林）　无色气体，商品“福尔马林”即37%～40%的甲醛溶液，为无色或淡黄色液体，有腐蚀性，贮存过久常产生白色胶状或絮状沉淀。可防治细菌、真菌和线虫。常用于菇房和无菌室熏蒸灭菌，每立方米空间用10 mL；处理双孢蘑菇覆土，每立方米用5%甲醛水溶液250～500 mL；与等量乙醇混合，用于处理袋栽发菌期的霉菌污染。

（9）硫酸铜　俗称胆矾或蓝矾，蓝色结晶，可溶于水，杀菌能力强，在很低浓度下即能抑制多种真菌孢子的萌发。栽培前，用0.5%～1%水溶液进行菇房和床架消毒。因单独使用有毒害，故多用于配制波尔多液或其他药剂。如用11份硫酸铵与1份硫酸铜的混合液，在菇床覆土层或发病初期喷施。

（10）波尔多液　保护性杀菌剂，用生石灰、硫酸铜、水按1:1:200的比例配制而成，是一种天蓝色黏稠状悬浮液。其杀菌主要成分是碱式硫酸铜，释放出的铜离子可使病菌蛋白质凝固，可防治多种杂菌和病害，对曲霉、青霉、棉絮状霉菌有很好的防治效果。也可用于培养料、覆土和菇房床架消毒，能在床架表面形成一道药膜，防止生霉。其配制方法为：在缸内放硫酸铜1 kg，加水180 kg溶化，在另一缸内放生石灰1 kg，加水20 kg，配成石灰乳，然后将硫酸铜溶液倒入石灰乳中，并不断搅拌即成。

（11）硫黄　有杀虫、杀螨和杀菌作用，常用于熏蒸消毒，每立方米空间用量为7 g，高温高湿环境可提高熏蒸效果。硫黄对人毒性极小，但硫黄燃烧所产生的二氧化硫气体对人体极毒，在熏蒸菇房时要注意安全。

（12）石硫合剂　为石灰、硫黄和水熬煮而成的保护性杀菌剂，原液为红褐色透明液体，有臭鸡蛋气味，化学成分不稳定，长期贮存应放在密闭容器中。其有效成分为多硫化钙，杀菌作用比硫黄强得多；其制剂呈碱性反应，有腐蚀昆虫表面蜡质作用，故可杀甲壳虫、卵等蜡质较厚的害虫及螨。配制石硫合剂原料的比例是石灰1 kg，硫黄2 kg，水10 kg。把石灰用水化开，加水煮沸，然后把硫黄调成糊状，慢慢加入石灰乳中，同时迅速搅拌，继续煮40～60 min，随时补足损失水分，待药液呈红褐色时停火，冷却后过滤即成。原液可达20～24波美度左右，用水稀释到5波美度使用，通常用于菇房表面消毒。

（13）石炭酸　常用杀菌剂，多与肥皂混合为乳状液，商品名称为煤酚皂液（来苏尔），能提高杀菌能力。在有氯化钠存在时其效力增大，与酒精作用效力大减。对菌体细胞有损害作用，能使蛋白质变性或沉淀。1%的浓度可杀死菌体，5%则可杀死芽孢，常用于消毒和喷雾杀菌。

（14）漂白粉　白色粉状物，能溶于水，呈碱性。其有效成分为漂白粉中所含有效氯，通常含量在30%左右，加水稀释成0.5%～1%浓度，用于菇房喷雾消毒；3%～4%浓度用于浸泡床架材料及接种室消毒，可杀死细菌、病毒、线虫，并可用于退菌的防治。

（15）生石灰　用5%～20%石灰水喷洒或撒粉，可防治霉菌。

2. 常用杀虫剂

（1）敌敌畏　有很强的触杀和熏蒸作用，兼有胃毒作用。害虫吸收气化敌敌畏后，数分钟内便中毒死亡，在害虫大量发生时，可很快把虫口密度压下去。敌敌畏无内吸作用，残效期短，无不良气味，被普遍应用于食用菌害虫防治，对菇蝇类成虫及幼虫有特效，对螨类及潮虫防治效果亦佳。其制剂有50%和80%乳油，气温高时使用效果更好。在出菇期应避免使用，以免产生药害和毒性污染。

（2）敌百虫　为白色蜡状固体，能溶于水，在碱溶液中脱氯化氢变成“敌敌畏”，进一步分解失效。敌百虫有很强的胃毒作用，兼有触杀作用，本身无熏蒸作用，但因部分转化为敌敌畏，故有一定熏蒸作用。其残效期比敌敌畏长，但毒性小，商品有敌百虫原药、80%可湿性粉剂、50%乳油等多种剂型，稀释成500～1000倍液使用，对菇蝇等类害虫防治效果较好，对螨类防治效果较差。

（3）辛硫磷　低毒有机磷杀虫剂。其工业品为黄棕色油状液体，难溶于水，易溶于有机溶剂，遇碱易分解，对人畜毒性低，产品有50%乳剂，稀释成1000～1500倍液使用，防治菌蛆、螨类及跳虫效果较好。

（4）菇净　由杀虫杀螨剂复配而成的高效低毒杀虫、杀螨和杀线虫药剂，对成虫击倒力强，对螨虫的成螨和若螨都有快速作用。对食用菌中的夜蛾、菇蚊、蚤蝇、跳虫、食丝谷蛾、白蚁等虫害都有明显的防治效果，可用于拌料、拌土处理，用量在1000～2000倍。浸泡菌袋用量在2000倍左右，菇床杀成虫喷雾用量在1000倍，杀幼虫用量在2000倍左右。

（5）吡虫琳　属内吸传导性杀虫剂，对幼虫有效果，但对成虫无效果，使用浓度为5%的乳油，用量为1000倍左右。

（6）克螨特　属触杀和胃毒型杀螨剂，对若螨和成螨有特效。30%可湿性粉剂使用倍数为1000倍，或73%乳油3000倍液。

（7）锐劲特　对菌蛆等双翅目及鳞翅目害虫等防治效果优良，处理土壤、避菇使用或无菇期针对目标喷雾，使用浓度为50 g/L悬浮剂2000～2500倍液。

（8）高效氟氯氰菊酯　为广谱杀虫剂，对菌蛆及其成虫、跳虫、潮虫等有强烈的触杀和胃毒作用，对人畜毒性低。产品为2.5%乳油，使用浓度为2000～3000倍液，在发菌、覆土期均可使用，喷洒菇棚或无菇期针对目标喷雾，在碱性介质中易分解。

（9）鱼藤精　鱼藤为豆科藤本植物，根部有毒，其中有效成分主要是鱼藤酮，一般含量在4%～6%。其提取物为棕红色固体块状物，易氧化，对害虫有触杀和胃毒作用，还有一定驱避作用。其杀虫作用缓慢，但效力持久，对人畜毒性低，但对鱼毒性大。产品有含鱼藤酮2.5%、5%、7%的乳油和含鱼藤酮4%的鱼藤粉，加水配成

0.1%浓度（鱼藤酮含量）使用，可防治菇蝇和跳虫等。用鱼藤精500 g加中性肥皂250 g、水100 kg，可防治甲壳虫、米象等。

（10）甲氨基阿维菌素苯甲酸盐　对菇螨、跳虫等防效优，喷洒菇棚或无菇期针对目标喷雾，用量为1%乳油4000～5000倍液。

（11）食盐　用5%浓度，可防治蜗牛、蛞蝓等。

六、食用菌病虫害防治注意事项

目前食用菌广泛使用的多种农药都未做过食用菌食品安全的相关分析，使用方法和估计的残留期都仅是以蔬菜为参考，然而食用菌与绿色植物的生理代谢不同，有关基础研究十分缺乏，对此我们需要高度重视。

①食用菌的病虫害防治应特别强调“预防为主，综合防治”的植保方针，坚持“以农业防治、生态防治、物理防治、生物防治为主，化学防治为辅”的治理原则。应以规范栽培管理技术预防为主，采取综合防控措施，确保食用菌产品的安全、优质。

②按照《中华人民共和国农药管理条例》，剧毒和高毒农药不得在蔬菜生产中使用，食用菌作为蔬菜的一类也应完全参照执行，禁止使用剧毒、高毒、高残留或具“三致”毒性（致癌、致畸、致突变）、有异味异色污染及重金属制剂、杀鼠剂等化学农药。

③不得在食用菌上使用国家明令禁止生产使用的农药种类，不得使用非农用抗生素。

④有限度地使用高效、低毒、低残留化学农药或生物农药，要求不得在培养基质中或直接在子实体及菌丝体上随意使用化学农药及激素类物质，尤其是在出菇期间，要求无菇时使用或避菇使用，并避开菌料，以喷洒地面环境或菌畦覆土为主。最后一次喷药至采菇间隔时间应超过该药剂的安全间隔期。

⑤控制农药施用量和用药次数。在食用菌栽培的不同阶段，针对不同防治目的和对象，其用药种类、方法、浓度、剂量等，应遵守农药说明书的使用说明，不得随意、频繁、超量及盲目地施药防治。出菇期间用药剂量、浓度应低于栽培前或发菌阶段的正常用药量。配药时应使用标准称量器具，如量筒、量杯、天平、小秤等。

⑥交替轮换用药，减缓病菌、害虫抗药性的产生，正确复配、混用，避免长期使用单一农药品种。采用生物制剂与化学农药合理搭配，降低化学农药的用量，防止发生药害。

⑦选择科学的施药方式，使用合适的施药器具。常用的防治方法有喷雾法、撒施法、菌棒浸沾法、涂抹法、注射法、擦洗法、毒饵法、熏蒸法和土壤处理法等，应根据食用菌病虫危害特点有针对性地进行选择。

实 训

实训一　食用菌形态结构观察

一、目的要求

观察食用菌菌丝体的生长形态；利用显微镜认识食用菌的营养体和繁殖体的微观结构；利用徒手切片观察食用菌子实体的微观结构；通过对食用菌子实体形态特征的观察，让同学们了解和熟悉各种食用菌子实体的类型和特征，并能根据子实体的外形进行分类。

二、实训准备

1. 材料

平菇、香菇、双孢蘑菇、草菇、金针菇、木耳、银耳、猴头菇、灵芝、密环菌、羊肚菌、虫草、茯苓等食用菌子实体，或菌核浸渍标本，或干标本、鲜标本及部分食用菌的菌丝体、担孢子等。

2. 仪器工具

光学显微镜、接种针、无菌水滴瓶、染色剂（石炭酸复红或美蓝等）、酒精灯、75%酒精、火柴、载玻片、盖玻片、刀片、镊子、培养皿、绘图纸、铅笔等。

三、内容和方法步骤

1. 菌丝体形态特征观察

（1）菌丝体宏观形态观察　①观察平菇、草菇、金针菇、木耳、银耳及香灰菌、蘑菇、猴头菇、灵芝等食用菌的试管斜面菌种或PDA平板上生长的菌落，比较其气生菌丝的生长状态，并观察菌落表面是否产生无性孢子。②观察菌丝体的特殊分化组织：蘑菇菌柄基部的菌丝束、密环菌的菌索、茯苓的菌核、虫草等子囊菌的子座。

（2）菌丝体微观形态观察　①菌丝水浸片的制作：取一载玻片，滴一滴无菌水于载玻片中央，用接种针挑取少量平菇菌丝于水滴中，用两根接种针将菌丝拨散。盖上盖玻片，避免气泡产生。②显微观察：将水浸片置于显微镜的载物台上，先用10倍的物镜观察菌丝的分枝状态，然后转到40倍物镜下仔细观察菌丝的细胞结构等特征，并辨认有无菌丝锁状联合的痕迹。

2. 子实体形态特征观察

（1）子实体宏观形态观察　仔细观察各种食用菌子实体的外部形态特征，并比较其主要区别，特别注意菌盖、菌柄、菌褶（或菌孔、菌刺）、菌环、菌托的特征，并对之进行比较、分类。

（2）子实体微观形态观察　①菌褶切片观察：取一片平菇菌褶置于左手，右手持刀片，横切菌褶若干薄片使之漂浮于培养皿的水中，用接种针先取最薄的一片制作水浸片，显微观察平菇担子及担孢子的形态特征。②有性、无性孢子的观察：灵芝担孢子水浸片观察；羊肚菌子囊及子囊孢子水浸片观察；草菇厚垣孢子水浸片观察；银耳芽孢子水浸片观察（以上各类孢子的观察可用标本片代替）。

四、作业

1. 描述菌丝体的生长形态，并画出所观察菌丝、无性孢子、担子及担孢子的形态结构图。

2. 列表说明所观察的各种类型食用菌子实体的形态特征，如伞状、头状、耳状、花絮状、肾状、扇状、蛋形、钟形等。

3. 绘制一种食用菌子实体的形态图，用绘图笔或钢笔（黑）绘制生物图，要求图形真实、准确、自然，画面整洁。

实训二　菌种制作常用仪器设备使用及维护

一、目的要求

通过实验掌握菌种制作常用仪器设备的使用及维护技术。

二、仪器

高压蒸汽灭菌锅、接种箱、超净工作台、显微镜、恒温箱、液体菌种设备。

三、实训步骤

1. 设备

（1）原料制备和分装设备

①制备设备　枝丫材切片机、粉碎机（木片粉碎机、木材粉碎机、秸秆粉碎机）、切草机、翻堆机、过筛机、搅拌机。

②分装设备　装瓶机、装袋机。

（2）灭菌设备

高压灭菌设备（手提式高压灭菌锅、立式电热自动蒸汽灭菌锅、卧式高压锅）、常压灭菌设备（常压蒸汽炉、简易灭菌灶）。

（3）洁净设备

①净化设备　空气净化器、洁净层流罩、空气过滤装置。

②消毒设备　紫外灯、臭氧发生器、氧原子消毒器。

（4）接种设备

①固体菌种接种设备　接种箱、超净工作台。

②液体接种设备。

（5）培养设备

①培养箱　隔水式电热恒温培养箱、电热恒温培养箱、生化培养箱、恒温恒湿培养箱。

②液体培养设备　摇床、发酵罐。

③培养室　控温设备（加热设备：暖风机、电暖气。降温设备：空调、制冷机组）、除湿设备、照明设备、培养架。

（6）贮藏设备

①制冷设备　电冰箱或冷藏箱、空调、制冷机组。

②加热设备　暖风机、空调、暖气、红外线加热器。

（7）检验设备

生物显微镜、菌种真实性检验的仪器设备。

2. 用具和用品

（1）用具

①母种生产常用用具　称量用具（天平）、定容用具（量杯、三角瓶、量筒）、培

养基分装用具（试管分装架、灌肠桶、漏斗、橡胶管、止水夹、玻璃滴管）、接种用具（接种钩、接种勺、接种铲、镊子）、测温用具、其他用具（酒精灯、烧杯、刀、锅、电炉、电磁炉、玻璃棒等）。

②原种、栽培种生产常用用具　运输用具（推车、周转筐）、称量用具（磅秤）、打孔器具（接种棒）、接种用具（接种铲、接种勺、镊子）、测温测湿用具（温度计、湿度计）、其他用具（酒精灯、烧杯、电炉、锄头、铲子、扫帚、料耙、箩筐、土箕、水桶、水管、喷头等）。

（2）用品

①母种生产用品　容器（试管、培养皿）、试管塞（棉塞、无棉塑料盖、硅胶塞）、植物性有机物质（马铃薯、米糠、棉籽壳、麦麸、木屑等）、生物制剂（葡萄糖、麦芽糖、酵母粉、蛋白胨、维生素、琼脂等）、化学试剂（磷酸二氢钾、硫酸镁、醋酸、柠檬酸、碳酸氢钠）、其他用品（纱布、牛皮纸、橡皮筋、尼龙绳、记号笔、标签、酒精灯、酒精棉球、洗涤剂、试管刷等）。

②原种、栽培种生产用具　容器（玻璃瓶、耐高温塑料瓶、聚丙烯塑料袋）、瓶塞或袋塞（棉塞）、套颈、主料（小麦、阔叶木屑、玉米芯、棉籽壳等）、辅料（麦麸、米糠、玉米粉、大豆粉、石膏、石灰、过磷酸钙等）、其他用品（橡皮筋、尼龙绳、记号笔、标签、洗涤剂、瓶刷等）。

四、思考题

（1）菌种制作常见的设备有哪些？怎样操作？

（2）菌种制作常见的用具有哪些？怎样操作？

实训三　母种制作技术

一、实训目标

母种培养基的制作；消毒与灭菌；掌握母种培养基的制作、常用的灭菌方法和母种转管、培养技术。

二、设备仪器与试剂

手提式高压灭菌锅、接种箱或超净工作台、电热恒温培养箱、玻璃漏斗、漏斗架、止水夹、铝锅、电炉、1000 mL 量杯、纱布、棉花、18 mm × 180 mm 试管、细线绳、防潮纸或牛皮纸、刀、马铃薯、葡萄糖或蔗糖、琼脂、2 cm 厚长形木条、pH 试纸、1 mol/L NaOH 溶液、1 mol/L HCl 溶液、酒精灯、75%酒精、75%酒精消毒棉球、无菌培养皿、镊子、解剖刀、接种针、待分离的菇种、待移接的菌种、火柴、记号笔等。

三、训练内容

1. 母种培养基的制作

（1）常用配方

①马铃薯、葡萄糖、琼脂培养基（PDA 培养基）：马铃薯（去皮）200 g，葡萄糖 20 g，琼脂 18 ~ 20 g，水 1000 mL，pH 自然。

②马铃薯综合培养基：马铃薯（去皮）200 g，葡萄糖 20 g，磷酸二氢钾 3 g，硫酸镁 1.5 g，维生素 $B_1$10 mg，琼脂 18 ~ 20 g，水 1000 mL，pH 自然。

（2）配制方法

①先将马铃薯洗净、去皮，挖掉芽眼，称取 200 g，切成小块或薄片。

②将切好的马铃薯块放入铝锅内或大烧杯中，加水 1000 mL，放在电炉上煮沸后维持 15 ~ 20 min，至马铃薯熟而不烂。

③用 4 层湿纱布（纱布需浸水后拧干）过滤，由于马铃薯在煮沸过程中有部分水被蒸发掉，所以过滤后的马铃薯汁应加水补足 1000 mL。

④将称好的琼脂加入马铃薯汁中，在电炉上用文火煮，直至琼脂完全融化为止（边煮边搅拌）。最后加入葡萄糖等可溶性物质，搅匀。

⑤调节 pH 值　培养基中的酸碱度（即 pH 值）是影响菌丝生长的重要因素，因此培养基配好后应根据菌种对 pH 值的要求进行调节。马铃薯葡萄糖琼脂培养基配好后，pH 值一般为中性，所以不必调节。如培养基低于所要求的 pH 值，应向培养基中滴加 1 mol/L的 NaOH 溶液；若培养基高于所要求的 pH 值，应滴加 1 mol/L 的 HCl 溶液进行调节。边滴入边搅拌边用精密 pH 试纸或 pH 计测定，直至合适为止。应该注意的是，培养基的酸碱度在灭菌前不宜调 pH 值至 6 以下，否则灭菌后培养基不凝固。有些菇类的培养基要求 pH 值在 6 以下的，要待灭菌后在无菌条件下滴加盐酸或乳酸等进行调节。

⑥分装试管　培养基配好后应趁热用分装漏斗进行试管分装，装入试管高度的1/5 ~ 1/4。分装时应注意不得使培养基粘在试管的口壁上，以防污染杂菌。

⑦塞棉塞　培养基分装完以后应立即塞上大小合适的棉塞或透气的胶塞。棉塞或胶塞应塞入试管内 2/3，外留 1/3。

⑧捆扎试管　将塞好棉塞的试管 7 支扎成一把，在棉塞外面包一层防潮纸或牛皮纸，再用线绳扎紧，防止灭菌时棉塞被冷凝水浸湿。

2. 灭菌

培养基分装完后应立即灭菌。根据培养基的成分选择灭菌的压强和时间，如培养基成分中有高温下容易破坏的物质时，可采用0.5 kg/cm^{2}或0.8 kg/cm^{2}的压强，一般马铃薯葡萄糖琼脂培养基采用1.05～1.1 kg/cm^{2}的压强，灭菌20～30 min。

母种培养基的灭菌常用手提式高压灭菌锅，其操作步骤如下：

（1）装锅　先在外锅加入适量的水，然后将灭菌物品直立放入内锅，试管口或三角瓶口向上且不要贴锅边，避免冷凝水浸入试管或三角瓶。灭菌物品不要装得太满，留出一定空间，便于蒸汽流通，否则易造成灭菌不彻底。

（2）盖上锅盖　盖锅盖时应将锅盖上的排气管插入锅内壁管孔内，然后对角线方向拧紧锅盖上的螺丝，并将放气阀直立打开，安全阀横向关闭。

（3）排放冷空气　接通电源，当锅内蒸汽大量排出时再继续排汽3～5 min，关闭放气阀。

（4）升压、保压、降压　当压力表指针指到1.05 kg/cm^{2}处时（灭菌所需压强）开始计时，继续维持该压强20～30 min。灭菌结束待压力表指针自然回到“0”位时打开放气阀，排出锅内剩余蒸汽后，打开锅盖。注意：切忌在压力表未到“0”位时就放汽，以免试管内的培养基向上冲浸湿棉塞，造成以后菌种的污染。

（5）摆斜面　试管取出后一定要趁热摆斜面。将试管斜放在一根2 cm左右厚的木条上，使试管内的培养基成一斜面。斜面的长度一般为试管长度的1/3～1/2。用于保藏菌种的试管斜面应适当短些，以减少蒸发面积。气温较低时，在摆好的斜面上面覆盖一条厚毛巾，以免试管壁上产生大量水珠，影响接种和培养。当培养基冷凝后，即可收起备用。

3. 母种移接（转管）和培养

母种移接（转管）要在无菌的环境中以无菌操作方法进行，要求操作熟练，动作迅速。其操作规程如下：

（1）左手平托两支试管，手指按住试管底部，外侧一支是供接种用的菌种试管，内侧一支是待接母种的试管。

（2）右手拿接种针或接种铲，用拇指、食指和中指握住其柄部，将接种针或接种铲插入75%的酒精消毒瓶中消毒。在酒精灯火焰上灼烧接种针或接种铲的顶端，逐渐让杆部也在火焰上慢慢通过，这样反复3次即可将接种针或接种铲彻底灭菌。切记最后一次灼烧后不能再将其浸入酒精瓶中，应让其在火焰旁自然冷却。

（3）将左手平托的两支试管管口靠近火焰，用右手的小指和手掌将外侧的菌种管上的棉塞拔出，再用中指和无名指拔出内侧试管口上的棉塞夹在手中（不得放在桌子或台面上），将两支试管的管口迅速移到酒精灯火焰旁边。

（4）将烧过并冷却的接种针或接种铲伸入母种试管中，在菌丝斜面上钩取火柴头大小的一块菌丝块，将其迅速放到待接试管斜面的中部，将试管口在火焰上烧一下，然后立即塞上棉塞。

（5）接种完毕，再将接种针或接种铲放在火焰上灼烧灭菌，以免接种的菌丝扩散，造成污染。

（6）菌种接完后，贴好标签或用记号笔在试管壁上注明菌种名称及接种日期等。

（7）将同类菌种扎好，送到该菌所要求的最适温度下（恒温箱或恒温室内）培养，一般培养2天，检查有无杂菌生长，7～15天母种菌丝即可长满斜面。

四、思考题

（1）如何提高母种移接的成功率？

（2）如何获得优质的母种？

实训四　食用菌菌种分离技术

一、实训目标

掌握常见的菌种分离技术。

二、设备仪器与试剂

接种箱或超净工作台、电热恒温培养箱、斜面培养基、酒精灯、75%酒精消毒棉球、种菇、镊子、解剖刀、接种针、火柴、记号笔等。

三、实训内容

菌种分离是一项技术性很强的工作，需要在无菌的环境中以无菌操作方法进行分离，这样才能减少污染。无菌操作是制种过程中最基本的操作方法，要求操作熟练，动作迅速。

1. 组织分离方法

所谓组织分离，是指取菇体或耳片一小部分组织分离培养菌种的方法。菇体组织是菌丝的扭结物，具有很强的再生能力，将它移接到母种培养基上，经过适温培养，即可得到能保持原来菌株性状的母种。因此，用组织分离方法得到的菌丝体，如经过生产实践证明其性状优良，即可作母种使用。其具体步骤如下：

（1）选择品质优良、朵形正常、肉厚、无病虫的种菇供组织分离。分离时以幼菇（六七分成熟）为好，它的组织再生能力强。此外，实践证明风干的子实体也可进行组织分离。

（2）分离时应在接种室或超净工作台内进行。先用酒精棉球将手擦拭消毒，再用镊子夹取酒精棉球将菇正、反面消毒。

（3）用手将菌柄撕开，但千万不能碰撕裂面，避免杂菌污染。

（4）将解剖刀在酒精灯火焰灭菌后，从菌柄和菌盖交界部位切取大豆或绿豆粒大小的组织块。以无菌操作方法，将切取的组织块用接种针移至母种试管斜面培养基。此外，用接种钩直接钩取一小块组织移至母种试管斜面培养基，分离效果也很好。

（5）塞好棉塞，注明菇种、分离日期及地点。

（6）放到温度适宜的温箱中培养，1～2 天后，检查有无污染，发现杂菌污染应及时挑出。

2. 孢子分离法

此法是将子实体成熟后散出的孢子收集在培养基上萌发并使其长成菌丝而获得的纯菌种，常用三角瓶钩悬法。取即将弹射孢子的鲜菇，在菌盖边缘向里 2/5 处切取带有菌褶的菌盖组织一小块，金属丝钩悬，持菌块于底部有培养基的三角瓶内。注意菌块不要碰瓶壁或培养基。菌褶朝下，使孢子能散落在培养基上。将三角瓶放在 25 ℃条件下，1～2 天后在培养基上即可见到白雾状的孢子印。此时进行无菌操作，把悬挂于瓶内的菌块取出，再将三角瓶移入恒温箱中培养。经 2～3 天，培养基表面就会出现许多乳白色的菌落。

四、思考题

（1）组织分离方法能获得优良菌种的理论依据是什么？

（2）怎样才能分离出纯净、优良的菌丝体？

（3）比较组织分离和孢子分离法的优缺点。

实训五　食用菌原种及栽培种的制作技术

一、实训目标

掌握原种及栽培种的制作方法和接种技术。

二、设备仪器与试剂

接种室（箱）、培养室、高压灭菌锅、菌种（母种或原种）、棉籽壳（或木屑）、麦麸（或米糠）、过磷酸钙、石膏、水桶、盘秤、搪瓷量杯、锥形木棒、聚丙烯塑料袋或菌种瓶、颈圈、棉花、防潮纸（或牛皮纸）、细线绳、接种勺（或大镊子、接种铲）、小镊子、酒精灯、75%消毒酒精、75%消毒酒精棉球、火柴、记号笔等。

三、实训内容

1. 培养基的制作

（1）配方　棉籽壳78%、麦麸或米糠20%、过磷酸钙1%、糖1%。料:水=1:(1.3～1.4)。

（2）拌料　根据制种需要按各种营养成分的配比称量各种原料，然后将棉籽壳和麦麸等不溶于水的原料干拌均匀，将过磷酸钙、蔗糖等溶于水的原料先混溶在拌料用的水中，再泼洒到棉籽壳等干料上搅拌均匀。

（3）调水　培养料拌好后，用手抓一把料握在手中，用力捏紧，以手指缝中有水渗出但无水滴滴下为宜，这时的含水量为62%～64%。若含水量不足，可再加少量的水，充分搅拌均匀再检测，直至含水量合适为止。

（4）装袋　将拌好的培养料装入聚丙烯塑料袋中，边装边压实，一直装到塑料袋容积的3/5左右。

（5）打孔　装好培养料后，在袋中央用锥形木棒打1孔，孔深距袋底部2～3 cm。

（6）封袋口　将塑料颈圈或无棉盖体的环套在塑料袋口上，然后将袋口外翻，塞上棉塞或盖上无棉盖体的盖子。棉塞的外面还要包一层防潮纸（或牛皮纸），用线绳扎好。擦净塑料袋外面所粘的培养料。

2. 灭菌

由于栽培种数量大，小型灭菌锅不合适。有条件的单位可以购置大型立式或卧式电热高压蒸汽灭菌锅，此锅容量较大，一次可以灭菌17 cm×33 cm的塑料袋90袋左右。灭菌时应按灭菌锅的使用说明进行操作。栽培种由于装量较多且较实，一般要求灭菌压强为1.4～1.5 kg/cm^2，时间为1.5～2.0 h。

栽培种也可以采用土蒸灶进行常压灭菌。土蒸灶通常用砖砌成，灶上用砖和水泥砌成筒状，灶的后边留有烟囱，灶门可以侧开、前开或是顶开。灶的底部安放一个大铁锅（装水用），锅上放置锅屉，供放菌种袋使用。在土蒸灶的门上（或壁上）可留一小孔放置温度计，灶旁还应安装一个加水管，一端伸入锅内部距锅底约40 cm，另一端露在外面便于加水。可根据加水管是否冒汽来判断锅内是否缺水，如锅内缺水，则会从加水管里冒出大量蒸汽，此时应赶快加入热水。使用土蒸灶灭菌时，先在锅内加好水，把待灭菌的塑料袋（或瓶）装到筐里，再分层放进去，关上灶门加热。当灶内水沸腾后，继续蒸煮8～10 h。当灶内温度下降到30 ℃左右时，取出菌种袋，放在接种室内准备接种。

3. 接种和培养

（1）接种　接种间消毒与母种相同。栽培种的接种方法与原种接种相似，两人合作接种时，一人以无菌操作方法用接种铲或大镊子取一小块原种，另一人在酒精灯火焰旁打开栽培袋袋口（袋口应倾斜在火焰旁，切勿直立），迅速将原种接到袋中，然后塞上棉塞或盖上无棉盖体的盖子即可。

（2）培养　接种完毕，将栽培种袋搬到适宜这种食用菌菌丝生长的温度（一般比最适生长温度低2～3 ℃）、空气相对湿度为60%～70%的培养室内培养。

四、思考题

（1）制作栽培种的关键技术是什么？

（2）综述母种、原种、栽培种在生产上的作用。

实训六　平菇生料生产技术

一、实训目标

掌握平菇的生料生产方法和管理技术。

二、仪器设备

新鲜无霉变的棉籽壳、过磷酸钙、石膏、25%含量的多菌灵、宽20～25 cm的聚丙烯薄膜塑料筒、高锰酸钾、来苏尔或新洁尔灭、生石灰、大桶、塑料绳、剪刀、铁锹、栽培种、脸盆、75%消毒酒精、脱脂棉球、锥形木棒、火柴、培养室、出菇场等。

三、项目实施过程

1. 配料

棉籽壳99%，过磷酸钙1%，多菌灵0.1%～0.2%，培养料混合拌匀后的含水量为60%～65%。

2. 拌料

先称好棉籽壳，倒在已消毒好的水泥地面上，再把称好的过磷酸钙及多菌灵用水溶解，搅拌均匀，然后倒入棉籽壳中，边拌料边加水，直到均匀为止。

3. 调水

测定的方法与做栽培种相同。

4. 装袋接种

采用宽20～25 cm、长40～50 cm的聚丙烯塑料薄膜袋，一端用透气塞封口，先装入一层已掰成蚕豆粒大小的栽培种，再装入一层厚约5 cm的生产料（边装边压实），再加一薄层栽培种，如此重复，直到快装满塑料袋时，最后在袋口放一层菌种，用透气塞塞紧袋口。也可仅在塑料袋的两端和中间部位放菌种，待袋口扎紧后打孔通气。一般栽培种的用量为培养料的15%～20%。

5. 培养

将接完种的菌袋运到培养室中，平放在培养架上培养，需要码放时也不要堆得太高。培养室要求卫生、清洁、通风良好。在较低的室温（15 ℃左右）条件下培养，能显著降低污染率。袋筒培养一段时间后应进行翻袋，目的是让菌袋各部位发菌一致，并在翻袋的同时挑出污染袋。经30～40天菌丝可长满全袋。

6. 出菇管理

当袋筒内菌丝长好后应立即将其搬到出菇室进行出菇。出菇室要求清洁卫生，通风透光，保温、保湿性能好，地面以水泥地面或砖面为好。

（1）原基形成期　光线和变温刺激有助于原基分化，此时菇房应有散射光照射，温度以10～15 ℃为宜。菌袋在这样的条件下培养3～7天，菌丝开始扭结形成原基（菌袋两端出现米粒状的扭结物）。此时应将袋筒两端透气塞拔掉，使袋筒通风换气，向室内空间喷雾状水，保持室内相对湿度为80%～85%。

（2）菇蕾形成期　原基生长很快，待长成黄豆粒大小的菇蕾时，应将袋筒两端多余的袋边卷起，使菇蕾和两端的生产料露出袋筒。菇蕾形成之后，除需要光照外，菇房温度还应稳定，一般保持在15～16 ℃，这样有利于菇蕾的生长发育。菇房内的空气相对湿度应为80%～85%，要给予适当的通风，否则菇蕾会因缺氧而不能正常生长发育。通风应在喷水之后进行，以免菇蕾因通风而失水干缩，甚至死亡。

（3）子实体生长期　菇蕾在适宜的条件下迅速形成长大，此时对氧气和水分的需求量很大，因此应加大菇房的通风，提高菇房内的相对湿度。一般采用增加通风次数，延长通风时间的方法来增加菇房内的氧气，排出二氧化碳。子实体生长时期菇房相对湿度要求在85%～90%，达不到时应在菇房喷雾状水。喷水次数应根据当时外界的天气情况和菇房湿度的大小而定。喷水的原则是勤喷少喷，每天喷水两三次，每次喷水后通风30 min左右，并增加光照。总之，子实体生长时期的管理关键是协调好通风、湿度、温度及光照之间的关系。

7. 采收

子实体成熟后要及时采收，采收标准应根据商品菇的需求而定，如盐渍平菇，当其菌盖长至3～5 cm时即可采收，而鲜售时可适当再大些。第一潮菇采收后，要将残留的菌柄、碎菇、死菇清理干净，停止喷水2～3天，让菌袋中的菌丝积累养分，然后再喷水促使第二潮菇原基形成，整个生产周期可收获三潮菇。

四、思考题

（1）平菇的生产方法有哪几种形式？试分析各种生产方法的优缺点。

（2）简要说明平菇袋栽每一工艺流程中的关键技术。

实训七　蘑菇生产技术

一、实训目标

了解蘑菇的生物学特性，学习发酵料床式生产双孢蘑菇的方法，掌握发菌、覆土和出菇等关键管理技术。

二、仪器设备

1. 原材料

菌种、稻草、麦秸、干牛粪（或马粪、猪粪、鸡粪）、饼肥、石膏粉、过磷酸钙、尿素及粗细土等。

2. 用具

铡刀、铁锨、水桶、农用薄膜、温度计、喷雾器、菇床、接种钩、消毒杀菌剂等。

三、实训过程

1. 原料配方

稻麦草48%，牛粪48%，饼肥2%，石膏粉1%，过磷酸钙1%，尿素0.5%。

2. 建堆发酵

（1）原料预处理　稻（麦）草对截铡断，用0.5%石灰水浸湿预堆2～3天，软化秸秆；粉碎干粪，浇水预湿1～2天；粉碎饼肥浇水预湿1～2天，同时拌0.5%敌敌畏，盖膜熏杀害虫。

（2）建堆　建堆时以先草后粪的顺序层层加高，规格为宽2 cm、高1.5 cm，堆长据场所而定。肥料大部分在建堆时加入，加水原则：下层少喷，上层多喷，以建好堆后有少量水外渗为宜。晴天用草被覆盖，阴雨天用熟料薄膜覆盖，防止雨水淋入，雨后及时揭膜通气。

（3）翻堆　翻堆宜在堆温达70 ℃时保持3天后进行，测试温度时用长柄温度计插入料堆的好氧发酵区。翻堆后堆温再次达到70 ℃时保持3天，如此3次。翻堆时视堆料干湿度，酌情加水。发酵后的培养料标准应当是秸秆扁平、柔软、呈咖啡色，手拉草即断。

（4）后发酵　将发酵好的培养料搬入已消毒的菇房中，分别堆在中层菇床上。通过加温，使菇房内的温度尽快上升至57～60 ℃，维持6～8 h，随后通风、降温至48～52 ℃，维持4～6天，进行后发酵（二次发酵），目的是利用高温进一步分解。培养料内有大量白色嗜热真菌和放线菌，培养料呈暗褐色，柔软富有弹性，易拉断，有特殊的香味，无氨味。

3. 铺料、播种

将培养料均匀地铺在每个菇床上，用木板拍平、压实。接种人员的手及工具应先消毒，将菌种掏入消毒的盆中，掰成颗粒状。播种方法可采用层播、混播和穴播，每平方米用种量为麦粒种1瓶、粪草种3瓶。最上面覆盖一薄层培养料，整平，稍压实，上覆一薄膜或一层报纸即可。

4. 发菌管理

播种后，菇房温度应控制在20～40 ℃，若有氨味应立即通风，湿热天气多通风，干冷天气少通风。经10～15天，菌丝可长满料面。

5. 覆土

在播种后15天左右进行覆土，以近中性或偏碱性的腐殖质土为宜。先将土粒破碎，筛成粗粒土（蚕豆大小），浸吸2%石灰水，并用5%甲醛消毒处理。先覆粗土，后覆细土，覆土总厚度为2.5～3 cm，有的不分粗细土。覆土后要调节水分，使土层保持适宜的含水量，以利菌丝尽快爬上土层。调水量随品种、气候等因素而定，通常每天喷水2次，每平方米每次喷水150～300 mL，掌握少喷、勤喷的原则。

6. 出菇管理

出菇管理是蘑菇生产的关键，此时的任务是调节好水分、温度、通气的关系。特别是喷水管理，它关系到蘑菇产量的高低和质量的优劣。常以晴天多喷、阴天少喷、高温早晚通气、中午关闭的原则进行管理。当菌丝长至土层2/3时喷洒“出菇水”，每平方米的喷水量每次可达300～350 mL，持续2～3天。当菇蕾长到黄豆粒大小时，应喷“保菇水”，再加大喷水量，持续2天。

7. 采收

蘑菇一般在现蕾后5～7天，菌盖直径长到2.5～4 cm时采收。以“旋菇”的方法将蘑菇采下，削去菇脚后将其放入塑料盆或垫薄膜的小篮内，轻拿轻放，勿碰伤菇体。采收后要注意填土补穴。依床温而定，每潮菇生长8～10天，间歇5～8天可出第二潮菇，一般可出6～8潮。

四、思考题

（1）生产蘑菇对培养料有什么特殊要求？

（2）优质培养料的标准是什么？

（3）阐述蘑菇生产过程中的关键管理技术。

实训八　香菇生产技术

一、实训目标

掌握香菇的袋料生产工艺流程和生产方法。

二、仪器设备

香菇栽培种、木屑、麦麸或米糠、蔗糖、石膏、尿素或硫酸铵、过磷酸钙、玉米粉或黄豆粉、15 cm×50 cm 的聚乙烯塑料袋筒、水盆、水桶、磅秤、高锰酸钾、高压灭菌锅或常压灭菌锅、75%消毒棉球、75%酒精、酒精灯、镊子、打孔器、胶布、接种工具、铁锹等。

三、项目实施过程

香菇袋料生产法工艺流程为：

配料→拌料→装袋→灭菌→接种→培养→检查生长情况→揭胶布→移入出菇室或阴棚内→脱袋排场→转色→催蕾→出菇管理→采收。

四、实施步骤

1. 原料的选择

生产香菇最好使用不含芳香族化合物的山毛榉科、桦树科等阔叶树的木屑，其他杂木屑也可使用，但以硬质菇木树种加工的木屑更有利于提高香菇质量。如用混有松、柏、杉、樟等的木屑时一定要将其暴晒或蒸煮，使芳香性物质挥发掉，以免抑制菌丝生长。麦麸是主要的氮源，并含有促进菌丝生长的生长素。无论木屑还是麦麸都要新鲜、无霉变，且木屑要过筛，去掉碎木块等杂质，以免刺破塑料袋。

2. 培养料配方

（1）杂木屑78%，麦麸16.6%，糖1.5%，石膏粉2%，尿素或硫酸铵0.4%，过磷酸钙0.5%，玉米粉或黄豆粉1%，含水量60%。

（2）杂木屑78%，麦麸20%，糖1%，石膏1%，含水量60%。

（3）杂木屑60%，棉籽壳20%，麦麸18%，石膏1%，糖1%，含水量60%。

培养料的配方可因地、因材料而异，但各种物质的用量一定要注意满足香菇对碳氮比的要求。

3. 拌料

将木屑、麦麸及玉米粉等按需要量称好，先干拌均匀，其他糖、石膏等辅料称取后溶于水中，然后倒入木屑干料中搅拌均匀。灵活地掌握培养料的含水量，以手捏料能成团但指缝中无水溢出为含水量适中；若手捏料指缝中有水溢出，则说明水分偏高。水分含量偏高，培养基通气不良，菌丝生长缓慢，易引起杂菌污染；水分含量偏低，同样阻碍菌丝的生长，因此要掌握好水分的含量。

4. 装袋（筒）

培养料配好后，装入塑料袋中，边装边压实，直至袋筒上方留有6 cm空间；然后清理筒口，擦掉袋筒表面黏附的培养料；随后用线绳在紧贴培养料处扎紧，再将袋口反折后用线绳扎上数圈，称双层扎封。

5. 灭菌

料筒装完之后立即进行灭菌，生产量小可使用高压灭菌，生产量大通常用常压灭菌。

常压灭菌时必须注意：

（1）锅内清洗干净，换上清水，然后把筒袋移入常压灭菌灶内。料筒在锅内呈“井”字形排放，可使灶内蒸汽流通，筒袋受热均匀，避免出现灭菌死角。

（2）火力要“攻头、保尾、控中间”，即料筒入灶后用旺火猛攻，尽可能在 3 h 内使灶内的温度达到 97～100 ℃；然后改大火为文火，恒温保持 9～10 h。灭菌后自然降温，待温度降至 60 ℃以下方能出锅。将筒袋摆放在清洁、干燥、通风处进行冷却，筒袋冷却的场所要事先做好清理、消毒工作。

6. 接种

当料温降至 25 ℃时进行接种，接种技术是香菇生产的重要环节。接种应在无菌室内进行，在生产实际中，为减少接种后的搬动，降低污染率，多改在培养室内进行，就近上架培养。

（1）用剪刀将生产香菇专用胶布剪成 3.5 cm×3.5 cm 的小块，使用前放在无菌箱内熏蒸灭菌。

（2）用镊子夹取 75% 的酒精棉球将筒袋接种的部位擦拭消毒。

（3）用接种打孔器在筒袋的正面打 3 个孔，孔径 1.5 cm，孔深 2 cm。

（4）将香菇栽培种横置在支架上，瓶口靠近酒精灯火焰，轻轻打开瓶盖，挖取菌种一小块，立即对准料筒上的接种孔，将菌种推入，填满接种孔。菌种块应略高出筒袋2～3 mm。将接种孔周围培养料扫净。

（5）用剪好的胶布贴封接种孔，再将筒袋翻转 180°，按前边方法在筒袋上消毒、打孔、接种，孔位与对面错开。

7. 堆垛养菌

将接种后的菌筒搬入培养室进行养菌。培养室应预先消毒，并要求通风、黑暗、清洁、地面平整，最好为水泥地或砖地。先在地面薄薄地撒一层石灰粉，室温控制在 25～27 ℃。每层 4 袋，层间纵横交错，呈“井”字形排放。菌筒上的接种孔穴应面向两侧，以利于通气。堆高 80～100 cm，当堆温达到 28 ℃时，应拆高堆为矮堆。每天定时通风一两次，以调节空气，排出二氧化碳，还可降温。室内相对湿度维持在 70% 以下，以减少杂菌污染。

8. 揭胶布

接种 7 天以后，应拆堆检查，此时接种孔内菌丝呈放射状蔓延，直径可达 6～8 cm，发现污染袋应及时挑出。这时可将胶布揭开一个角，增加供氧量，以满足菌丝继续生长时对氧气的需求。揭角后，接种孔内氧气增加，菌丝生长旺盛，堆温急速上升，因此应将每层 4 个菌筒改为每层 3 个菌筒，并拉大筒间的距离。当气温较高时，还应将堆间的距离拉大，加强室内通风，切勿让室温超过 30 ℃，否则易发生烧菌现象。

9. 脱袋

接种后，在正常情况下，经过 40 ~ 50 天菌丝即可长满菌筒。52 ~ 60 天，菌筒内瘤状隆起占培养料表面的 2/3，接种孔附近出现棕色斑，预示菌筒内菌丝已达到生理成熟。此时若利用自然条件出菇，气温如果未稳定在 22 ℃，不要急于外移，可用刀片在菌筒上划两三处"V"字形，以增加菌筒内的氧气；同时增加室内光照，使菌筒边成熟边转色。当平均气温下降至 22 ℃以下时，即可将其搬入出菇棚内脱袋。脱袋时左手提菌棒，右手拿刀片，在袋的两端划割一圈，袋的纵向划一刀（尽量不要伤及菌丝），顺手把薄膜脱离。脱袋后的菌棒排放到菇床的排架横木上，与畦面成 60° ~ 70° 夹角，菌棒间距 5 ~ 10 cm，每排可放八九个菌棒。菌棒脱袋排架后，畦上拱棚随即用经 0.1% 的高锰酸钾消毒过的塑料薄膜覆盖，薄膜四周用泥土压住，以防菌棒脱水。菌筒脱袋后出菇面积增大，但菌棒易脱水干燥，所以有些生产者不脱袋直接让其出菇。

10. 转色

菌棒在薄膜内 2 ~ 4 天，不宜翻动薄膜，保持膜罩内恒温恒湿。当膜罩内超过 25 ℃时应短时间掀膜降温，膜内有大量水珠出现属正常现象。4 ~ 7 天后，菌棒表面出现浓密白色绒毛状菌丝。当菌丝长 2 mm 时，就要增加掀膜次数，降温降湿，促使菌丝倒伏，形成菌膜，同时分泌色素。菌膜由白色转为粉红色，逐渐变为棕褐色，最后形成褐色树皮状。

11. 催蕾

香菇属低温、变温结实性食用菌，其菌棒转色后要顺利出现原基，就必须给予一定的昼夜温差刺激。昼夜温差大，有利于诱发其子实体原基的形成。一般白天温度在 20 ℃以上时采取盖膜保温，夜间掀膜通风降温，连续 2 ~ 3 天后即会有菇蕾产生。

12. 出菇管理

原基能否形成并顺利发育成子实体，关键取决于昼夜温差大小、菌棒含水量多少、空气相对湿度大小及菌棒表皮的干湿差等条件。子实体形态是否正常，关键在于温度和通风供氧量。菇体色泽深浅，主要取决于空气相对湿度大小和光线强弱。必须根据气候变化情况进行人为的调节控制，创造一个适宜香菇生长发育的环境条件，以取得香菇的高产、优质和高效。

具体管理措施：

（1）保持菇棚内空气相对湿度 菌棒转色出现花斑龟裂后，应逐渐增加菇棚的遮阴度，并维持膜罩内90%的相对湿度。随着菇蕾的分化，香菇进入子实体发育阶段，此时最理想的空气相对湿度为80%～85%，这对提高香菇品质、增加菌盖厚度有促进作用。

（2）增加通风 香菇子实体生长阶段，氧气需要量较大，如果氧气不充足，香菇子实体原基分化不良，会发生菌盖小、菌柄粗而长成畸形菇状况，导致产量低、质量差、效益低。因此，在香菇出菇阶段的管理中，要根据不同的气候环境，千方百计地做好控温控湿和通风供氧工作。通常可根据天气情况采用控制掀膜次数和每次掀膜的时间来实现通风，如阴天湿度大时，可增加通风量，晴天或外界湿度小，应先浇水后通风。

（3）光线 香菇子实体生长需要一定的散射光线，光照强度在300～500 lx时，菌盖能正常着色。

13. 采收

适时采收是香菇生产中的重要一环，过迟或过早采收都会影响其产量和质量。采收时期还应根据销售鲜菇和干菇的不同来决定。一般干菇销售及鲜菇内销时，以子实体七八分成熟，即菌膜已经破裂、菌盖尚有少许内卷时采收为宜，这时采收的香菇质量好、价值高。鲜菇出口时，以菌盖五六分开伞、子实体五六分成熟，即菌膜微破裂或刚刚破裂时采收为宜。

采收前数小时不能喷水，以减少菇体内的含水量。采摘时，用拇指和食指捏住菇柄的基部左右转动即可采下。采摘时注意菇柄不能残留在菌棒上，以免腐烂污染杂菌；不要碰伤、碰掉菌盖造成次菇；不要触摸菌褶，以防菌褶褐变、倒伏；不要碰伤周围小菇蕾。总之，采菇时应小心。将采下的香菇轻轻放入小竹篓或塑料筐内，不要堆压过多。采后应立即进行烘烤或保鲜加工。

14. 采收后的管理

出菇后菌棒含水量减少，因此采收后应喷水保湿并增加通风的次数，促使菌丝恢复，积累养分以满足第二潮菇的需要。经7天左右的恢复，采摘菇痕处开始发白，这时应加大湿度，白天盖紧薄膜，晚间掀开，人为拉大温差，诱导第二批菇形成。当菇蕾形成后，开始喷水，喷水次数与喷水量根据天气情况而定，直至第二潮菇采收。

第二潮菇采收后，若菌棒失水太多，可采用刺棒补水的方法。即将菌棒用8号铁丝刺数个洞，然后将菌棒放入浸水池中，在池上面盖上木板，压上石块，以防菌棒漂浮。一般浸4～6 h即可。然后放掉水，使菌棒表面的水蒸发后，重复前面的管理办法。

秋菇采收 2 ~4 潮后，气温低于 12 ℃以下时，每天通风一两次，保持菌棒湿润便可顺利越冬。待到春季气温回升到 12 ℃以上时，再进行补水、催蕾等出菇管理。

花菇的形成需要更大的昼夜温差以及较低的空气相对湿度和较强的光照。

五、思考题

（1）简述香菇袋料生产的工艺流程。

（2）你认为香菇袋料生产的技术关键有哪些？为什么？

实训九　食用菌病虫害的识别

一、实训目标

通过实训，识别食用菌杂菌、病虫的形体特征及危害。

二、实训准备

主要杂菌污染的标本、主要食用菌病害、虫害标本、杂菌和病原菌的培养物、放大镜、显微镜、载玻片、盖玻片、接种针、挑针、吸水纸、擦镜纸、香柏油、无菌水滴瓶、染色剂、酒精灯、火柴等。

三、内容和方法步骤

1. 食用菌主要杂菌的识别

（1）细菌污染

①细菌污染培养基的菌落特征；细菌污染菌种、菌袋、菌床培养料的特征。

②细菌形态观察：取一载玻片，中央滴一滴无菌水，用接种针从培养的细菌菌落上挑取少量黏液，在无菌水中混合均匀。将载玻片快速通过火焰固定，然后用染色剂染色 1 min 置于显微镜下，通过油镜头观察细菌形态特征。观察各种细菌的标本片。

（2）真菌污染

①真菌污染培养基的特征：黑曲霉、黄曲霉、青霉、绿色木霉、根霉、烟霉、链孢霉、鬼伞菌等。

②真菌形态观察：取一载玻片，挑取霉菌的培养物少许制作水浸片。置于显微镜下，用 40 ~60 倍物镜观察霉菌的形态特征。观察各种污染霉菌的标本片。

2. 食用菌子实体主要病害的识别

(1) 细菌性病害　蘑菇细菌性褐斑病、平菇细菌性软腐病、金针菇锈斑病等子实体的危害特征（病状及病症的观察）。

(2) 真菌性病害　平菇木霉病、蘑菇褐斑病、蘑菇或草菇褐腐病、蘑菇软腐病、银耳白粉病等子实体的危害特征（病状及病症的观察）。

(3) 病毒性病害　蘑菇、香菇、平菇病毒病的病状观察。

(4) 生理性病害　畸形子实体、死菇（子实体变黄、萎缩）、蘑菇硬开伞、二氧化硫中毒等子实体病害特征观察。

3. 食用菌主要虫害的识别

(1) 昆虫类　菇蚊、瘿蚊、蚤蝇、跳虫等的幼虫、蛹、成虫形态特征的观察。

(2) 螨类　蒲螨、粉螨形态特征的观察。

(3) 线虫类　用显微镜观察线虫的形态特征。

四、作业

(1) 绘制曲霉、青霉、木霉、根霉等菌丝、分生孢子梗及分生孢子形态图。

(2) 比较食用菌细菌病害病状及真菌病害病状的区别。

(3) 绘制一种食用菌害虫的幼虫及成虫的形态结构图。

附　录

附录 A　食用菌生产常用原料及环境控制对照表

表 A－1　农作物秸秆及副产品化学成分（%）

	种类	水分	粗蛋白	粗脂肪	粗纤维（含木质素）	无氮浸出物（可溶性碳水化合物）	粗灰分
秸秆类	稻草	13.4	1.8	1.5	28.0	42.9	12.4
	小麦秆	10.0	3.1	1.3	32.6	43.9	9.1
	大麦秆	12.9	6.4	1.6	33.4	37.8	7.9
	玉米秆	11.2	3.5	0.8	33.4	42.7	8.4
	高粱秆	10.2	3.2	0.5	33.0	48.5	4.6
	黄豆秆	14.1	9.2	1.7	36.4	34.2	4.4
	棉秆	12.6	4.9	0.7	41.4	36.6	3.8
	棉铃壳	13.6	5.0	1.5	34.5	39.5	5.9
	甘薯藤（鲜）	89.8	1.2	0.1	1.4	7.4	0.2
	花生藤	11.6	6.6	1.2	33.2	41.3	6.1
副产品类	稻壳	6.8	2.0	0.6	45.3	28.5	16.9
	统糠	13.4	2.2	2.8	29.9	38.0	13.7
	细米糠	9.0	9.4	15.0	11.0	46.0	9.6
	麦麸	12.1	13.5	3.8	10.4	55.4	4.8

（续表）

	种类	水分	粗蛋白	粗脂肪	粗纤维（含木质素）	无氮浸出物（可溶性碳水化合物）	粗灰分
副产品类	玉米芯	8.7	2.0	0.7	28.2	58.4	20.0
	花生壳	10.1	7.7	5.9	59.9	10.4	6.0
	玉米糠	10.7	8.9	4.2	1.7	72.6	1.9
	高粱糠	13.5	10.2	13.4	5.2	50.0	7.7
	豆饼	12.1	35.9	6.9	4.6	34.9	5.1
	豆渣	7.4	27.7	10.1	15.3	36.3	3.2
	菜饼	4.6	38.1	11.4	10.1	29.9	5.9
	芝麻饼	7.8	39.4	5.1	10.0	28.6	9.1
	酒糟	16.7	27.4	2.3	9.2	40.0	4.4
	淀粉渣	10.3	11.5	0.71	27.3	47.3	2.9
	蚕豆壳	8.6	18.5	1.1	26.5	43.2	3.1
	废棉	12.5	7.9	1.6	38.5	30.9	8.6
	棉仁粕	10.8	32.6	0.6	13.6	36.9	5.6
	花生饼		43.7	5.7	3.7	30.9	
谷类、薯类	稻谷	13.0	9.1	2.4	8.9	61.3	5.4
	大麦	14.5	10.0	1.9	4.0	67.1	2.5
	小麦	13.5	10.7	2.2	2.8	68.9	1.9
	黄豆	12.4	36.6	14.0	3.9	28.9	4.2
	玉米	12.2	9.6	5.6	1.5	69.7	1.0
	高粱	12.5	8.7	3.5	4.5	67.6	3.2
	小米	13.3	9.8	4.3	8.5	61.9	2.2
	马铃薯	75.0	2.1	0.1	0.7	21.0	1.1
	甘薯	9.8	4.3	0.7	2.2	80.7	2.3
其他	血粉	14.3	80.4	0.1	0	1.4	3.8
	鱼粉	9.8	62.6	5.3	0	2.7	19.6
	蚕粪	10.8	13.0	2.1	10.1	53.7	10.3
	槐树叶粉	11.7	18.4	2.6	9.5	42.5	15.2
	松针粉	16.7	9.4	5.0	29.0	37.4	2.5
	木屑		1.5	1.1	71.2	25.4	
	蚯蚓粉	12.7	59.5	3.3		7.0	17.6
	芦苇		7.3	1.2	24.0	–	12.2
	棉籽壳		4.1	2.9	69.0	2.2	11.4
	蔗渣		1.4		18.1		2.04

表 A-2　农副产品主要矿质元素含量（%）

种类	钙	磷	钾	钠	镁	铁	锌	铜（mg/kg）	锰（mg/kg）
稻草	0.283	0.075	0.154	0.128	0.028	0.026	0.002	–	25.8
稻壳	0.080	0.074	0.321	0.088	0.021	0.004	0.071	1.6	42.4
米糠	0.105	1.920	0.346	0.016	0.264	0.040	0.016	3.4	85.2
麦麸	0.066	0.840	0.497	0.099	0.295	0.026	0.056	8.6	60.0
黄豆秆	0.915	0.210	0.482	0.048	0.212	0.067	0.048	7.2	29.2
豆饼粉	0.290	0.470	1.613	0.014	0.144	0.020	0.012	24.2	28.0
芝麻饼	0.722	1.070	0.723	0.099	0.331	0.066	0.024	54.2	32.0
蚕豆粉	0.190	0.260	0.488	0.048	0.146	0.065	0.038	2.7	12.0
豆腐渣	0.460	0.320	0.320	0.120	0.079	0.025	0.010	9.5	17.2
酱渣	0.550	0.125	0.290	1.000	0.110	0.037	0.023	44.0	12.4
淀粉渣	0.144	0.069	0.042	0.012	0.033	0.016	0.010	8.0	–
稻谷	0.770	0.305	0.397	0.022	0.055	0.055	0.044	21.3	23.6
小麦	0.040	0.320	0.277	0.006	0.072	0.008	0.009	8.3	11.2
大麦	0.106	0.320	0.362	0.031	0.042	0.007	0.011	5.4	18.0
玉米	0.049	0.290	0.503	0.037	0.065	0.005	0.014	2.5	–
高粱	0.136	0.230	0.560	0.079	0.018	0.010	0.004	413.7	10.2
小米	0.078	0.270	0.391	0.065	0.073	0.007	0.008	195.4	15.6
甘薯	0.078	0.086	0.195	0.232	0.038	0.048	0.016	4.7	19.1

表 A-3　牲畜粪的化学成分（%）

类别		水分	有机质	矿物质	氮（N）	磷（P_2O_5）	钾（K_2O）
干粪	猪粪		82		3~4	2.7~4	2~3.3
	黄牛粪		90		1.62	0.7	2.1
	马粪		84		1.6~2	0.8~1.2	1.4~1.8
	牛粪		73		1.65~2.48	0.85~1.38	0.25~1
鲜粪	马粪	76.5	21	3.9	0.47	0.30	0.30
	黄牛粪	82.4	15.2	3.6	0.30	0.18	0.18
	水牛粪	81.1	12.7	5.3	0.26	0.18	0.17
	猪粪	80.7	17.0	3.0	0.59	0.46	0.43
	家禽	57	29.3	–	1.46	1.17	0.62
尿	马尿	89.6	8.0	8.0	1.29	0.01	1.39
	黄牛尿	92.6	4.8	2.1	1.22	0.01	1.35
	水牛尿	81.6	–	–	0.62	极少	1.60
	猪尿	96.6	1.5	1.0	0.38	0.10	0.99

表 A－4　各种培养料的碳氮比（C/N）

种类	C（%）	N（%）	C/N
木屑	49. 18	0. 10	491. 80
栎落叶	49. 00	2. 00	24. 50
稻草	45. 39	0. 63	72. 30
大麦秆	47. 09	0. 64	73. 58
玉米秆	46. 69	0. 53	88. 09
小麦秆	47. 03	0. 48	98. 00
棉籽壳	56. 00	2. 03	27. 59
稻壳	41. 64	0. 64	65. 00
甘蔗渣	53. 07	0. 63	84. 24
甜菜渣	56. 50	1. 70	33. 24
麸皮	44. 74	2. 20	20. 34
玉米粉	5292	2. 28	23. 21
米糠	41. 20	2. 08	19. 81
啤酒糟	47. 70	6. 00	7. 95
高粱酒糟	37. 12	3. 94	9. 42
豆腐渣	9. 45	7. 16	1. 32
马粪	11. 60	0. 55	21. 09
猪粪	25. 00	0. 56	44. 64
黄牛粪	38. 60	1. 78	21. 70
水牛粪	39. 78	1. 27	31. 30
奶牛粪	31. 79	1. 33	24. 00
羊粪	16. 24	0. 65	24. 98
兔粪	13. 70	2. 10	6. 52
鸡粪	14. 79	1. 65	8. 96
鸭粪	15. 20	1. 10	13. 82
纺织屑	59. 00	2. 32	22. 00
沼气肥	22. 00	0. 70	31. 43
花生饼	49. 04	6. 32	7. 76
大豆饼	47. 46	7. 00	6. 78

表 A－5　蘑菇堆肥材料配制方法

材料	数量/kg	营养成分			
		C/kg	N/kg	C/N	P/kg
稻草	400	181.56	2.52		0.3
干牛粪	600	438.00	9.90		5.1
尿素	6.73		3.10		
硫酸铵	14.6		3.10		
合计		619.56	18.62	33.3	5.4

计算步骤：

1. 从附表4中查得，稻草含C量45.39%，含N量0.63%，计算出稻草中含C素181.56 kg，含N素2.52 kg。

2. 从附表3中查得，干牛粪含C量73%，含N量1.65%，计算出干牛粪中含C素438 kg，含N素9.90 kg。

3. 主要材料中，C素总含量为619.56 kg，N素总含量为12.42 kg。蘑菇菌丝同化材料中的全部C素，按照C/N为33.3计，需18.62 kg，堆肥中尚缺N素6.20 kg。

4. 所缺N素用尿素、硫酸铵补足。尿素含N量为46%，硫酸铵含N量为21.2%，按实N量计，各用50%；需用尿素6.73 kg，其中含N素3.10 kg，用硫酸铵14.6 kg，其中含N素3.10 kg。

5. 从附表2中查得，稻草含P量为0.075%，从附表3中查得，干牛粪含P量为0.85%，分别计算堆肥中P素含量共计5.4 kg，约为堆肥材料的0.81%，不足部分加入过磷酸钙补充。

表 A－6　培养料含水量（%）（一）

每100 kg干料中加入的水/kg	料水比（料:水）	含水量（%）	每100 kg干料中加入的水/kg	料水比（料:水）	含水量（%）
75	1:0.75	50.3	130	1:1.3	62.2
80	1:0.8	51.7	135	1:1.35	63.0
85	1:0.85	53.0	140	1:1.4	63.8
90	1:0.9	54.2	145	1:1.45	64.5
95	1:0.95	55.4	150	1:1.5	65.2
100	1:1	56.5	155	1:1.55	65.9
105	1:1.05	57.6	160	1:1.6	66.5
110	1:1.1	58.6	165	1:1.65	67.2
115	1:1.15	59.5	170	1:1.7	67.8
120	1:1.2	60.5	175	1:1.75	68.4
125	1:1.25	61.3	180	1:1.8	68.9

注：1. 风干培养料含结合水以13%计；

2. 含水量计算公式：

$$含水量（\%）=\frac{加水重量+培养料含结合水}{培养料干重+加入的水重量}\times 100\%$$

表 A-7 培养料含水量（%）（二）

含水量（%）	料水比	含水量（%）	料水比	含水量（%）	料水比	含水量（%）	料水比	含水量（%）	料水比
15	1:0.176	31	1:0.449	47	1:0.885	63	1:1.703	79	1:3.762
16	1:0.190	32	1:0.471	48	1:0.923	64	1:1.777	80	1:4.000
17	1:0.205	33	1:0.493	49	1:0.960	65	1:1.857	81	1:4.263
18	1:0.220	34	1:0.515	50	1:1.000	66	1:1.941	82	1:4.556
19	1:0.235	35	1:0.538	51	1:1.040	67	1:2.030	83	1:4.882
20	1:0.250	36	1:0.563	52	1:1.083	68	1:2.215	84	1:5.250
21	1:0.266	37	1:0.587	53	1:1.129	69	1:2.226	85	1:5.667
22	1:0.282	38	1:0.613	54	1:1.174	70	1:2.333	86	1:6.143
23	1:0.299	39	1:0.639	55	1:1.222	71	1:2.448	87	1:6.692
24	1:0.316	40	1:0.667	56	1:1.272	72	1:2.571	88	1:7.333
25	1:0.333	41	1:0.695	57	1:1.326	73	1:2.704	89	1:8.091
26	1:0.350	42	1:0.724	58	1:1.381	74	1:2.846	90	1:9.100
27	1:0.370	43	1:0.754	59	1:1.439	75	1:3.000		
28	1:0.389	44	1:0.786	60	1:1.500	76	1:3.167		
29	1:0.408	45	1:0.818	61	1:1.564	77	1:3.348		
30	1:0.429	46	1:0.852	62	1:1.632	78	1:3.545		

注：1. 风干培养料（不考虑所含结合水）；

2. 计算公式：$含水量=\frac{（干料重+水重）-干料重}{总重量}\times 100\%$

表 A-8 培养料含水量（%）（三）

要求达到的含水量%	每100 kg干料应加入的水/kg	料水比（料：水）	要求达到的含水量（%）	每100 kg干料应加入的水/kg	料水比（料：水）
50.0	74.0	1:0.74	58.0	107.1	1:1.07
50.5	75.8	1:0.76	58.5	109.6	1:1.10
51.0	77.6	1:0.78	59.0	112.2	1:1.12
51.5	79.4	1:0.79	59.5	114.8	1:1.15
52.0	81.3	1:0.81	60.0	117.5	1:1.18
52.5	83.2	1:0.83	60.5	120.3	1:1.20
53.0	85.1	1:0.85	61.0	123.1	1:1.23

（续表）

要求达到的含水量%	每 100 kg 干料应加入的水/kg	料水比（料:水）	要求达到的含水量（%）	每 100 kg 干料应加入的水/kg	料水比（料:水）
53.5	87.1	1:0.87	61.5	126.0	1:1.26
54.0	89.1	1:0.89	62.0	128.9	1:1.29
54.5	91.2	1:0.91	62.5	132.0	1:1.32
55.0	93.3	1:0.93	63.0	135.1	1:1.35
55.5	95.5	1:0.96	63.5	138.4	1:1.38
56.0	97.7	1:0.98	64.0	141.7	1:1.42
56.5	100.0	1:1	64.5	145.1	1:1.45
57.0	102.3	1:1.02	65.0	148.6	1:1.49
57.5	104.7	1:1.05	65.5	152.2	1:1.52

注：1. 风干培养料含结合水以 13% 计；

2. 每 100 kg 干料应加入的水计算公式：

$$100\ \text{kg 干料应加入的水（kg）} = \frac{\text{含水量} - \text{培养料结合水}}{1 - \text{含水率}} \times 100\%$$

表 A－9　相对湿度对照表（标准大气压 = 101.325kPa）

干球温度 \ 相对湿度	干球温度—湿球温度 1	2	3	4	5	干球温度 \ 相对湿度	干球温度—湿球温度 1	2	3	4	5
40	93	87	80	74	68	24	90	80	71	62	53
39	93	86	79	73	67	23	90	80	70	61	52
38	93	86	79	73	67	22	89	79	69	60	50
37	93	86	79	72	66	21	89	79	68	58	48
36	93	85	78	72	65	20	89	78	67	57	47
35	93	85	78	71	65	19	88	77	66	56	45
34	92	85	78	71	64	18	88	76	65	54	43
33	92	84	77	70	63	17	88	76	64	52	41
32	92	84	77	69	62	16	87	75	62	50	39
31	92	84	76	69	61	15	87	74	60	48	37
30	92	83	75	68	60	14	86	73	59	46	34
29	92	83	75	67	59	13	86	71	57	44	32
28	91	83	74	66	59	12	85	70	56	42	
27	91	82	74	65	58	11	84	69	54	40	
26	91	82	73	64	56	10	84	68	52		
25	90	81	72	63	55	9	83	66	50		

表 A－10 照度与灯光容量对照表

照度/lx	白炽灯（普通灯泡）单位容量/（W/m^2）	20 平方米菇房灯光布置/W
1～5	1～4	25～80
5～10	4～6	80～120
15	5～7	100～140
20	6～8	120～160
30	8～12	160～240
45～50	10～15	160～300
50～100	15～25	300～500

注：勒克斯（lx），照度单位。等于 1 流明（lm）的光通量均匀照在 1 平方米表面上所产生的度数。例：适宜阅读的照度约为 60～100 lx。

表 A－11 环境二氧化碳（CO_2）浓度对人和食用菌的生理影响

CO_2含量（%）	人的生理反应	食用菌生理反应
0.05	舒适	子实体生长正常
0.1	无不舒适感觉	香菇、平菇、金针菇出现长菇柄
1.0	感觉到不适	典型畸形菇，柄长、盖小或无菌盖
1.55	短期无明显影响	子实体不发生（多数）
2.0	烦闷，气喘，头晕	子实体不发生（多数）
3.5	呼吸较为困难，很烦闷	子实体不发生（多数）
5.0	气喘，呼吸很困难，精神紧张，有时呕吐	子实体不发生（多数）
6.0	出现昏迷	子实体不发生（多数）

表 A－12 常用消毒剂的配制及使用方法

品名	使用浓度	配制方法	用途	注意事项
乙醇	75%	95% 乙醇 75 mL 加水 20 mL	手、器皿、接种工具及分离材料的表面消毒 防治对象：细菌、真菌	易燃、防着火
苯酚（石炭酸）	3%～5%	95～97 mL 水中加入苯酚 3～5 g	空间及物体表面消毒 防治对象：细菌、真菌	防止腐蚀皮肤
来苏尔	2%	50% 来苏尔 40 mL 加水 960 mL	皮肤及空间、物体表面消毒 防治对象：细菌、真菌	配制时勿使用硬度高的水
甲醛（福尔马林）	5% 或原液每立方米 10 mL 熏蒸	40% 甲醛溶液 12.5 mL 加蒸馏水 87.5 mL	空间及物体表面消毒，原液加等量的高锰酸钾混合或加热熏蒸 防治对象：细菌、真菌	刺激性强，注意皮肤及眼睛的保护

（续表）

品名	使用浓度	配制方法	用途	注意事项
新洁尔灭	0.25%	5%新洁尔灭 50 mL 加蒸馏水 950 mL	用于皮肤、器皿及空间消毒 防治对象：细菌、真菌	不能与肥皂等阴离子洗涤剂同用
高锰酸钾	0.1%	高锰酸钾 1 g 加水 1000 mL	皮肤及器皿表面消毒 防治对象：细菌、真菌	随配随用，不宜久放
过氧乙酸	0.2%	20%过氧乙酸 2 mL 加蒸馏水 98 mL	空间喷雾及表面消毒 防治对象：细菌、真菌	对金属腐蚀性强，勿与碱性物品混用
漂白粉	5%	漂白粉 50 g 加水 950 mL	喷洒、浸泡与擦洗消毒 防治对象：细菌	对服装有腐蚀和脱色作用，防止溅在服装上，注意对皮肤和眼睛的保护
碘酒	2% ~2.4%	碘化钾 2.5 g、蒸馏水 72 mL、95%乙醇 73 mL	用于皮肤表面消毒 防治对象：细菌、真菌	不能与汞制剂混用
升汞（氯化汞）	0.1%	取 1 g 升汞溶于 25 mL 浓盐酸中，加水 1000 mL	分离材料表面消毒	剧毒
硫酸铜	5%	取 5 g 硫酸铜加水 95 mL	菌床上局部杀菌或出菇场地的杀菌 防治对象：真菌	不能储存于铁器中
硫黄	每立方空间 15 ~20 g	直接点燃使用	用于接种和出菇场所空间熏蒸消毒 防治对象：细菌、真菌	先将墙面和地面喷水预湿，防止腐蚀金属器皿
甲基托布津	0.1% 或 1:(500 ~800) 倍	0.1%的水溶液	对接种钩和出菇场所空间喷雾消毒 防治对象：真菌	不能用于木耳类、猴头菇、羊肚菌的培养料中
多菌灵	1:1000 倍拌料，或 1:500 倍喷洒	用 0.1% ~0.2%的水溶液	喷洒床畦消毒 防治对象：真菌、半知菌	不能用于木耳类、猴头菇、羊肚菌的培养料中
气雾消毒剂	每立方米 2 ~3 g	直接点燃熏蒸	接种室、培养室和菇房内熏蒸消毒	易燃，对金属有腐蚀作用

表 A－13 常用消毒剂的配制及使用方法

名称	防治对象	用法与用量
甲醛	线虫	5%喷洒，每立方米覆土 250～500 mL
苯酚（碳酸）	害虫、虫卵	3%～4%的水溶液喷洒环境
漂白粉	线虫	0.1%～1%喷洒
二嗪农	菇蝇、瘿蚊	每吨料用 20%的乳剂 57 mL 喷洒
除虫菊酯类	菇蝇、菇蚊、蛆	见商品说明，3%乳油稀释 500～800 倍喷雾
磷化铝	各种害虫	每立方米 9 g 密封熏蒸杀虫
鱼藤精	菇蝇、跳虫	0.1%的水溶液喷雾
食盐	蜗牛、蛞蝓	5%的水溶液喷雾
对二氯苯	螨类	每立方米 50 g 熏蒸
杀螨砜	螨类、小马陆弹尾虫	1:（800～1000）倍水溶液喷雾
溴氰菊酯	尖眼菌蚊、菇蝇、瘿蚊等	用 2.5%药剂稀释 300～400 倍喷洒

附录 B 常见计量单位名称与符号对照表

量的名称	单位名称	单位符号
长度	千米（公里）	km
	米	m
	厘米	cm
	毫米	mm
	微米	μm
面积	平方千米（平方公里）	km^2
	平方米	m^2
体积	立方米	m^3
	升	L
	毫升	mL
质量	吨	t
	千克（公斤）	kg
	克	g
	毫克	mg

（续表）

量的名称	单位名称	单位符号
物质的量	摩〔尔〕	mol
时间	〔小〕时	h
	分	min
	秒	s
温度	摄氏度	℃
平面角	度	(°)
能量；热	兆焦	MJ
	千焦	kJ
	焦〔耳〕	J
功率	瓦〔特〕	W
	千瓦〔特〕	kW
电压	伏〔特〕	V
压力，压强	帕〔斯卡〕	Pa
电流	安〔培〕	A

参考文献

[1] 黄年来，林志彬，陈国良．中国食药用菌学［M］．上海：上海科学技术文献出版社，2010.

[2] 王世东．食用菌［M］．2 版．北京：中国农业出版社，2010.

[3] 国淑梅，牛贞福．食用菌高效栽培［M］．北京：机械工业出版社，2016.

[4] 牛贞福，张凤芸．食用菌栽培技术［M］．北京：机械工业出版社，2016.

[5] 牛贞福，赵淑芳．平菇类珍稀菌高效栽培［M］．北京：机械工业出版社，2016.

[6] 牛贞福，晁岳江．耳类珍惜菌高效栽培［M］．北京：机械工业出版社，2016.

[7] 崔长玲，牛贞福．秸秆无公害栽培食用菌实用技术［M］．江西：江西科学技术出版社，2009.

[8] 刘培军，张曰林．作物秸秆综合利用［M］．济南：山东科学技术出版社，2009.

[9] 陈清君，程继鸿．食用菌栽培技术问答［M］．北京：中国农业大学出版社，2008.

[10] 周学政．精选食用菌栽培新技术 250 问［M］．北京：中国农业出版社，2007.

[11] 张金霞，谢宝贵．食用菌菌种生产与管理手册［M］．北京：中国农业出版社，2006.

[12] 黄年来．食用菌病虫诊治（彩色）手册［M］．北京：中国农业出版社，2001.

[13] 郭美英．中国金针菇生产［M］．北京：中国农业出版社，2001.

[14] 陈士瑜．菇菌生产技术全书［M］．北京：中国农业出版社，1999.

[15] 刘崇汉．蘑菇高产栽培400问［M］．南京：江苏科学技术出版社，1995.

[16] 郑其春，陈荣庄，陆志平，等．食用菌主要病虫害及其防治［M］．北京：中国农业出版社，1997.

[17] 杭州市科学技术委员会．食用菌模式栽培新技术［M］．杭州：浙江科学技术出版社，1994.

[18] 牛贞福，刘敏，国淑梅．秋季袋栽香菇菌棒成品率低的原因及提高成品率措施［J］．食用菌，2012（2）：48－51.

[19] 牛贞福，刘敏，国淑梅．冬季平菇生理性死菇原因及防止措施［J］．北方园艺，2011（2）180.

[20] 牛贞福，崔长玲，国淑梅．夏季林地香菇地栽技术［J］．食用菌，2010（4）：45－46.

[21] 牛贞福，国淑梅，崔长玲．平菇绿霉菌的发生原因及防治措施［J］．食用菌，2007（5）：56.

[22] 牛贞福，刘敏．地沟棚金针菇优质高产栽培技术［J］．北方园艺，2008（8）：209－210.

[23] 牛贞福，国淑梅，冀永杰，等．林地棉柴栽培双孢蘑菇技术要点［J］．食用菌，2013（6）：50－51.

[24] 牛贞福，国淑梅．林地棉秆小畦覆厚料栽培双孢蘑菇高产技术［J］．食用菌，2013（1）：60－61.

[25] 牛贞福，国淑梅．利用夏季闲置的蔬菜大棚和菇房栽培猪肚菇［J］．食药用菌，2012（6）：351－353.

[26] 牛贞福，国淑梅．整玉米芯林地草菇栽培技术［J］．北方园艺，2012（11）：182－183.

[27] 牛贞福，国淑梅．人工土洞大袋栽培鸡腿菇技术［J］．中国食用菌，2012（1）：60－62.

[28] 牛贞福，国淑梅．图说木耳高效栽培［M］．北京：机械工业出版社，2018.

[29] 牛贞福，国淑梅．图说食用菌高效栽培［M］．北京：机械工业出版社，2018.